Wegen Zeitmangels Lektüre
leider unmöglich
A. E.

ALBERT

PRIVAT UND GANZ PERSÖNLICH

EINSTEIN

ZE'EV ROSENKRANZ

ALBERT-EINSTEIN-ARCHIV
JÜDISCHE NATIONAL- UND UNIVERSITÄTSBIBLIOTHEK
HEBRÄISCHE UNIVERSITÄT JERUSALEM

HISTORISCHES MUSEUM BERN
VERLAG NEUE ZÜRCHER ZEITUNG

Umschlag: Albert Einstein, Princeton, 1941
(Foto: Albert-Einstein-Archiv, Trudi Dallos)

Ze'ev Rosenkranz
Ergänzt und ins Deutsche übertragen von:
Albert-Einstein-Archiv
Jüdische National- und Universitätsbibliothek
Hebräische Universität Jerusalem
in Zusammenarbeit mit dem Historischen Museum Bern

Herausgegeben von:
Albert-Einstein-Archiv
Jüdische National- und Universitätsbibliothek
Hebräische Universität Jerusalem
Historisches Museum Bern
Verlag Neue Zürcher Zeitung

Produktion und Redaktion: Historisches Museum Bern,
Gabriele Keck und Elke Jezler-Hübner
in Zusammenarbeit mit Regula Wyss
Gestaltung: Poste 4, Strassburg
Gesamtherstellung ab gelieferten Daten:
Stämpfli AG, Publikationen, Bern

ISBN: 3-03823-101-0
Printed in Switzerland

VORWORT DES PRÄSIDENTEN DER HEBRÄISCHEN UNIVERSITÄT JERUSALEM

Die folgenden Seiten gewähren Leserinnen und Lesern einen – zugegebenermassen begrenzten – Blick auf eine der bekanntesten Symbolfiguren des 20. Jahrhunderts, eine der bedeutendsten Geistesgrössen aller Zeiten. Albert Einstein wurde zu einer Legende, einem Sinnbild, einem Musterbeispiel der wissenschaftlichen Revolution. Sein Privatarchiv, das sich in der Jüdischen National- und Universitätsbibliothek der Hebräischen Universität befindet, enthüllt, wie viel mehr sich hinter dem Mythos verbirgt.

Paradoxerweise ist das Bild, das dieses Buch wiedergibt, alles andere als zweidimensional. Einsteins Relativitätstheorie stellt eine der grössten Umwälzungen unseres Weltbildes dar und hat das menschliche Wissen in massgeblicher Weise bereichert. Eine andere Revolution des wissenschaftlichen Denkens, möglicherweise noch tiefer greifend, ist die der Quantenmechanik. Einsteins nicht enden wollende Auseinandersetzung mit dieser neuen Theorie isolierte ihn immer stärker von der Hauptströmung der naturwissenschaftlichen Forschung und hätte ihn zu einer tragischen Figur werden lassen können. Dennoch wurde er, und nicht einer der Schöpfer der Quantenmechanik, in den Augen der Öffentlichkeit zur Verkörperung eines Mythos.

Wie kam es, dass der Mensch Einstein die kollektive Phantasie des 20. Jahrhunderts derart fesselte und auch im 21. Jahrhundert noch nichts von seiner Faszination verloren hat? Den Dokumenten des Einstein-Archivs kann man einige Antworten entnehmen. Sie zeigen die vielen verschiedenen Seiten seiner Persönlichkeit mit all ihren Widersprüchen und Paradoxien.

Mit brillantem Verstand begnadet und nicht in gängigen Denkmustern erstarrt, gelang Einstein in der Speziellen und der Allgemeinen Relativitätstheorie einer der bedeutendsten Durchbrüche in der Geschichte des menschlichen Denkens.

Unnachgiebig konnte er aber gleichzeitig an eher konservativen Überzeugungen festhalten, die ihm den Zugang zur anderen Revolution in der Naturwissenschaft des 20. Jahrhunderts, der Quantenmechanik, versperren mussten.

Einstein war ein engagierter Pazifist. Aber als die Gefahr bestand, dass die Nationalsozialisten ihre bereits hochgerüstete Kriegsmaschinerie mit neu entwickelten Kernwaffen anreichern würden, befürwortete auch er ein amerikanisches Nuklearforschungsprogramm, an dessen Ende schliesslich die ersten Atombomben standen.

Die Vorstellung eines persönlichen Gottes war ihm fremd. Aber er war zutiefst geprägt von seiner jüdischen Identität und dem Bewusstsein, einem Volk anzugehören, von dessen einzigartiger Rolle in der Geschichte der menschlichen Zivilisation er überzeugt war.

Selbst in seinem Verhältnis zur Hebräischen Universität erkennt man Widersprüche. Als einer der Gründer der Universität gehörte er gleichzeitig zu ihren strengsten Kritikern. Wie Chaim Weizmann stellte auch Einstein die akademischen Richtlinien und die Führungsprinzipien in Frage, die der erste Kanzler, Judah L. Magnes, vertrat. Trotzdem hat Einstein der Hebräischen Universität seine wissenschaftlichen und nicht-wissenschaftlichen Manuskripte, seine Korrespondenz und seine persönlichen Unterlagen zur dauerhaften Bewahrung anvertraut.

Ich glaube, dass diese Spannungen die Komplexität des wahren Albert Einstein enthüllen und vielleicht, wenigstens zum Teil, erklären können, warum er und kein anderer zur Symbolfigur des 20. Jahrhunderts wurde.

Prof. Menachem Magidor
Präsident der Hebräischen Universität Jerusalem

VORWORT DES PRÄSIDENTEN DER AUFSICHTSKOMMISSION UND DES DIREKTORS DES HISTORISCHEN MUSEUMS BERN

Albert Einstein (1879–1955) wurde am 31. Dezember 1999 vom «TIME Magazine» zur «Person of the Century» erkoren. Diese Rolle erklärt sich aus der doppelten Faszination, die von ihm ausgeht: Einstein hat wie kein anderer durch seine naturwissenschaftliche Arbeit die Weltsicht verändert. Mit seinem Lebensweg und seinem Eintreten für eine bessere Welt widerspiegelt Einstein aber auch wie wenige ausser ihm die epochalen Zeitströmungen und Ereignisse der ersten Hälfte des 20. Jahrhunderts.

Einstein hat, knapp 16-jährig, mit seiner «Flucht» aus München an der Jahreswende 1894/95 gleichsam vorzeitig von der überkommenen Welt der militarisierten Monarchien des 19. Jahrhunderts Abschied genommen. Er hat im damals zukunftsweisenden Liberalismus und im demokratischen Rechtsstaat der Schweiz eine Orientierung für seinen eigenen Humanismus gefunden. In Berlin war er seit 1914 Teil der deutschen Wissenschaft, die in vielen Gebieten an der Spitze der internationalen Forschung stand. Er war «leidenschaftlicher Pazifist» und trat unerschrocken für soziale Gerechtigkeit und Demokratie ein. Seine Verbundenheit mit dem jüdischen Volk gründete im Bewusstsein gemeinsamer kultureller und ethischer Werte, allen voran Wahrheitsliebe, Gerechtigkeitssinn und Streben nach Unabhängigkeit.

1933 zog er angesichts der mit der Naziherrschaft einsetzenden Katastrophe die Konsequenz und emigrierte in die USA. In Konflikt mit seinem eigenen Pazifismus geriet er, als er sich, die von Hitler ausgehende Bedrohung vor Augen, dann doch zum Krieg als einzigem Ausweg bekannte. Aus Angst vor einer Atombombe in den Händen Hitlers forderte er Präsident Roosevelt zur Entwicklung eines nuklearen Forschungsprogramms auf. Schliesslich musste er erleben, dass die USA die Atombombe nicht nur zur Abschreckung gebaut hatten, sondern sie ohne Vorwarnung über den Städten Hiroshima und Nagasaki einsetzten. Er widmete fortan einen wesentlichen Teil seiner Lebenskraft der Propagierung einer neuen Weltordnung, in welcher die nukleare Gefahr gebannt sein würde. Einstein wurde zum bespitzelten Opfer der McCarthy-Ära und hinterliess der Welt ein Foto mit herausgestreckter Zunge, welches gewollt oder nicht zum Ausdruck bringt, dass die Erwartungen an ihn als öffentliche Person ihn nie korrumpieren konnten.

Der überwiegende Teil von Einsteins wissenschaftlich relevanten Schriften ist in Bern entstanden: 1905, in seinem so genannten «annus mirabilis», sowie 1907. Dem Historischen Museum Bern ist dies Anlass, Einstein im Jubiläumsjahr 2005 eine grosse Sonderausstellung zu widmen. Im Vordergrund steht dabei nicht die lokalhistorische Perspektive, sondern Einsteins Werk und sein Wirken als Teil der Weltgeschichte des 20. Jahrhunderts. Das vorliegende Buch, welches von Ze'ev Rosenkranz in englischer Sprache unter dem Titel «Albert Through the Looking-Glass» 1998 im Rahmen einer Wanderausstellung des Albert-Einstein-Archivs in Jerusalem verfasst worden ist, liefert der Ausstellung die perfekte Dokumentation.

Unser Dank richtet sich an alle, die zum Gelingen unserer Publikation beigetragen haben: An erster Stelle stehen Prof. Menachem Magidor, Präsident der Hebräischen Universität Jerusalem sowie die Jüdische National- und Universitätsbibliothek mit dem Albert-Einstein-Archiv. Ihr Direktor Prof. Yoram Tsafrir hat unserem Projekt mit seiner Zuversicht und raschen Entscheidungsfindung die nötige Energie verliehen. Dem Autor Ze'ev Rosenkranz danken wir für die Bereitschaft, uns bei der deutschen Bearbeitung seines Werkes für die Bedürfnisse unseres Publikums freie Hand zu lassen. Frau Barbara Wolff vom Albert-Einstein-Archiv in Jerusalem hat mit ihrer Kenntnis der Archivbestände und ihrem Volleinsatz für die Übersetzung die Publikation erst möglich gemacht.

Regierungsrat Mario Annoni
Präsident der Aufsichtskommission

Peter Jezler
Direktor

ALBERT EINSTEIN (1879-1955)

INHALTSVERZEICHNIS

Die früheste Aufnahme, die wir kennen: Albert Einstein im Alter von drei Jahren, 1882.

ZEITTAFEL 1879 → 1955

1879
wird Albert Einstein am 14. März in Ulm geboren.

1880
zieht die Familie Einstein nach München.

1885–1888
besucht Albert Einstein die katholische Volksschule.
Obgleich seine Eltern Freidenker sind, erhält er zu Hause jüdischen Religionsunterricht.

1888–1894
ist Einstein Schüler am Luitpold-Gymnasium in München.

Im Alter von
14 Jahren, 1893

1894
übersiedeln Einsteins Eltern nach Mailand.
Sechs Monate später verlässt Einstein das Gymnasium ohne Abschluss und reist seinen Eltern nach.

1895–1896
absolviert Einstein sein letztes Schuljahr an der Aargauischen Kantonsschule in Aarau, Schweiz.

1896
wird er auf eigenen Wunsch aus der württembergischen und damit auch aus der preussischen Staatsangehörigkeit entlassen.

1896–1900
studiert Einstein am Polytechnikum in Zürich in der Schule für Fachlehrer.

1901
erhält er das Schweizer Bürgerrecht im Kanton Zürich.
Seine erste wissenschaftliche Veröffentlichung erscheint in den «Annalen der Physik».

1901–1902
unterrichtet Einstein als Aushilfslehrer in Winterthur und Schaffhausen.

1902
bringt Mileva Marič in Novi Sad, Ungarn, die gemeinsame Tochter «Lieserl» zur Welt.
Einstein findet Arbeit als Experte III. Klasse am Eidgenössischen Patentamt in Bern.

Bern, 1903

1903
heiraten Einstein und Mileva Marič in Bern.
Mit Conrad Habicht und Maurice Solovine schliesst sich Einstein zur «Akademie Olympia» zusammen.
«Lieserl» ist möglicherweise in Ungarn zur Adoption freigegeben worden.

1904
wird der erste Sohn Hans Albert in Bern geboren.

Bern, 1905

1905
Dieses Jahr nennt man Einsteins «annus mirabilis»: Er beendet und publiziert Arbeiten über die Lichtquantenhypothese, die Brownsche Bewegung und die Spezielle Relativitätstheorie und promoviert an der Universität Zürich.

1907
entdeckt Einstein das Äquivalenzprinzip von Masse und Energie.

1908
hält Einstein sein erstes Kolleg als Privatdozent an der Universität Bern.

1909
wird Einstein als ausserordentlicher Professor für Theoretische Physik an die Universität Zürich berufen und scheidet aus dem Patentamt aus.

1910
wird der zweite Sohn Eduard in Zürich geboren.

1911
berechnet Einstein die Lichtablenkung im Gravitationsfeld der Sonne.

Prag, 1912

1911–1912
ist Einstein Professor für Theoretische Physik an der Deutschen Universität in Prag.

1912–1914
hat er eine Professur für Theoretische Physik an der Eidgenössischen Technischen Hochschule ETH in Zürich inne.

1913
wird Einstein am Ende des Jahres in die Königlich Preussische Akademie der Wissenschaften aufgenommen und als Professor ohne Lehrverpflichtung an die Friedrich-Wilhelm-Universität in Berlin berufen.

1914
geht Einstein mit Frau und Söhnen nach Berlin.
Er trennt sich von Mileva Marić, die im Juni mit beiden Kindern nach Zürich zurückkehrt.
Im selben Jahr unterzeichnet er einen Aufruf gegen den Krieg, das «Manifest an die Europäer», und tritt in den pazifistischen «Bund Neues Vaterland» ein.

Berlin, 1916

1916
veröffentlicht er «Die Grundlage der allgemeinen Relativitätstheorie», die er im Vorjahr abgeschlossen hatte.

1917
erscheint sein erster Artikel über Kosmologie.
Einstein wird zum Direktor des Kaiser-Wilhelm-Instituts für Physik in Berlin ernannt.

1917–1920
Verschiedene Krankheiten kennzeichnen diese Jahre.
Einstein wird von seiner Cousine Elsa gepflegt.

1919
kommt es zur Scheidung von Mileva Marič.
Wenige Monate später heiratet Einstein seine Cousine Elsa, gesch. Löwenthal.
Angeregt von Kurt Blumenfeld beginnt Einstein, sich für den Zionismus zu interessieren.
Die Royal Society und die Royal Astronomical Society in London geben offiziell bekannt: Fotos, die während einer Sonnenfinsternis in Westafrika und Brasilien aufgenommen werden konnten, bestätigen Einsteins Berechnungen zur Lichtablenkung aus dem Jahr 1911. Die Schlagzeilen in der «Times» und der «New York Times» machen Einstein über Nacht berühmt.

Leiden, 1920

1920
Eine Veranstaltung der «Arbeitsgemeinschaft deutscher Naturforscher zur Erhaltung reiner Wissenschaft e.V.» in der Berliner Philharmonie ist der Auftakt zu überwiegend antisemitisch motivierten Angriffen auf die Relativitätstheorie.
Einstein erhält eine Gastprofessur an der Universität Leiden.

Wien, 1921

1921
reist Einstein mit Chaim Weizmann zum ersten Mal in die Vereinigten Staaten, wo er Spenden für die zu gründende Hebräische Universität Jerusalem sammelt und an der Universität Princeton Vorlesungen über die Relativitätstheorie hält.

Tokio, 1922

1922
legt Einstein seine erste Arbeit über die einheitliche Feldtheorie vor.
Sein Besuch in Paris trägt, vier Jahre nach dem Ende des Ersten Weltkriegs, zur Normalisierung der deutsch-französischen Beziehungen bei.
Einstein wird Mitglied des «Komitees für geistige Zusammenarbeit» im Völkerbund.
Eine mehrmonatige Reise bringt ihn nach Japan und China, wo er akademische und populäre Vorträge hält.
Rückwirkend für das Jahr 1921 wird ihm der Nobelpreis für Physik verliehen.

1923
Von Japan kommend besucht Einstein Palästina. Er hält einen Vortrag, die erste Vorlesung am zukünftigen Standort der Hebräischen Universität Jerusalem und wird zum ersten Ehrenbürger von Tel Aviv ernannt.
Über Spanien kehrt er nach Berlin zurück.
Im Juni reist er zu seinem Nobelpreis-Vortrag nach Göteborg, Schweden.
Die erste Sammlung wissenschaftlicher Aufsätze der Hebräischen Universität erscheint; Einstein zeichnet als ihr Herausgeber.

Albert Einstein und Niels Bohr, 1925

1925
reist Einstein nach Südamerika und hält Vorträge in Argentinien, Brasilien und Uruguay.
Auch wird er Mitglied im Kuratorium und im Akademischen Rat der Hebräischen Universität Jerusalem.

1927
tritt Einstein in eine intensive Auseinandersetzung mit Niels Bohr über die Grundlagen der Quantenmechanik.

Scharbeutz an der Ostsee, 1928

1930–1932
hält sich Einstein während der Wintersemester vor allem am California Institute of Technology in Pasadena, im Sommer in seinem Landhaus in Caputh bei Potsdam auf.

1932
tauscht Einstein mit Sigmund Freud Gedanken über die Ursachen von Kriegen aus.
Einstein wird als Professor ohne Lehrverpflichtung an das Institute for Advanced Study, Princeton, berufen und plant, die eine Hälfte des Jahres dort, die andere in Berlin zu verbringen.
Im Dezember reist Einstein in die Vereinigten Staaten.
Noch weiss er nicht, dass er Deutschland endgültig verlassen hat.

Auf der «Belgenland», 1931

1933
Nach dem Machtantritt der Nazis beschliesst Einstein, nicht mehr nach Deutschland zurückzukehren.
Er erklärt seinen Austritt aus der Preussischen Akademie der Wissenschaften und gibt die deutsche Staatsbürgerschaft auf, die ihm als preussischem Beamten angetragen worden war.
Das Frühjahr und den Sommer verbringt er hauptsächlich in Belgien und Oxford; im Oktober emigriert Einstein in die USA.

Princeton, 1934

1934
erscheint eine Sammlung seiner nicht-wissenschaftlichen Aufsätze unter dem Titel «Mein Weltbild».

1935
wird das Einstein-Podolsky-Rosen-Paradoxon veröffentlicht.

1936
stirbt Elsa Einstein in Princeton.

1938
publiziert Einstein zusammen mit Leopold Infeld «Die Physik als Abenteuer der Erkenntnis».

Albert Einstein mit Stieftochter Margot, New York, 1939

1939
unterzeichnet er den berühmt gewordenen Brief an Präsident F. D. Roosevelt, der dessen Augenmerk auf die Kernforschung lenken soll.

1940
wird Einstein amerikanischer Staatsbürger. Er behält sein Schweizer Bürgerrecht.

1941
wird das «Manhattan Project» zur Entwicklung der Atombombe gestartet. Einstein ist nicht beteiligt, da er als Sicherheitsrisiko gilt.

1943
zieht die US-Navy Einstein als Berater in der Abteilung für Forschung und Entwicklung (Forschungsgruppe Munition und Sprengstoffe) heran.

Mitte der 1940er Jahre

1946
wird Einstein Vorsitzender des Emergency Committee of Atomic Scientists, dessen Ziele Rüstungskontrolle und die Förderung der friedlichen Nutzung von Kernenergie sind.
Öffentlich tritt er nun und in den nächsten Jahren immer wieder für eine Weltregierung ein.

1948
Einsteins erste Frau Mileva stirbt in Zürich.
Bei Einstein wird ein Aneurysma der Unterleibsaorta diagnostiziert.

1949
erscheint Einsteins 1946 entstandene Schrift «Autobiographisches».

In den 1950er Jahren

1950
Das Bändchen «Out of My Later Years» (deutsch: Aus meinen späten Jahren) vereinigt Einsteins nichtwissenschaftliche Aufsätze und Reden der vorangegangenen 20 Jahre.

1952
wird Einstein nach Chaim Weizmanns Tod die Präsidentschaft des Staates Israel angetragen.

1953
spricht Einstein sich öffentlich für zivilen Ungehorsam gegenüber dem Senatsausschuss für «unamerikanische Umtriebe» aus.

1955
unterzeichnet Einstein noch wenige Tage vor seinem Tod das Russell-Einstein-Manifest gegen atomares Wettrüsten.
Mitte April kommt es zum Bruch des Aneurysmas.
Einstein stirbt am 18. April um 1:15 Uhr im Alter von 76 Jahren im Princeton Hospital. Sein Leichnam wird eingeäschert, die Asche an einem unbekannten Ort verstreut.

Winter 1951

Herr Albert Einstein von Ulm,
geboren den 14. März 1879,
besuchte die aargauische Kantonsschule & zwar die III. & IV. Klasse
der Gewerbeschule.
Albert Einstein

ZUR PERSON

«Ich bin ein richtiger Einspänner, der dem Staat, der Heimat, dem Freundeskreis, ja, selbst der engeren Familie nie mit ganzem Herzen angehört hat, sondern all diesen Bindungen gegenüber ein nie sich legendes Gefühl der Fremdheit und des Bedürfnisses nach Einsamkeit empfunden hat, ein Gefühl, das sich mit dem Lebensalter noch steigert.»

Aus «Wie ich die Welt sehe», 1930.

↑ Ulm, Bahnhofstrasse 135 B:
In diesem Haus wurde
Albert Einstein geboren.

→ Brief an Max Erlanger,
16. April 1929. – Erlanger
hatte Einstein die Fotografie
seines Geburtshauses zum
50. Geburtstag überreicht.

HERKUNFT UND SCHULZEIT

Albert Einstein wuchs in einer Familie heran, die den Schritt aus der schwäbisch-bodenständigen Umgebung in die moderne Grossstadt gewagt hatte. In seinem Wesen blieb er bei aller Unabhängigkeit vom schwäbischen Naturell geprägt.

Einsteins Vorfahren hatten sich vor der Mitte des 17. Jahrhunderts in Schwaben auf dem Land niedergelassen. Seine Eltern waren weitgehend assimilierte Juden und gehörten schon dem städtischen Bürgertum an. Ihr erstes Kind, Albert, wurde 1879 in Ulm geboren. In München kam zwei Jahre darauf seine Schwester Maja zur Welt.

Als wortkarger Einzelgänger gab Albert seinen Eltern in den ersten Jahren offenbar Anlass zur Sorge. Zum Zeitpunkt seiner Einschulung hatte er aber etwaige frühe Entwicklungsschwierigkeiten überwunden. Ganz im Gegensatz zu einer weit verbreiteten Legende wurde er sogar ein durchaus guter Schüler. Angeregt vom Vater und dessen Bruder Jakob, die miteinander ein elektrotechnisches Unternehmen leiteten, begann Albert schon früh, sich für Mathematik und Naturwissenschaften zu interessieren.

Er besuchte zunächst die katholische Volksschule in der Nachbarschaft, anschliessend das Münchner Luitpold-Gymnasium. Diesem kehrte er aber mit 15 Jahren vorzeitig den Rücken, weil er, wie er sich später rechtfertigte, die geistlose, mechanisierte Lehrmethode und den militärischen Drill an der autoritär geführten Schule verabscheute. In der Schweiz schloss er im September 1896 seine schulische Ausbildung mit der Matura ab.

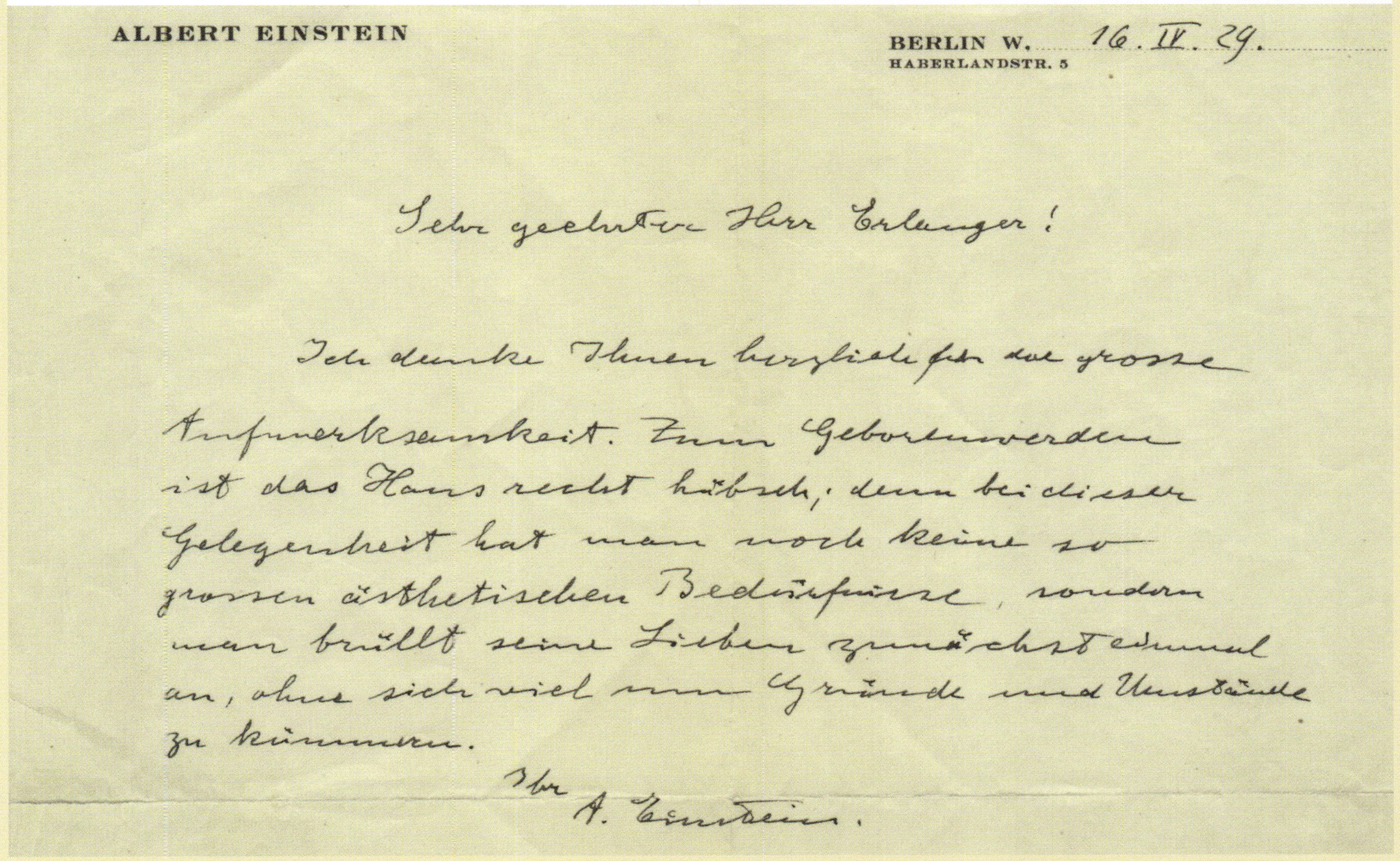
ALBERT EINSTEIN

BERLIN W. 16. IV. 29.
HABERLANDSTR. 5

Sehr geehrter Herr Erlanger!

Ich danke Ihnen herzlich für die grosse Aufmerksamkeit. Zum Geborenwerden ist das Haus recht hübsch, denn bei dieser Gelegenheit hat man noch keine so grossen ästhetischen Bedürfnisse, sondern man brüllt seine Lieben zunächst einmal an, ohne sich viel um Gründe und Umstände zu kümmern.

Ihr
A. Einstein.

A. a.

2

Geburtsurkunde.

Nr. 224

Ulm am 15. März 1879.

Vor dem unterzeichneten Standesbeamten erschien heute, der Persönlichkeit nach bekannt,

der Kaufmann Hermann Einstein

wohnhaft zu Ulm Bahnhofstraße B. No 135

israelitischer Religion, und zeigte an, daß von der

Pauline Einstein geborene Koch, seiner Ehefrau,

israelitischer Religion,

wohnhaft bei ihm

zu Ulm in seiner Wohnung

am vierzehnten März des Jahres tausend acht hundert siebenzig und neun vormittags

um elf ein halb Uhr ein Kind männlichen Geschlechts geboren worden sei, welches den Vornamen

Albert erhalten habe.

*

↑ Einsteins Vater Hermann war ein freundlicher, gütiger Mensch, literarisch interessiert, jedoch als Kaufmann wenig erfolgreich.

↑ Die Mutter Pauline, geb. Koch, eine begabte Pianistin, war wohl der resolutere Elternteil.

↑ Das Geschwisterpaar Albert und Maja im Jahr 1884.

← Die Geburtsurkunde, ausgestellt in Ulm am 15. März 1879.

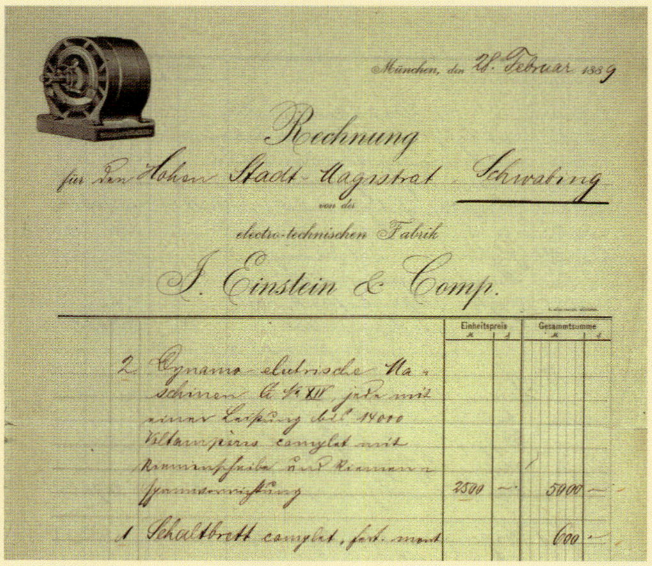
Rechnung
für den Hohen Stadt Magistrat Schwabing
von der
electro-technischen Fabrik
J. Einstein & Comp.

→ Briefkopf der Firma von Vater Hermann und Onkel Jakob in München.

Klassenfoto in München, 1889: Albert ist das Kind, das lächelt (1. Reihe, 3. von rechts).

Entwurf für einen Brief an einen unbekannten Empfänger, 3. April 1920.

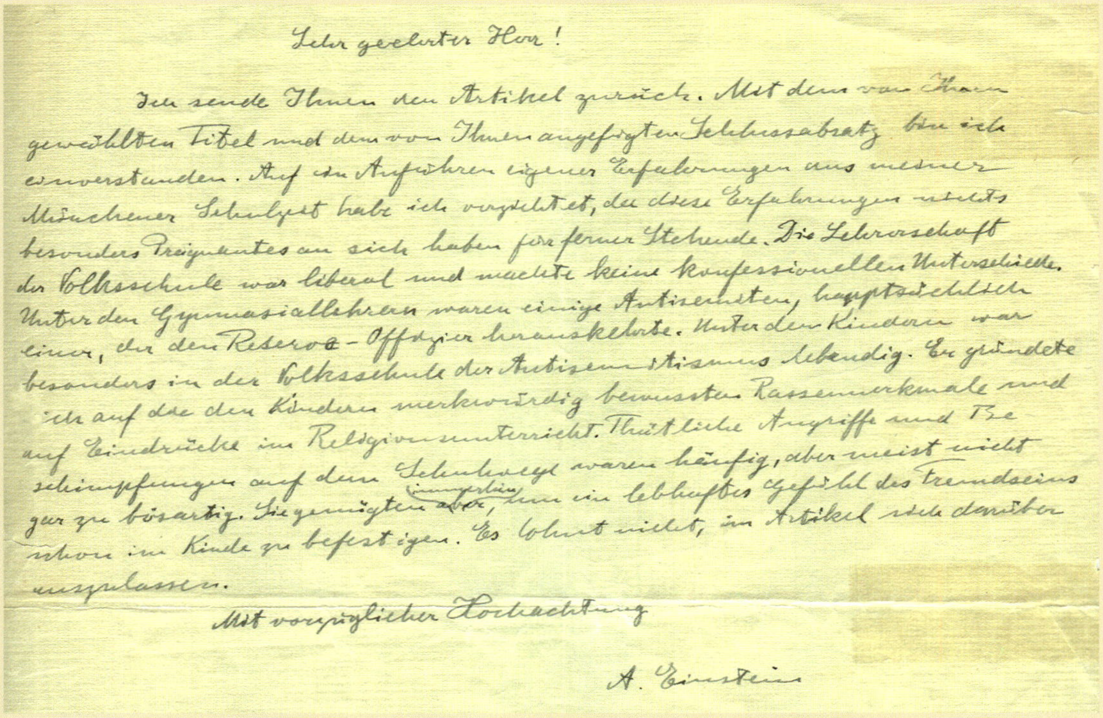

Sehr geehrter Herr!

Ich sende Ihnen den Artikel zurück. Mit dem von Ihnen gewählten Titel und dem von Ihnen angefügten Schlussabsatz bin ich einverstanden. Auf das Anführen eigener Erfahrungen aus meiner Münchener Schulzeit habe ich verzichtet, da diese Erfahrungen nichts besonders Prägnantes an sich haben für ferner Stehende. Die Lehrerschaft der Volksschule war liberal und machte keine konfessionellen Unterschiede. Unter den Gymnasiallehrern waren einige Antisemiten, hauptsächlich einer, der den Reserve-Offizier herauskehrte. Unter den Kindern war besonders in der Volksschule der Antisemitismus lebendig. Er gründete sich auf die den Kindern merkwürdig bewussten Rassenmerkmale und auf Eindrücke im Religionsunterricht. Thätliche Angriffe und Beschimpfungen auf dem Schulwege waren häufig, aber meist nicht gar zu bösartig. Sie genügten immerhin, um ein lebhaftes Gefühl des Fremdseins schon im Kinde zu befestigen. Es lohnt nicht, im Artikel sich darüber auszulassen.

Mit vorzüglicher Hochachtung

A. Einstein

→ Reifezeugnis der Kantonsschule in Aarau. Die 6 ist die höchste Note auf der Bewertungsskala.

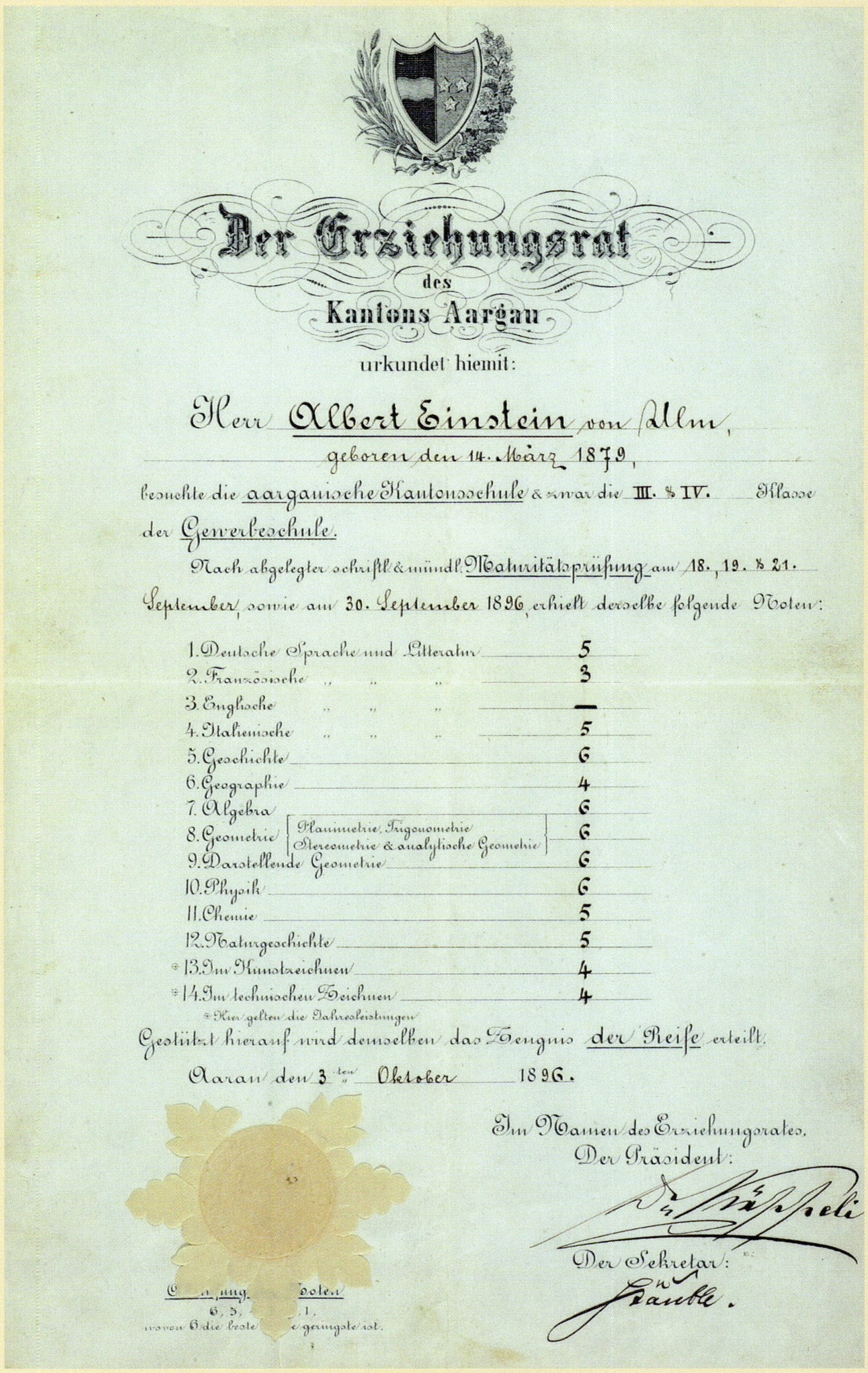
Der Erziehungsrat
des
Kantons Aargau
urkundet hiemit:

Herr Albert Einstein von Ulm,
geboren den 14. März 1879,
besuchte die aargauische Kantonsschule & zwar die III. & IV. Klasse der Gewerbeschule.

Nach abgelegter schriftl. & mündl. Maturitätsprüfung am 18., 19. & 21. September, sowie am 30. September 1896, erhielt derselbe folgende Noten:

1. Deutsche Sprache und Litteratur	5
2. Französische " " "	3
3. Englische " " "	—
4. Italienische " " "	5
5. Geschichte	6
6. Geographie	4
7. Algebra	6
8. Geometrie (Planimetrie, Trigonometrie, Stereometrie & analytische Geometrie)	6
9. Darstellende Geometrie	6
10. Physik	6
11. Chemie	5
12. Naturgeschichte	5
* 13. Im Kunstzeichnen	4
* 14. Im technischen Zeichnen	4

* Hier gelten die Jahresleistungen

Gestützt hierauf wird demselben das Zeugnis der Reife erteilt.

Aarau den 3ten Oktober 1896.

Im Namen des Erziehungsrates.
Der Präsident:

Der Sekretar:

...ung... Noten
6, 5, ... 1,
wovon 6 die beste ... geringste ist.

«Die Kantonsschule in Aarau […] hat durch ihren liberalen Geist und durch den schlichten Ernst der auf keinerlei äussere Autorität sich stützenden Lehrer einen unvergesslichen Eindruck in mir hinterlassen; durch Vergleich mit sechs Jahren Schulung an einem deutschen, autoritär geführten Gymnasium wurde mir eindringlich bewusst, wie sehr die Erziehung zu freiem Handeln und Selbstverantwortlichkeit jener Erziehung überlegen ist, die sich auf Drill, äussere Autorität und Ehrgeiz stützt.»

↑ Aus «Autobiographische Skizze», entstanden für die Schweizerische Hochschulzeitung 28/1955.

PERSÖNLICHKEIT UND FAMILIENLEBEN

Einstein war Liebhaber, Ehemann, Vater und wieder Liebhaber in mehrmaligem Wechsel. Am beständigsten war seine Bindung an die Wissenschaft.

Aus dem in sich gekehrten, verträumten Kind war ein selbstbewusster, ja forscher junger Mann geworden, der grosse Anziehungskraft auf das andere Geschlecht ausübte. Nun schloss Einstein auch Freundschaften im Kreis seiner Kommilitonen, und dem einen und anderen dieser Freunde blieb er zeitlebens eng verbunden.

Viele zärtliche Briefe zeugen von Einsteins leidenschaftlicher Liebesbeziehung zu Mileva Marić, seiner Kommilitonin am Polytechnikum in Zürich. Mileva stammte aus einer serbischen Gutsbesitzerfamilie und gehörte zu den ersten Frauen, die in Zürich Physik studierten. In den für Einstein wissenschaftlich so fruchtbaren Jahren um die Jahrhundertwende, in denen er seine ersten revolutionären Theorien entwickelte, war Mileva nicht nur sein «liebstes Doxerl», sondern auch der ideale Resonanzboden für seine Ideen. Einen Beweis dafür, dass Mileva einen selbständigen Beitrag zu Einsteins wissenschaftlichem Werk geliefert hätte, sucht man allerdings vergebens.

1902 gebar Mileva im Haus ihrer Eltern bei Novi Sad eine gemeinsame Tochter, die Einstein in seinen Briefen neugierig und liebevoll «Lieserl» nennt. Finanzielle und berufliche Unsicherheit, nicht zuletzt aber auch der heftige Widerstand, den Alberts Eltern einer Ehe mit Mileva entgegensetzten, machten es dem jungen Paar jedoch zunächst unmöglich, zu heiraten. Alle Spuren «Lieserls», die in Ungarn bleibt, verlieren sich nach ihrem zweiten Lebensjahr. Ob Mileva ihre Tochter zur Adoption freigegeben hat oder ob das Mädchen schon im Kindesalter gestorben ist, bleibt Vermutung.

In der 1903 geschlossenen Ehe wurden Albert und Mileva zwei Söhne geboren: Hans Albert, 1904, und Eduard, 1910.

↑ Mileva und Albert Einstein mit Hans Albert, Bern 1904.

↑ Mileva Einstein mit den Söhnen Eduard und Hans Albert, Berlin 1914.

«Bis Du mein liebes Weiberl bist, wollen wir recht eifrig zusammen wissenschaftlich arbeiten, dass wir keine alten Philistersleut werden, gellst. Meine Schwester kam mir so philiströs vor. Das darfst Du mir ja nie werden, es wär mir schrecklich. Du musst immer meine Hex bleiben und mein Gassenbub.»

← Aus einem Brief an seine zukünftige Frau Mileva, 28. Dezember 1901.

→ Einsteins Söhne Hans Albert und Eduard, Arosa, Juli 1917.

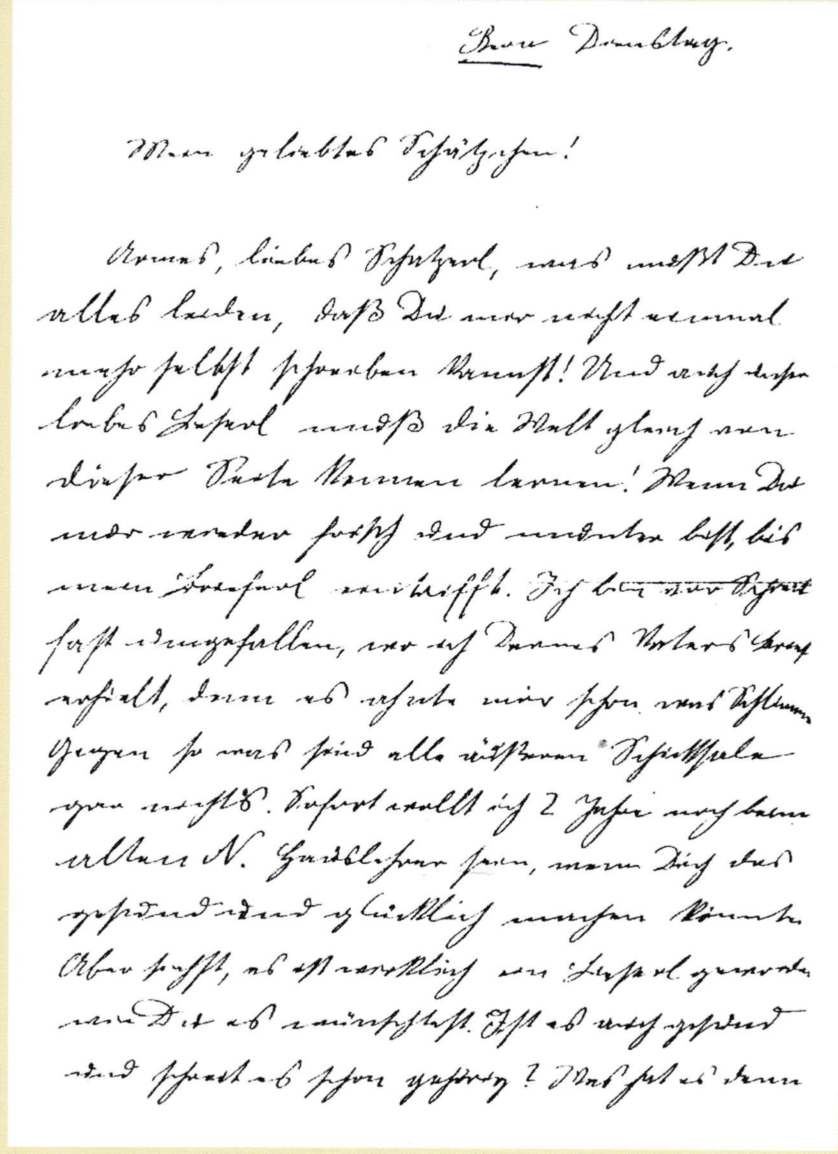

Bern Dienstag.

Mein geliebtes Schätzchen!

Armes, liebes Schatzerl, was musst Du alles leiden, dass Du mir nicht einmal mehr selbst schreiben kannst! Und auch unser liebes Lieserl muss die Welt gleich von dieser Seite kennen lernen! Wenn Du nur wieder frisch und munter bist, bis mein Brieferl eintrifft. Ich bin vor Schreck fast umgefallen, wo ich Deines Vaters Brief erhielt, denn es ahnte mir schon was Schlimmes. Gegen so was sind alle äusseren Schicksale gar nichts. Sofort wollt ich 2 Jahre noch beim alten N. Hauslehrer sein, wenn Dich das gesund und glücklich machen könnte. Aber siehst, es ist wirklich ein Lieserl geworden, wie Du es wünschtest. Ist es auch gesund und schreit es schon gehörig? Was hat es denn

↑→ Aus dem Brief an Mileva, 4. Februar 1902.

«Mein geliebtes Schätzchen!
Armes, liebes Schatzerl, was musst Du alles leiden, dass Du mir nicht einmal mehr selbst schreiben kannst! Und auch unser liebes Lieserl muss die Welt gleich von dieser Seite kennen lernen! Wenn Du nur wieder frisch und munter bist, bis mein Brieferl eintrifft. Ich bin vor Schreck fast umgefallen, wo ich Deines Vaters Brief erhielt, denn es ahnte mir schon was Schlimmes. Gegen so was sind alle äusseren Schicksale gar nichts. Sofort wollt ich 2 Jahre noch beim alten N. Hauslehrer sein, wenn Dich das gesund und glücklich machen könnte. Aber siehst, es ist wirklich ein Lieserl geworden, wie Du es wünschtest. Ist es auch gesund und schreit es schon gehörig? Was hat es denn für Augerl? Wem von uns sieht es mehr ähnlich? Wer gibt ihm denn das Milcherl? Hat es auch Hunger? Gellst, und ein vollständiges Glatzerl hats. Ich hab es so lieb und kenns doch noch gar nicht! Könnt man es denn nicht photographieren, bis Du wieder ganz gesund bist? Kann es schon bald seine Augen nach etwas hinwenden? Jetzt kannst Beobachtungen machen. Ich möcht auch einmal selber ein Lieserl machen, es muss doch zu interessant sein! Es kann gewiss schon weinen, aber lachen lernt es erst viel später. Darin liegt eine tiefe Wahrheit. Wenn Du mir wieder ein bisserl zweg bist, dann musst es zeichnen!»

Mileva, die den Schmerz über den Verlust der Tochter offenbar nicht überwinden konnte, litt zunehmend unter Schwermut. Um das Jahr 1909 begann die Ehe brüchig zu werden und die Gefühle zwischen den Ehegatten kühlten sich ab. 1912 liess sich Albert auf eine Affäre mit seiner geschiedenen Cousine Elsa ein.

Zur Trennung von Mileva kam es, als Einstein 1914 dem Ruf an die Akademie der Wissenschaften in Berlin folgte. 1919 wurde die Ehe schliesslich geschieden. Bald darauf heiratete er Elsa, welche zwei Töchter, Ilse und Margot, in die Ehe brachte.

Alberts Söhne wuchsen bei Mileva in Zürich auf. In zahlreichen Briefen und während der häufigen gemeinsamen Ferienreisen bemühte er sich, den Kontakt mit seinen Kindern aufrechtzuerhalten. Das Verhältnis zwischen Hans Albert und seinem Vater war durch die Trennung belastet; zudem missbilligte Einstein zunächst die Beziehung seines Sohnes zu seiner älteren Freundin und späteren Ehefrau. Dennoch liess Einstein keine Zweifel daran aufkommen, dass er mit grosser Zärtlichkeit an seinen Buben hing. Besonders galt dies für den jüngeren Sohn Eduard. Dieser höchst empfindsame, literarisch und musikalisch hoch begabte Junge verbrachte später viele Jahre seines Lebens in Heilanstalten, nachdem eine schwere Schizophrenie bei ihm manifest geworden war. Einstein hat seinen Sohn Eduard nach 1933 nie mehr getroffen.

Im Gegensatz zu Mileva war Elsa ihrem Mann intellektuell nicht ebenbürtig. Sie genoss es sichtlich, an seinem Ruhm teilzuhaben und schirmte ihn gleichzeitig gegen manche Belästigungen ab, die seine wachsende Popularität nach sich zog. Auch wenn eheliche Treue nicht zu Einsteins Tugenden gehörte, achtete er Elsa doch und wusste ihre Fürsorge und ihre hausfraulichen Qualitäten wohl zu schätzen.

Mit seiner ersten Frau Mileva hatte Einstein von einem «Zigeunerleben» nicht nur in den Studentenjahren geträumt, sondern auch später eine «Bohemien-Wirtschaft» geführt. Nach dem Scheitern der Verbindung scheint er aber keine grossen Erwartungen mehr an die Institution der Ehe geknüpft zu haben. Auch seiner zweiten Frau Elsa brachte er bald nicht mehr die gleichen tiefen Gefühle entgegen wie in den Zeiten der ungebundenen Liebschaft. Andererseits genoss er mit Elsa, ganz wie die eben noch verspotteten «Philister», wohl auch gewisse Vorteile bürgerlicher Behaglichkeit. Körperliche und seelische Nähe suchte er in diesen Jahren bei anderen Frauen.

→ Albert und Elsa Einstein an Bord der «Kitano Maru» auf dem Weg nach Japan, 1922.

1933 liessen sich Albert und Elsa zusammen mit Alberts Sekretärin Helen Dukas in Princeton nieder. Im folgenden Jahr zog Elsas Tochter Margot zu ihnen. Nach Elsas Tod im Jahr 1936 gelang es Einstein, sich in ein eher ruhiges Privatleben zurückzuziehen, das in erster Linie von seiner Forschungsarbeit am Institute for Advanced Study bestimmt war. Er verliess Princeton fast nur noch für seine langen Sommer- und Segelferien mit Familie und Freunden am Meer.

1939 emigrierte auch Alberts Schwester Maja aus dem von Hitler bedrohten Italien nach Princeton und lebte bis zu ihrem Tod im Jahr 1951 bei ihrem Bruder.

Sein Leben lang war Einstein in vieler Hinsicht ein radikaler Nonkonformist. Er lehnte die gesellschaftlichen Konventionen ab und brachte für Zeremoniell und Etikette kaum mehr als beissenden Spott auf. Zu allen -ismen hielt er ironische Distanz und war trotz seiner freimütig bekannten Sympathien für bestimmte politische Ideen nicht bereit, Mitglied einer politischen Partei zu werden. Kleinere und grössere Schwächen seiner Mitmenschen nahm er, ebenso wie die eigenen, mit Humor; er lachte gern und laut und wohl besonders gerne über jüdische Witze.

Kollegen und Freunden fiel Einsteins erstaunliche Fähigkeit auf, die eigenen Gefühle auszuschalten, und auch Einstein selbst beschreibt sich als in Gefühlsangelegenheiten «innerlich wenig beteiligt».

Unabhängigkeit in einem sehr umfassenden Sinn war ihm die Grundvoraussetzung dafür, sich ganz und gar der Liebe hingeben zu können, die im Mittelpunkt seines Lebens stand: der Wissenschaft. Er hatte das Glück, zunächst in Berlin, später auch in Princeton Positionen angeboten zu bekommen, in denen er seine Zeit und seine Energie nicht zwischen einem Brotberuf und der Betätigung aufteilen musste, zu der er sich berufen fühlte.

Im Alter von 76 Jahren starb Albert Einstein an einem Riss der erweiterten Hauptschlagader. Seine Asche wurde noch am Todestag, dem 18. April 1955, seinem Wunsch gemäss, an einem unbekannten Ort verstreut.

↑ Ilse und Margot, die Töchter von Elsa Löwenthal und Einsteins spätere Stieftöchter, Berlin um 1912.

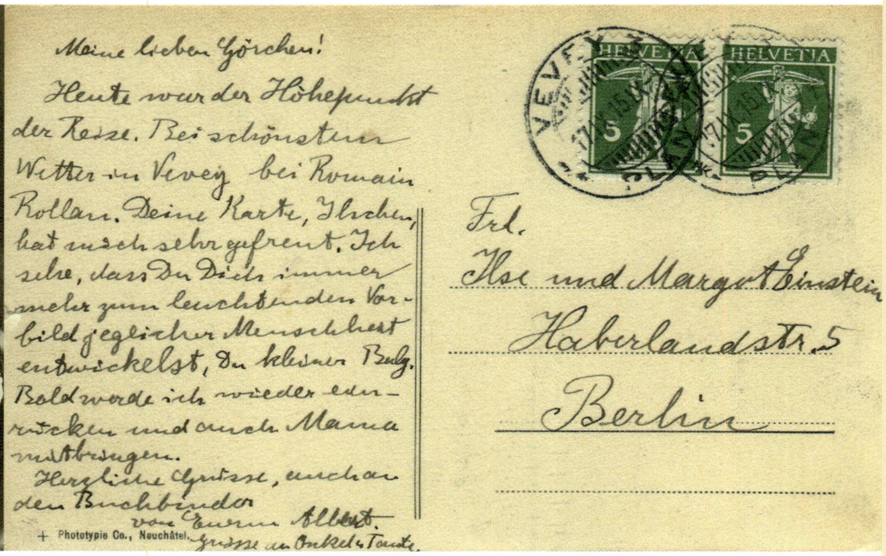

Meine lieben Görchen!
Heute war der Höhepunkt
der Reise. Bei schönstem
Wetter in Vevey bei Romain
Rolland. Deine Karte, Ilsechen,
hat mich sehr gefreut. Ich
sehe, dass Du Dich immer
mehr zum leuchtenden Vor-
bild jeglicher Menschheit
entwickelst, Du kleiner Balg.
Bald werde ich wieder ein-
rücken und auch Mama
mitbringen.
Herzliche Grüsse, auch an
den Buchbinder
von Eurem Albert.
Grüsse an Onkel & Tante.

+ Phototypie Co., Neuchâtel.

HELVETIA 5
HELVETIA 5
VEVEY

Frl.
Ilse und Margot Einstein
Haberlandstr. 5
Berlin

↑ Postkarte an die Stieftöchter, 17. September 1915.

↑ Albert und Elsa Einstein
im Grand Canyon Nationalpark,
USA, 28. Februar 1931.

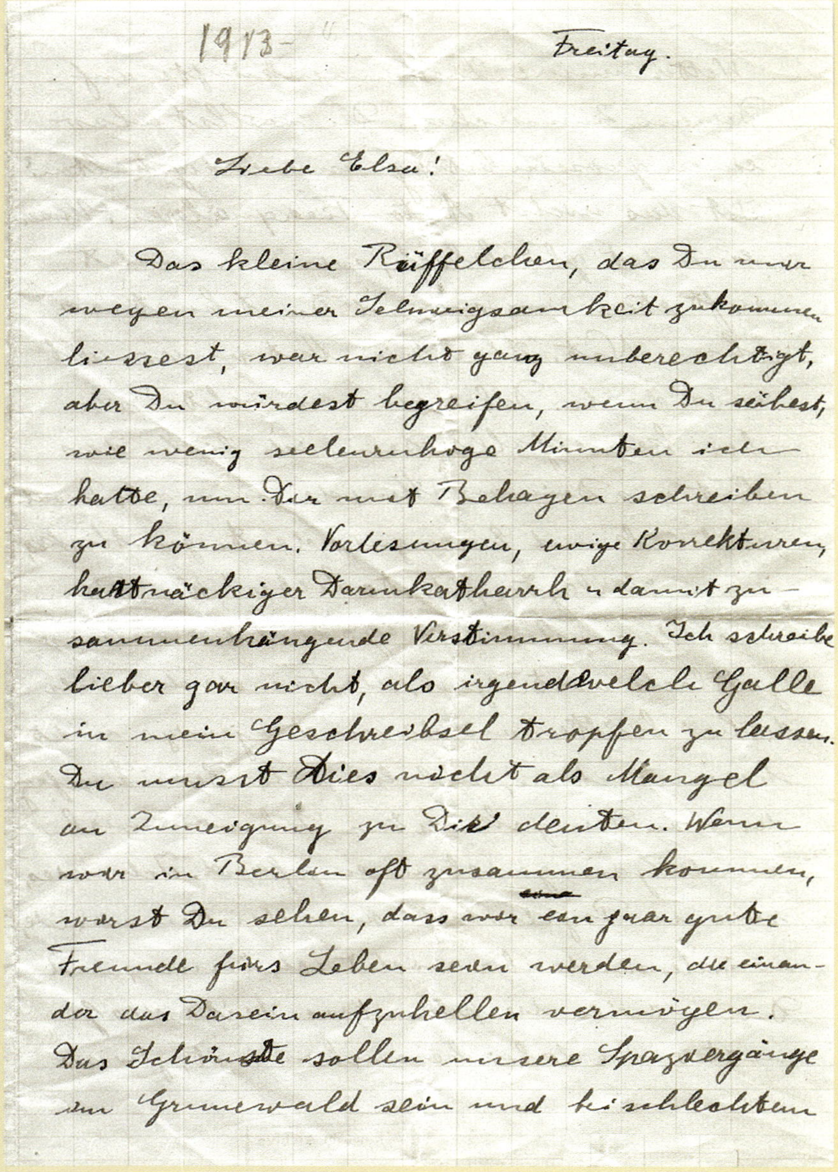

1913 – Freitag.

Liebe Elsa!

Das kleine Rüffelchen, das Du mir wegen meiner Schweigsamkeit zukommen liessest, war nicht ganz unberechtigt, aber Du würdest begreifen, wenn Du sähest, wie wenig seelenruhige Minuten ich hatte, um Dir mit Behagen schreiben zu können. Vorlesungen, ewige Korrekturen, hartnäckiger Darmkatharrh u. damit zusammenhängende Verstimmung. Ich schreibe lieber gar nicht, als irgendwelche Galle in mein Geschreibsel tropfen zu lassen. Du musst dies nicht als Mangel an Zuneigung zu Dir deuten. Wenn wir in Berlin oft zusammen kommen, wirst Du sehen, dass wir ein paar gute Freunde fürs Leben sein werden, die einander das Dasein aufzuhellen vermögen. Das Schönste sollen unsere Spaziergänge im Grunewald sein und bei schlechtem

↑→ Aus dem Brief an seine Cousine und spätere Frau Elsa, 7. November 1913.

«[…] Das Schönste sollen unsere Spaziergänge im Grunewald sein und bei schlechtem Wetter unsere Zusammenkünfte in Deinem Zimmerchen. Du willst also einen grossen Vortrag auswendig halten? […] Unsereiner ist glücklich, wenn er nicht auftreten muss, und Du thust es ohne Not. Aber Dein Mut imponiert mir doch. Dabei sein möchte ich aber keinesfalls. Denn ich liebe das Wort aus Deinem Munde nur als Privatgeschenk und Erzeugnis des Augenblickes, je unüberlegter, desto lieber! Wenn Du mir das schönste Gedicht noch so göttlich vortrügest, die Freude die ich dabei hätte würde an diejenige nicht heranreichen, welche ich beim Empfang der von Dir gekochten Schwammerl und Gansgrieben empfand.»

↑ Albert Einstein mit seinem Sohn Hans Albert und dem ersten Enkel Bernhard, Caputh bei Potsdam, 1932.

→ Brief an den jüngeren Sohn Eduard, ca. 1928/29.

«Lieber Tete!
Wenn ich Deine Briefe lese, dann werde ich sehr an meine Jugend erinnert. Da ist man so geneigt, sich in Gedanken der Welt gegenüberzustellen. An allem misst man seine Kräfte, wechselt zwischen Verzagtheit und Selbstsicherheit. Man hat das Gefühl, dass das Leben unendlich ist und dass alles, was man thut und denkt, so wichtig ist. Ja man empfindet so wie wenn man der erste und einzige Kerl wäre, der all dies so durchmacht. Dieser Heroismus ist aber ziemlich penibel und kann nur durch Humor korrigiert werden und dadurch, dass man irgendwo an der sozialen Maschine mitdreht.
[...] Ich hab mich mein Leben lang mit Problemen geplagt und bin immer wie am ersten Tag erfüllt davon, dass das Erkennen im wissenschaftlichen und künstlerischen Sinne das Beste ist, was wir haben. Die Liebe zu diesen Dingen hat in mir nie nachgelassen und wird mir bis zum letzten Schnaufer bleiben. Du bist auch dafür geboren und Deine gegenteiligen Worte kommen nur aus der Angst, nichts Rechtes leisten zu können. Lieber Tetel, deshalb hab ich eine Art Mitleid mit Dir. Es ist aber leicht zu helfen. Man wird ein Rädchen an der grossen Maschinerie, sodass keiner von einem was anderes fordern kann. Ein denkendes und fühlendes Geschöpf ist man privatim und zur eigenen Freude. Hört man ein paarmal im Leben die Engel singen, so kann man der Welt was schenken und ist ein besonders Glücklicher und Gesegneter. Ist es aber nicht der Fall, so ist man doch ein Stückchen der Seele seiner Generation, und das ist auch schön.
Denk darüber sorgsam nach, dass Du nicht dem Teufel des Ehrgeizes und der Eitelkeit zum Opfer fällst. Bedenke auch: nicht die Sehnsucht nach der Leistung, sondern nur die Liebe zu den Dingen kann zu was Rechtem führen.
Aber wie dem auch sei, ich habe viel Freude an Dir, weil Du nicht stumpf durchs Leben gehst, sondern sehend und denkend.
Ich möchte gerne bald wieder mit Dir zusammen sein. [...]
Ich hab viel zu thun. Zu dem Wissenschaftlichen hab ich mich noch in einige interessante technische Sachen gestürzt.
Es ist so eine Art Sport.
Schreib bald wieder Deinem
Papa»

«Gestern abend eine gewaltige Folge Händelscher Stücke, zum Schlusse das wundervoll zarte Choralvorspiel (Bach-Busoni Choralvorspiele, Heft I, No. 5, Ich ruf zu Dir, Herr) wundervoll zart gespielt von Eduard Einstein. Es ist da körperlich Fragliches: Übergewicht; Scheu vor Ausgehen, seit einem Jahr nicht mehr die Wohnung verlassen – nicht immer bekommt ihn der besuchende Freund zu sehen. Aber wieder, dreimal in der letzten Zeit: ganze, wohlaufgebaute, höchst originelle Vorträge auf psychologischem Gebiet: etwas hart vorgetragen […] die Silben aufeinanderfolgend, wie aus einem Vorhang grosser Scheu hervordringend…»

← Aus einem Brief von Michele Besso an Albert Einstein, 19. Juni 1937. – Besso, Einsteins lebenslanger Freund, stand auch Mileva und den Söhnen in den Zeiten von Trennung und Krankheit bei und unterrichtete Einstein über Eduards Befinden. Einstein hat seinen jüngeren Sohn nach 1933 nicht wieder gesehen.

→ Albert Einstein mit seiner Stieftochter Margot während der Einbürgerungszeremonie, Trenton, New Jersey, 1. Oktober 1940.

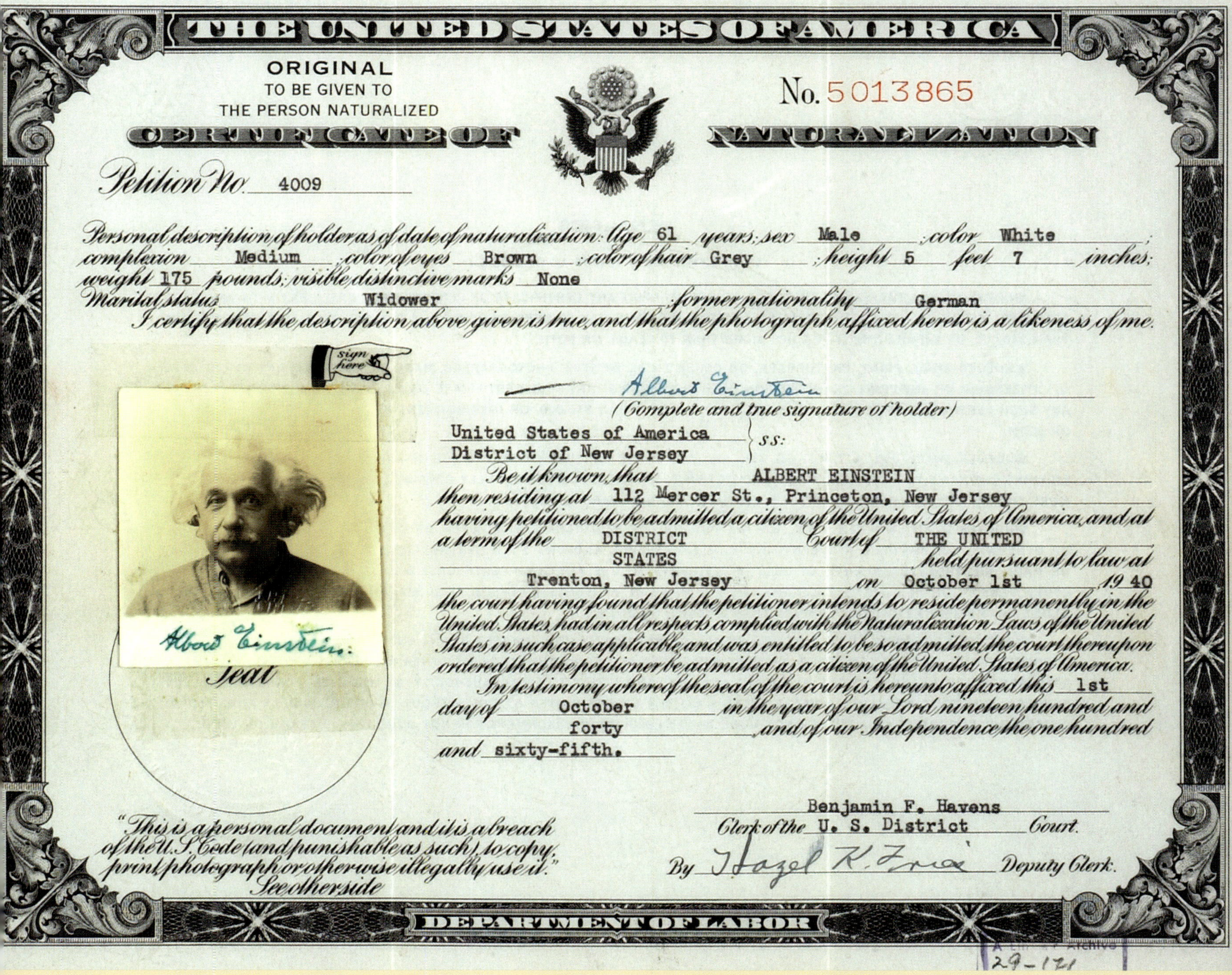

THE UNITED STATES OF AMERICA

ORIGINAL
TO BE GIVEN TO
THE PERSON NATURALIZED

No. 5013865

CERTIFICATE OF NATURALIZATION

Petition No. 4009

Personal description of holder as of date of naturalization: Age 61 years; sex Male ; color White ; complexion Medium ; color of eyes Brown ; color of hair Grey ; height 5 feet 7 inches; weight 175 pounds; visible distinctive marks None
Marital status Widower ; former nationality German
I certify that the description above given is true, and that the photograph affixed hereto is a likeness of me.

sign here

Albert Einstein
(Complete and true signature of holder)

United States of America } ss:
District of New Jersey }

Be it known that ALBERT EINSTEIN
then residing at 112 Mercer St., Princeton, New Jersey
having petitioned to be admitted a citizen of the United States of America, and at a term of the DISTRICT Court of THE UNITED STATES held pursuant to law at Trenton, New Jersey on October 1st 1940
the court having found that the petitioner intends to reside permanently in the United States, had in all respects complied with the Naturalization Laws of the United States in such case applicable, and was entitled to be so admitted, the court thereupon ordered that the petitioner be admitted as a citizen of the United States of America.
In testimony whereof the seal of the court is hereunto affixed this 1st day of October in the year of our Lord nineteen hundred and forty and of our Independence the one hundred and sixty-fifth.

Albert Einstein.

Seal

Benjamin F. Havens
Clerk of the U. S. District Court.
By Hazel K. Frie Deputy Clerk.

"This is a personal document and it is a breach of the U. S. Code (and punishable as such) to copy, print, photograph or otherwise illegally use it."
See other side

DEPARTMENT OF LABOR

29-121

↑ Am 1. Oktober 1940 wurde Einstein Bürger der Vereinigten Staaten von Amerika.

↑ Albert Einstein und seine Sekretärin Helen Dukas. Unsichtbar am Ende der Leine: Chico, der Foxterrier, Princeton, frühe 1950er Jahre.

↑ Albert Einstein, Helen Dukas und Chico in ihrem Garten in Princeton, 14. März 1954.

«…Von allen Gesellschaften, die für uns in Betracht kommen, möchte ich mich keiner hingeben, es sei denn die Gemeinschaft der wirklich Suchenden, welche jeweilen nur wenig lebende Mitglieder zählt.»

← Aus einem Brief an den Physiker Max Born, 29. April 1924.

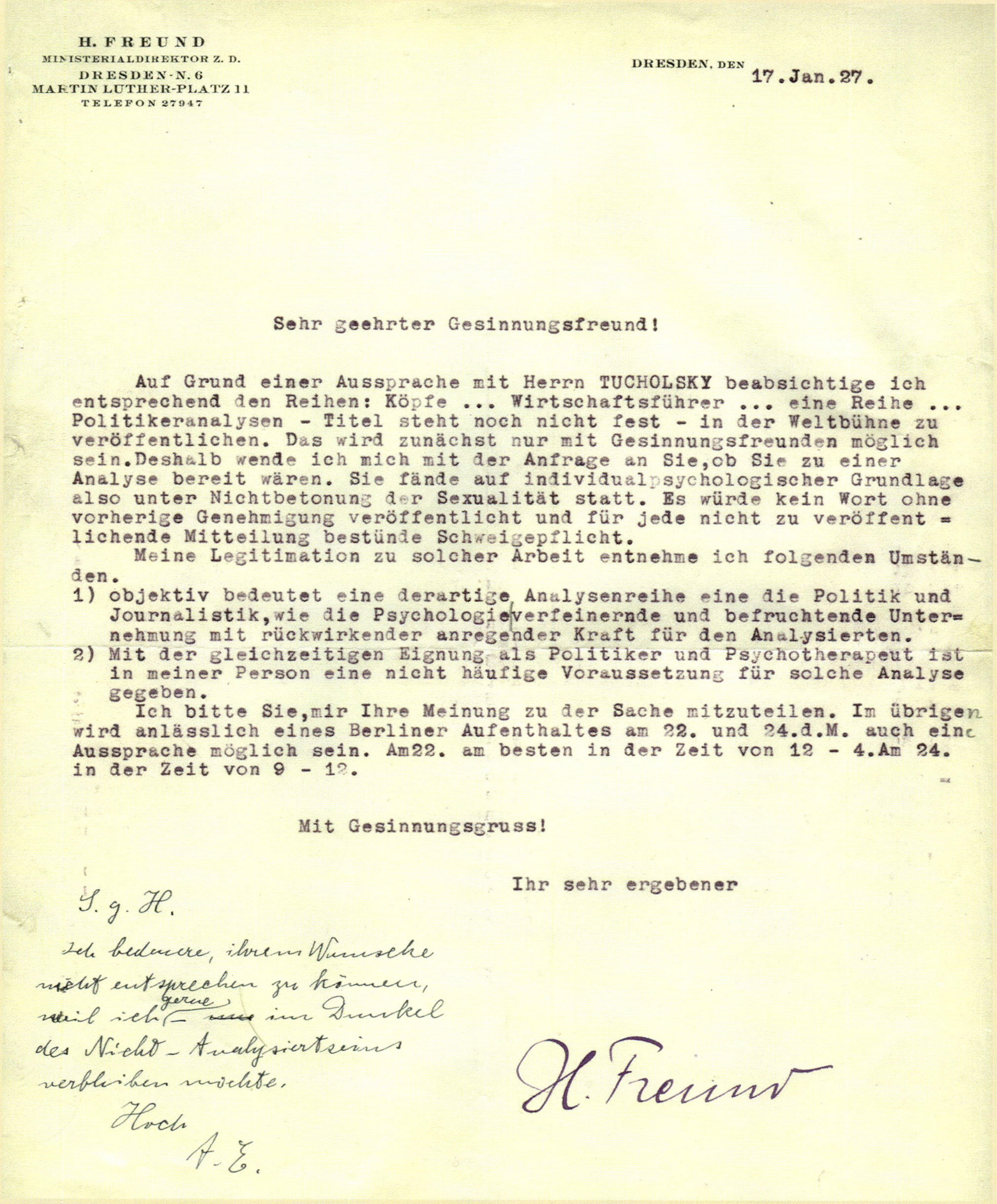

H. FREUND
MINISTERIALDIREKTOR Z. D.
DRESDEN-N. 6
MARTIN LUTHER-PLATZ 11
TELEFON 27947

DRESDEN, DEN 17.Jan.27.

Sehr geehrter Gesinnungsfreund!

Auf Grund einer Aussprache mit Herrn TUCHOLSKY beabsichtige ich entsprechend den Reihen: Köpfe ... Wirtschaftsführer ... eine Reihe ... Politikeranalysen – Titel steht noch nicht fest – in der Weltbühne zu veröffentlichen. Das wird zunächst nur mit Gesinnungsfreunden möglich sein.Deshalb wende ich mich mit der Anfrage an Sie,ob Sie zu einer Analyse bereit wären. Sie fände auf individualpsychologischer Grundlage also unter Nichtbetonung der Sexualität statt. Es würde kein Wort ohne vorherige Genehmigung veröffentlicht und für jede nicht zu veröffent = lichende Mitteilung bestünde Schweigepflicht.

Meine Legitimation zu solcher Arbeit entnehme ich folgenden Umstän- den.

1) objektiv bedeutet eine derartige Analysenreihe eine die Politik und Journalistik,wie die Psychologie verfeinernde und befruchtende Unter= nehmung mit rückwirkender anregender Kraft für den Analysierten.
2) Mit der gleichzeitigen Eignung als Politiker und Psychotherapeut ist in meiner Person eine nicht häufige Voraussetzung für solche Analyse gegeben.

Ich bitte Sie,mir Ihre Meinung zu der Sache mitzuteilen. Im übrigen wird anlässlich eines Berliner Aufenthaltes am 22. und 24.d.M. auch eine Aussprache möglich sein. Am22. am besten in der Zeit von 12 – 4.Am 24. in der Zeit von 9 – 12.

Mit Gesinnungsgruss!

Ihr sehr ergebener

H. Freund

S. g. H.

Ich bedauere, Ihrem Wunsche nicht entsprechen zu können, weil ich gerne im Dunkel des Nicht-Analysiertseins verbleiben möchte.

Hoch A. E.

↑ Einstein hatte wenig Vertrauen in die Psychoanalyse und andere ihm nicht rational erscheinende Verfahren. Vielleicht scheute er sich auch, zu tief in die eigene Seele schauen zu müssen. Ob er die Absage in der skizzierten Form erteilt oder überhaupt geantwortet hat, ist nicht bekannt.

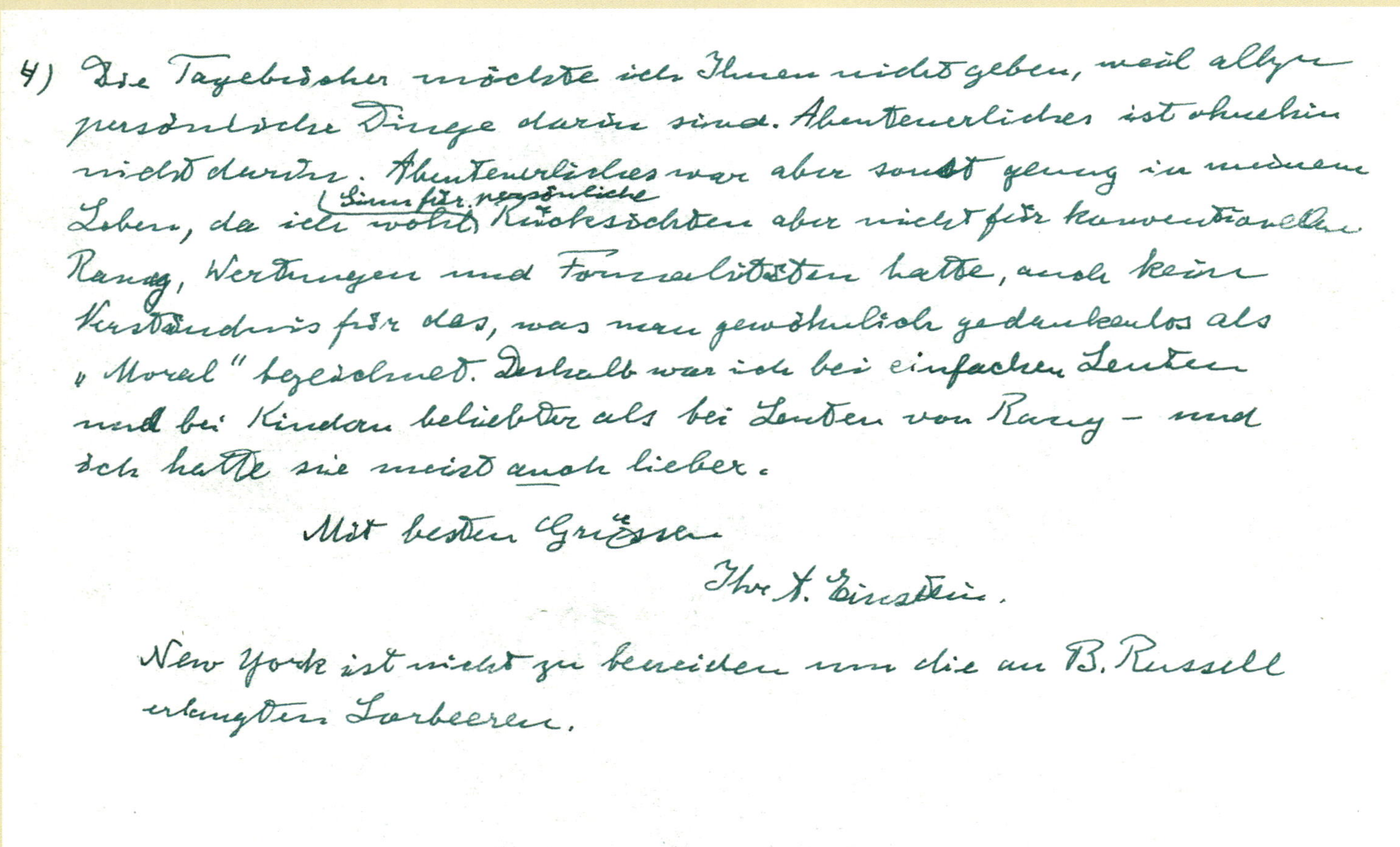

4) Die Tagebücher möchte ich Ihnen nicht geben, weil allzu persönliche Dinge darin sind. Abenteuerliches ist ohnehin nicht darin. Abenteuerliches war aber sonst genug in meinem Leben, da ich ~~wohl~~ Sinn für persönliche Rücksichten aber nicht für konventionellen Rang, Wertungen und Formalitäten hatte, auch kein Verständnis für das, was man gewöhnlich gedankenlos als „Moral" bezeichnet. Deshalb war ich bei einfachen Leuten und bei Kindern beliebter als bei Leuten von Rang – und ich hatte sie meist auch lieber.

Mit besten Grüssen

Ihr A. Einstein.

New York ist nicht zu beneiden um die an B. Russell erlangten Lorbeeren.

↑ Aus einem Brief an seinen Biografen Philipp Frank, Frühjahr 1940.

→ Der Totenschein. Princeton, New Jersey, 26. April 1955.

State Of New Jersey

NO. 227

Office Of Registrar Of Vital Statistics

of Princeton Borough, Mercer County

City, Borough or Township and County

This is to Certify that the following is correctly copied from a record of Death in my office.

NAME OF DECEASED	PLACE OF DEATH	DATE OF DEATH
Albert Einstein	Princeton Hospital	April 18, 1955

SOCIAL SECURITY NUMBER	SEX	COLOR	MARITAL CONDITION	DATE OF BIRTH	AGE YRS.	AGE MOS.	AGE DAYS
	Male	White	Widower	March 14, 1879	76	1	4

PLACE OF BIRTH	CAUSE OF DEATH
Ulm, Germany	Rupture of Arteriosclerotic Aneurysm of Abdominal Aorta.

SUPPLEMENTAL INFORMATION IF DEATH WAS DUE TO EXTERNAL CAUSES

ACCIDENT, SUICIDE OR HOMICIDE — DATE OF OCCURRENCE

SPECIFY

WHERE DID INJURY OCCUR? — CITY OR TOWN — COUNTY — STATE

DID INJURY OCCUR IN OR ABOUT HOME, ON FARM, IN INDUSTRIAL PLACE, IN PUBLIC PLACE? — SPECIFY TYPE OF PLACE

WHILE AT WORK? — MEANS OF INJURY

NAME OF PERSON WHO CERTIFIED CAUSE OF DEATH	ADDRESS
Guy K. Dean, Jr., M. D.	Plainsboro, N. J.

David T. Blake

Registrar of Vital Statistics

Borough Hall, Princeton, N. J.

Address

April 26, 1955

Date of Issue

B. H. 501NA

USHER PUBLISHING CO. INC. TRENTON N. J.

2

Leitung Nr.
Aufgenommen den 192
um Uhr Min. vorm. nachm.
von
durch

UMWÄLZENDE ERKENNTNISSE

«Wenn ein Käfer an einem gekrümmten Ast entlang kriecht, merkt er nicht, dass der Ast krumm ist. Ich hatte das Glück zu bemerken, was der Käfer nicht bemerkt hatte.»

Aus einem Gespräch zwischen Einstein und seinem neunjährigen Sohn Eduard, 1919 (Grüning 1992).

EINSTEINS BEDEUTUNG FÜR DIE WISSENSCHAFT

Albert Einsteins Beitrag zur modernen Physik ist einzigartig. Als «Vater der Relativitätstheorie» ist er im öffentlichen Bewusstsein verankert. Seit er mit 16 Jahren seine ersten Versuche wissenschaftlichen Denkens zu Papier gebracht hatte, war sein Forschen vom unwiderstehlichen Verlangen danach getrieben, die allgemeingültigen und unveränderlichen Naturgesetze zu verstehen.

Einstein verfolgte grundlegende Fragen der Naturwissenschaften. Er beschäftigte sich mit dem Makrokosmos ebenso wie mit dem Mikrokosmos, er studierte Probleme des Universums wie auch solche der Elementarteilchen. Mit seinen Theorien stürzte er die geltenden Vorstellungen von Zeit und Raum, Energie und Materie. Die Relativitätstheorie und die Quantentheorie, die beiden Grundpfeiler der modernen Physik, verdanken ihm die entscheidenden Impulse.

Sein Arbeitsfeld war die Theoretische Physik; Papier und Bleistift bildeten sein Labor. Vor allem zeigte sich Einsteins wissenschaftliches Genie in seiner Intuition, von der er sich auf seiner Suche leiten liess. Er war davon überzeugt, dass es möglich sei, die Gesetzmässigkeit des Naturgeschehens intuitiv und rein denkerisch zu erfassen. In Gedankenexperimenten gelangte er denn auch zu seinen epochalen Erkenntnissen über die physikalischen Vorgänge. Einstein war aber nicht ausschliesslich ein abstrakter Denker. Er besass vielmehr die Gabe, seine Einsichten in konkrete Bilder zu fassen und in Worte und Gleichungen zu übersetzen, die sie auch anderen zugänglich machten.

Es schmälert seine Verdienste keineswegs, wenn man Einsteins Werk neben die Arbeit anderer Wissenschaftler in den Rahmen der Evolution der Physik stellt. Einstein war sich durchaus bewusst, dass er kein abgeschlossenes physikalisches Theoriengebäude geschaffen hatte, das unverändert die Zeiten überdauern würde. Wie der englische Physiker Isaac Newton (1643–1727) sah er sich auf den Schultern von Riesen stehend und in der Schuld vorangegangener Forschergenerationen, ohne deren Vorleistungen er seine Thesen nicht hätte entwickeln können. Dieselbe Dankbarkeit empfand Einstein gegenüber den Zeitgenossen, mit denen er im Streit der Gedanken seine Erkenntnisse vervollkommnete. Und als notwendig sah er voraus, dass Wissenschaftler einer jüngeren Generation seine Theorien fortschreiben und auf ihnen aufbauend Neues schaffen würden, wie auch er es mit Newtons Theorien getan hatte.

→ Walter Hasenclever, Mitherausgeber von «Menschen – Zeitschrift neuer Kunst», hatte Einstein um einen Beitrag zum Thema gebeten. Er erschien im Februar 1921 unter dem Titel «Das Gemeinsame am künstlerischen und wissenschaftlichen Erleben».

«Wo die Welt aufhört, Schauplatz des persönlichen Hoffens, Wünschens und Wollens zu sein, wo wir uns ihr als freie Geschöpfe bewundernd, fragend, schauend gegenüberstellen, da treten wir ins Reich der Kunst und Wissenschaft ein. Wird das Geschaute und Erlebte in der Sprache der Logik nachgebildet, so treiben wir Wissenschaft, wird es durch Formen vermittelt, deren Zusammenhänge dem bewussten Denken unzugänglich, doch intuitiv als sinnvoll erkannt sind, so treiben wir Kunst. Beiden gemeinsam ist die liebende Hingabe an das Überpersönliche, Willensferne.»

→ Aus einem Brief an den Physiker und Freund Paul Ehrenfest, 26. Dezember 1915.

«Es ist bequem mit dem Einstein. Jedes Jahr widerruft er was er das vorige Jahr geschrieben hat…»

Niemals aber kann die Wahrheit einer Theorie erwiesen werden. Denn niemals weiß man, daß auch in Zukunft keine Erfahrung bekannt werden wird, die ihren Folgerungen widerspricht; und stets sind noch andere Gedankensysteme denkbar, welche imstande sind, dieselben gegebenen Tatsachen zu verknüpfen.

↑ Aus «Induktion und Deduktion in der Physik», Berliner Tageblatt, 25. Dezember 1919.

↑ Albert Einstein in seiner Studentenzeit am Polytechnikum in Zürich, 1898.

STUDIUM UND FRÜHE JAHRE

Fern der Hochschule als unbekannter «Patentierknecht» in Bern entwickelte und veröffentlichte Einstein seine ersten Arbeiten. Sie sollten die Physik des beginnenden Jahrhunderts auf neue Grundlagen stellen.

Früh hatten Vater und Onkel das Interesse Alberts an wissenschaftlichen und technischen Fragen geweckt und gefördert. Ein Student, der bei der Familie Einstein allwöchentlich ein freies Mittagsmahl einnahm, machte den Zwölf-. Dreizehnjährigen mit populärwissenschaftlichen Werken bekannt, die offenbar starken Eindruck hinterliessen. So kam es, dass Albert sich schon vor Abschluss der Schulzeit seiner Berufung sicher war: «Wenn ich die Prüfungen glücklich bestanden habe, werde ich [...] Mathematik und Physik studieren.» Techniker, wie der Vater es gerne gesehen hätte, wollte Einstein nicht werden; viel eher sah er sich in einer Karriere als Theoretischer Physiker.

Die wissenschaftliche Ausbildung erhielt der Student in den Jahren 1896 bis 1900 am Zürcher Polytechnikum. Hier sah man allerdings Grund, seinen «Unfleiss» zu bemängeln. Tatsächlich schwänzte Einstein häufig die Vorlesungen; er eignete sich die gefragten Kenntnisse lieber im Selbststudium an.

Statt aber nach dem Studienabschluss seine akademische Ausbildung wie erhofft als Assistent fortsetzen zu können, musste Einstein sich zunächst als Aushilfslehrer über Wasser halten. Erst 1902 erhielt er – mit Hilfe seines Studienfreundes Marcel Grossmann – eine Stelle als «Technischer Experte III. Klasse» am Patentamt in Bern. Er stand nun zwar abseits vom etablierten Forschungsbetrieb und konnte die wissenschaftlichen Fortschritte nur in den Fachzeitschriften verfolgen. Aber dies erlaubte ihm auch, aus reiner Freude am Begreifen neue Theorien zu ersinnen, ohne dass Karrierezwänge sein schöpferisches Denken hemmten.

Anregung bot nicht nur die vielseitige Arbeit an den technischen Patenten und der Gedankenaustausch mit den ehemaligen Kommilitonen Michele Besso und Marcel Grossmann. Wichtige Inspirationsquelle der Berner Jahre war nach Einsteins eigener Einschätzung die «Akademie Olympia», ein informeller Lese- und Diskussionszirkel, der aus ihm selbst sowie den Studenten Maurice Solovine und Conrad Habicht bestand. Im Zentrum der ebenso ernsthaften wie vergnüglichen Zusammenkünfte stand die gemeinsame Lektüre meist philosophischer Werke zu den Grundlagen physikalischer Erkenntnis.

Hiemit wird bescheinigt, daß
Herr Albert Einstein von Ulm, Deutschland
unterm 2. August 1900 das Diplom der eidg. polytechnischen Schule als „Fachlehrer in mathemat. Richtung"
erhalten hat.
Zürich, den 2. August 1900.
Der Präsident des schweiz. Schulrathes:

→ Das Ausweiskärtchen für den frisch diplomierten Fachlehrer.

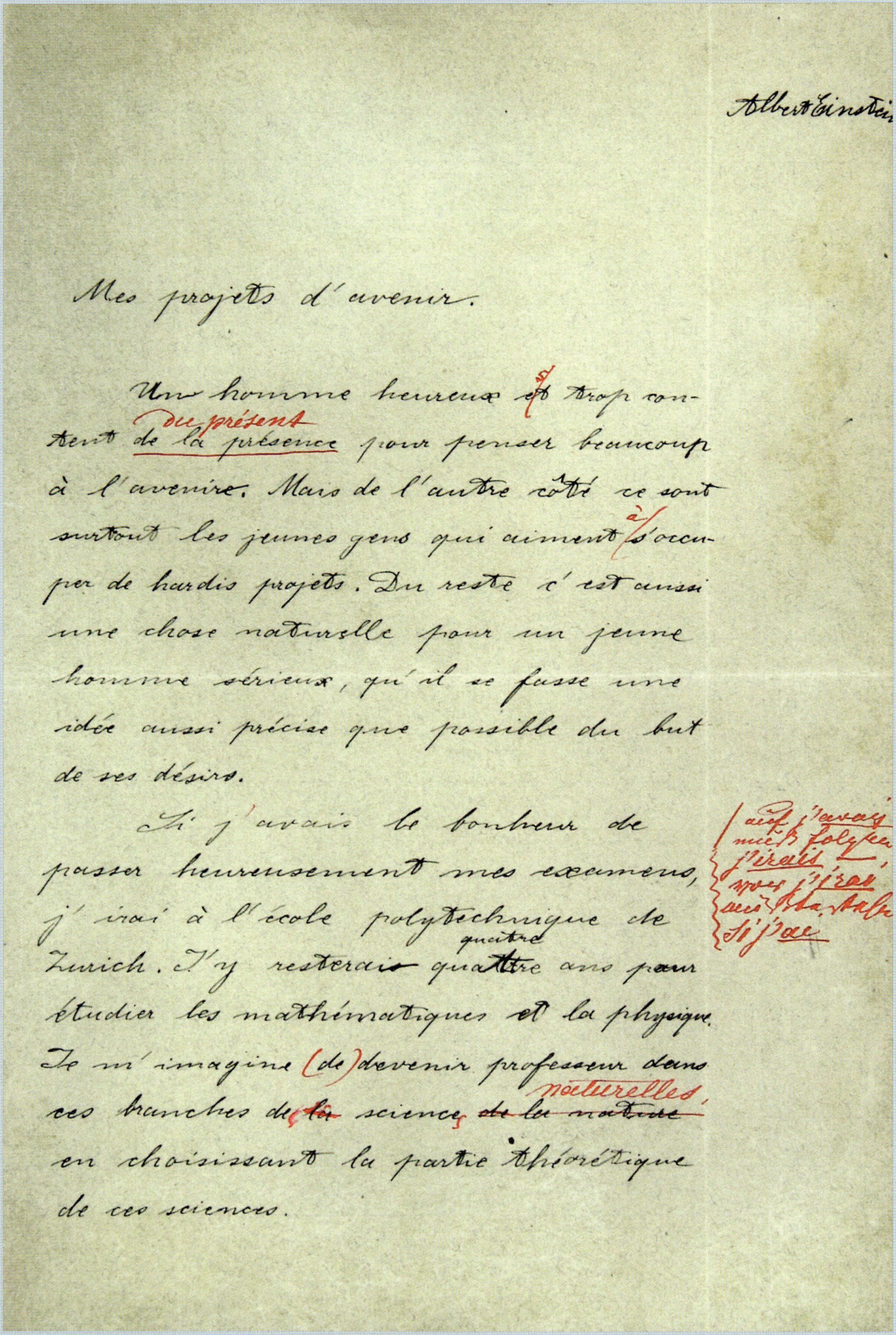

Albert Einstein

Mes projets d'avenir.

Un homme heureux est trop content de la présence pour penser beaucoup à l'avenir. Mais de l'autre côté ce sont surtout les jeunes gens qui aiment s'occuper de hardis projets. Du reste c'est aussi une chose naturelle pour un jeune homme sérieux, qu'il se fasse une idée aussi précise que possible du but de ses désirs.

Si j'avais le bonheur de passer heureusement mes examens, j'irai à l'école polytechnique de Zurich. J'y resterais quattre ans pour étudier les mathématiques et la physique. Je m'imagine de devenir professeur dans ces branches de la science de la nature en choisissant la partie théorétique de ces sciences.

↑↗ In seinem französischen Schulaufsatz für die Abschlussprüfung an der Kantonsschule in Aarau legt Einstein selbstbewusst dar, wie er sich sein zukünftiges Berufsleben vorstellt.

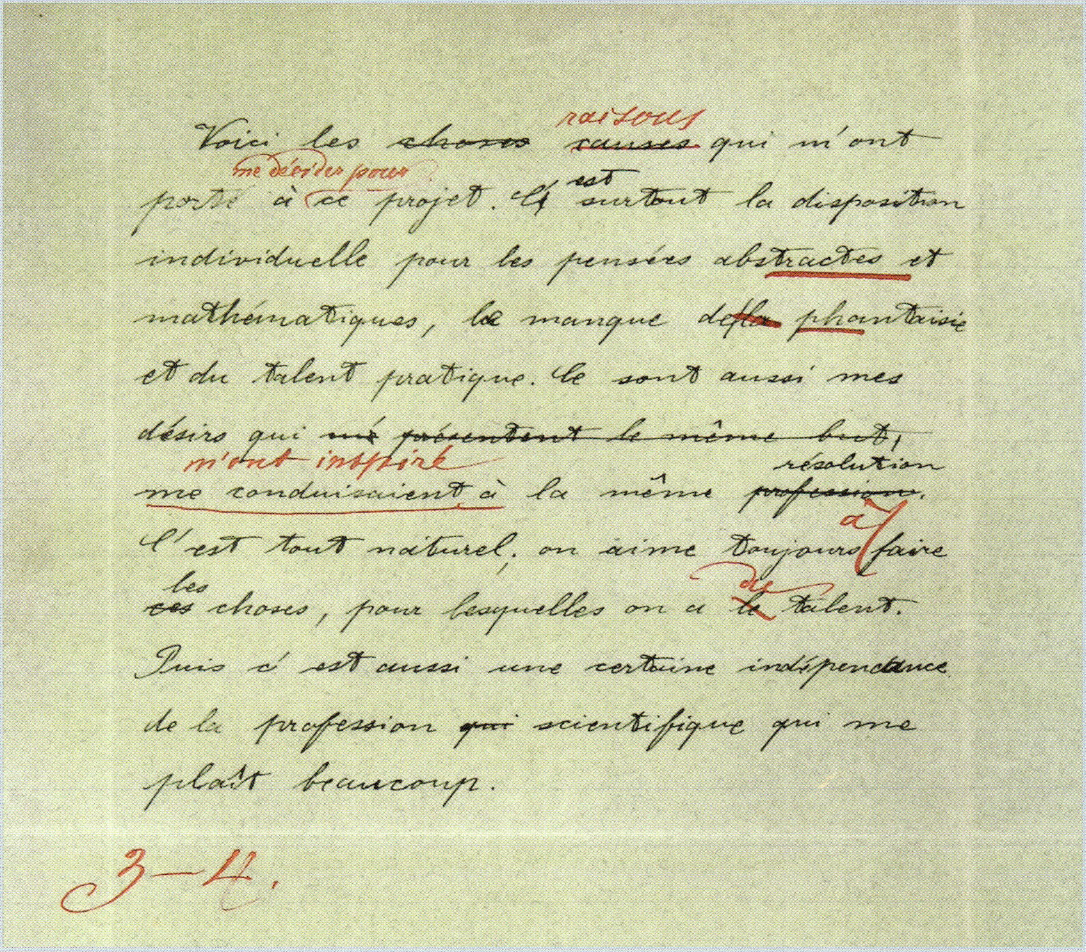
Voici les ~~choses~~ raisons ~~causes~~ qui m'ont
porté à me décider pour ce projet. C'est ~~surtout~~ la disposition
individuelle pour les pensées abstractes et
mathématiques, le manque de ~~la~~ phantaisie
et du talent pratique. Ce sont aussi mes
désirs qui ~~me présentent le même but~~,
m'ont inspiré ~~me conduisaient à~~ la même ~~profession~~ résolution.
C'est tout naturel, on aime toujours à faire
les ~~ces~~ choses, pour lesquelles on a ~~le~~ du talent.
Puis c'est aussi une certaine indépendance
de la profession ~~qui~~ scientifique qui me
plaît beaucoup.

3–4.

«Mir geht es gut; ich bin ehrwürdiger eidgenössischer Tintenscheisser mit ordentlichem Gehalt. Daneben reite ich auf meinem alten mathematisch-physikalischen Steckenpferd und fege auf der Geige – beides in den engen Grenzen, welche mir mein 2jähriger Bubi für derlei überflüssige Dinge gesteckt hat.»

↑ Aus einem Brief an Alfred Schnauder, mit dem Einstein in vorangegangenen Jahren musiziert und der ihm eine Komposition gewidmet hatte, 1906/07.

Vermischtes

Privatstunden in
Mathematik u. Physik
für Studierende und Schüler erteilt gründlichst
Albert Einstein, Inhaber des eidgen. polyt. Fachlehrerdiploms,
Gerechtigkeitsgasse 32, 1. Stock.
Probestunden gratis. ,4977°

↑ **1**
Februar 1902 Erstes Zimmer, Gerechtigkeitsgasse 32.
Noch arbeitslos.

Albert Einstein
Mileva Maric

beehren sich Ihnen ihre am 6. Januar 1903 stattfindende Vermählung anzuzeigen.

Bern, Tillierstrasse 18.

↑ **2**
August 1902 Erste Wohnung, Tillierstr. 18.
Heirat mit Mileva Marič.

↑ **3**
1902–1909 Anstellung im Patentamt.

↑ **4**
November 1903 Zweite Wohnung,
Kramgasse 49.
Geburt von Hans Albert.

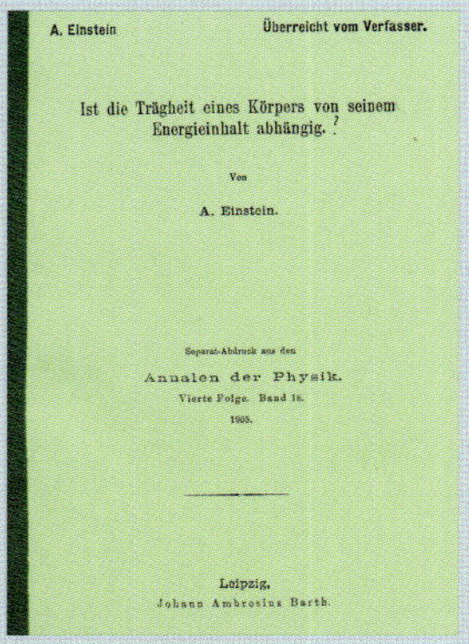
A. Einstein Überreicht vom Verfasser.

Ist die Trägheit eines Körpers von seinem Energieinhalt abhängig.

Von
A. Einstein.

Separat-Abdruck aus den
Annalen der Physik.
Vierte Folge. Band 18.
1905.

Leipzig.
Johann Ambrosius Barth.

↑ **5**
Mai 1905 Dritte Wohnung,
Tscharnerstrasse.
Äquivalenzformel $E=mc^2$.

↑ **6**
Mai 1906 Vierte Wohnung,
Aegertenstr. 53.

↑ **7**
1908 Habilitation Universität Bern.

↑ Einsteins Bern 1902–1909.

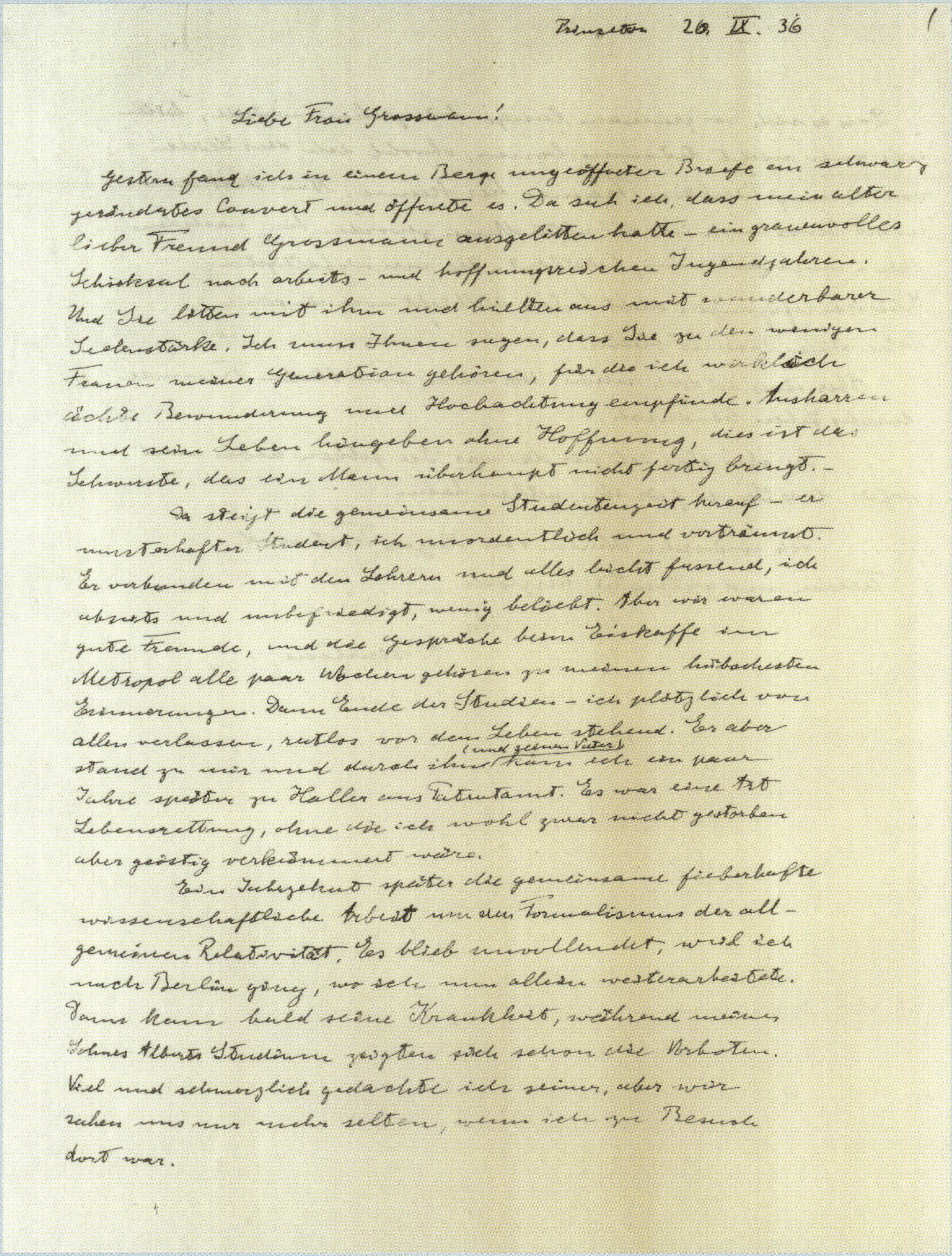

Princeton 20. IX. 36 1

Liebe Frau Grossmann!

Gestern fand ich in einem Berge ungeöffneter Briefe ein schwarz gerändertes Couvert und öffnete es. Da sah ich, dass mein alter lieber Freund Grossmann ausgelitten hatte – ein grauenvolles Schicksal nach arbeits- und hoffnungsreichen Jugendjahren. Und Sie litten mit ihm und hielten aus mit wunderbarer Seelenstärke. Ich muss Ihnen sagen, dass Sie zu den wenigen Frauen meiner Generation gehören, für die ich wirkliche echte Bewunderung und Hochachtung empfinde. Ausharren und sein Leben hingeben ohne Hoffnung, dies ist das Schwerste, das ein Mann überhaupt nicht fertig bringt. –

Da steigt die gemeinsame Studentenzeit herauf – er musterhafter Student, ich unordentlich und verträumt. Er verbunden mit den Lehrern und alles leicht fassend, ich abseits und unbefriedigt, wenig beliebt. Aber wir waren gute Freunde, und die Gespräche beim Eiskaffe im Metropol alle paar Wochen gehören zu meinen liebsten Erinnerungen. Dann Ende der Studien – ich plötzlich von allen verlassen, ratlos vor dem Leben stehend. Er aber stand zu mir und durch ihn (und seinen Vater) kam ich ein paar Jahre später zu Haller ans Patentamt. Es war eine Art Lebensrettung, ohne die ich wohl zwar nicht gestorben aber geistig verkümmert wäre.

Ein Jahrzehnt später die gemeinsame fieberhafte wissenschaftliche Arbeit an dem Formalismus der allgemeinen Relativität. Es blieb unvollendet, weil ich nach Berlin ging, wo ich nun alleine weiterarbeitete. Dann kam bald seine Krankheit, während meines Sohnes Alberts Studium zeigten sich schon die Vorboten. Viel und schmerzlich gedachte ich seiner, aber wir sahen uns nur mehr selten, wenn ich zu Besuch dort war.

↑ Aus einem Brief an die Witwe seines Studienfreundes Marcel Grossmann, 20. September 1936.

↑ Albert Einstein
und Michele Besso.

«Ich verdanke Dir meine Frau und damit Sohn und Enkel; ich verdanke Dir meine Stelle [am Berner Patentamt] und damit die Ruhe des weltlichen Klosters, und die materielle Beruhigung für die schweren Zeiten. Ich verdanke Dir den wissenschaftlichen Überblick, den man ohne eine solche Freundschaft nur mit dem Aufwand seiner ganzen Persönlichkeit, wenn überhaupt, erreichen kann; und Du weisst ja am besten, welches gewaltige Lebensgefühl überindividueller Art damit verbunden ist. Meinerseits war ich in den Jahren 1904 und 1905 Dein Publikum; habe ich bei der Fassung Deiner Mitteilungen zum Quantenproblem Dich um einen Teil Deines Ruhms gebracht, Dir dafür in Planck einen Freund verschafft; und habe vielleicht, mit meiner Verteidigung des Judentums und der jüdischen Familie, zum Teil [die Schuld] auf mir, dass sich Dein Familienleben so wendete, und dass ich Mileva von Berlin nach Zürich zurückbringen musste.»

→ Aus einem Brief von Michele Besso an Einstein, 17. Januar 1928. – Diese Freundschaft begann in Zürich im Jahr 1897 und endete erst mit Bessos Tod drei Wochen bevor auch Einstein starb.

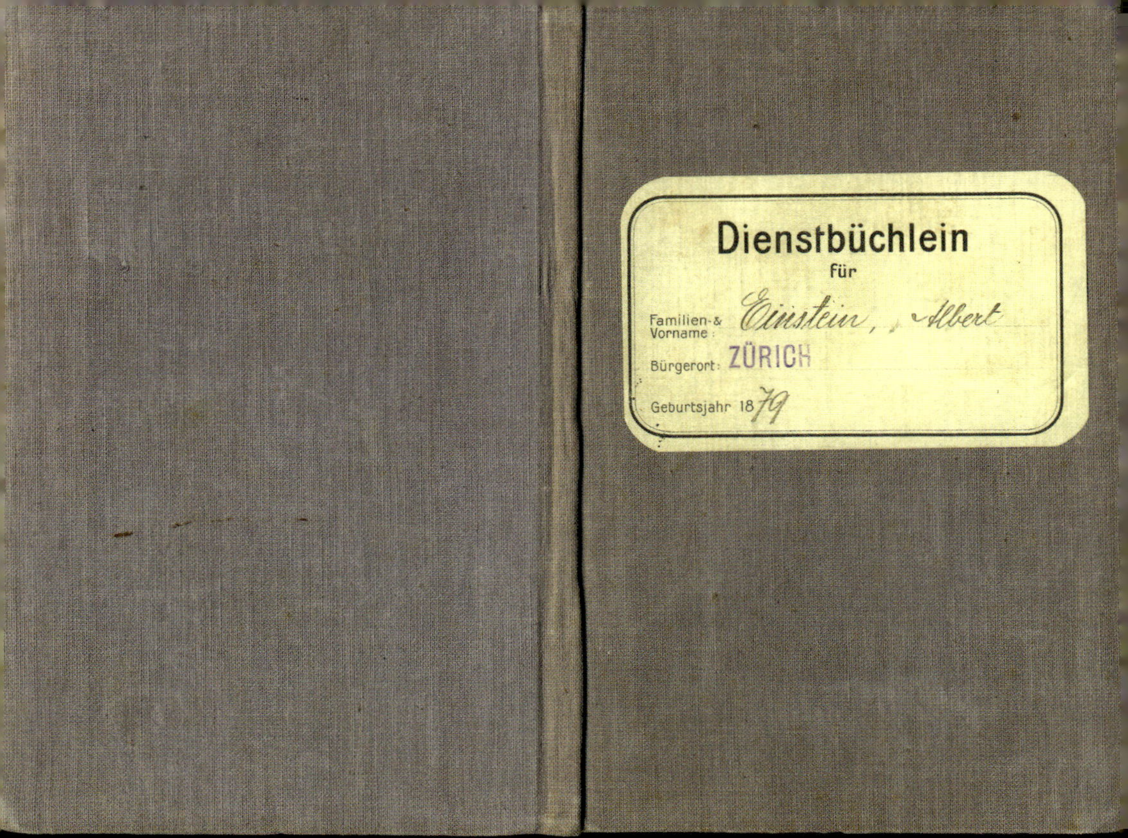

Dienstbüchlein
für

Familien- & Vorname: Einstein, Albert
Bürgerort: ZÜRICH
Geburtsjahr 1879

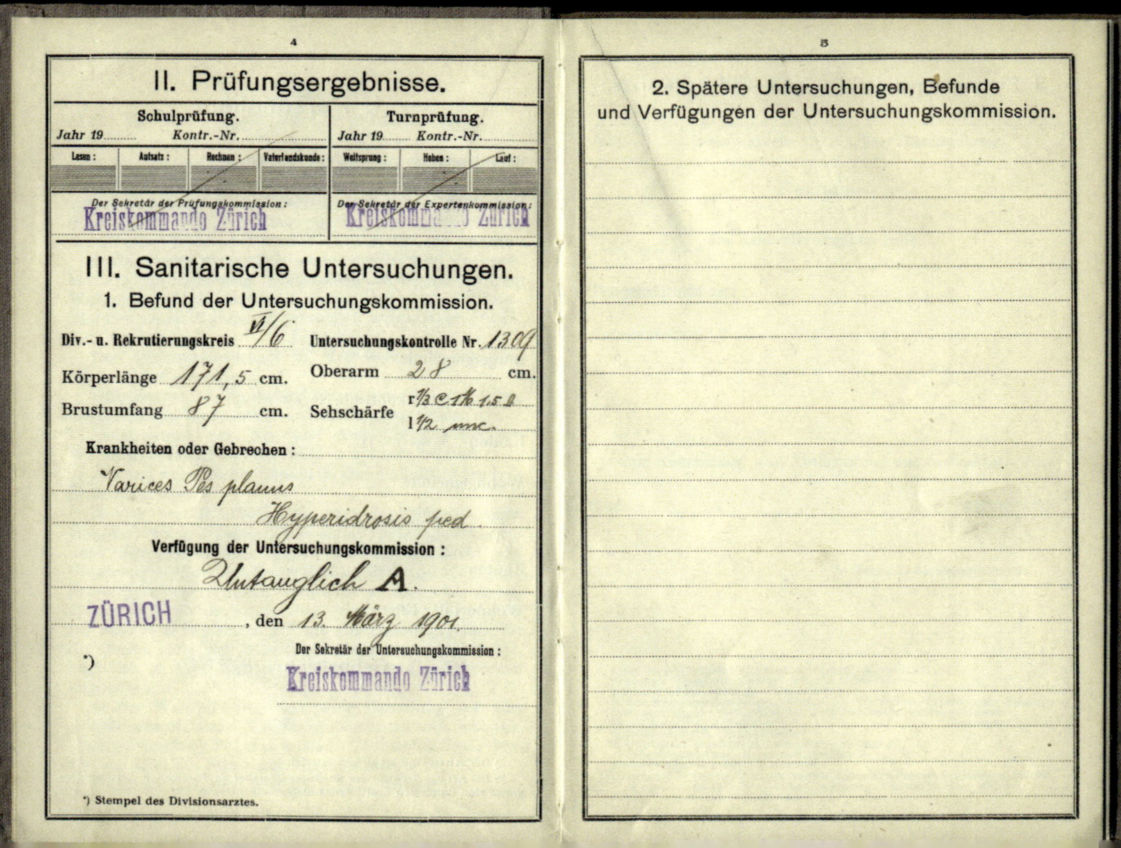

4

II. Prüfungsergebnisse.

Schulprüfung. Jahr 19...... Kontr.-Nr.				Turnprüfung. Jahr 19...... Kontr.-Nr.		
Lesen:	Aufsatz:	Rechnen:	Vaterlandskunde:	Weitsprung:	Heben:	Lauf:
Der Sekretär der Prüfungskommission: Kreiskommando Zürich				Der Sekretär der Expertenkommission: Kreiskommando Zürich		

III. Sanitarische Untersuchungen.

1. Befund der Untersuchungskommission.

Div.- u. Rekrutierungskreis VI/6 **Untersuchungskontrolle Nr.** 1309

Körperlänge 171,5 cm. Oberarm 28 cm.

Brustumfang 87 cm. Sehschärfe r 1/3 c 1/6 1.5 D; l 1/2 mc.

Krankheiten oder Gebrechen:

Varices Pes planus

Hyperidrosis ped.

Verfügung der Untersuchungskommission:

Untauglich A.

ZÜRICH, den 13. März 1901.

*)

Der Sekretär der Untersuchungskommission:
Kreiskommando Zürich

*) Stempel des Divisionsarztes.

5

2. Spätere Untersuchungen, Befunde und Verfügungen der Untersuchungskommission.

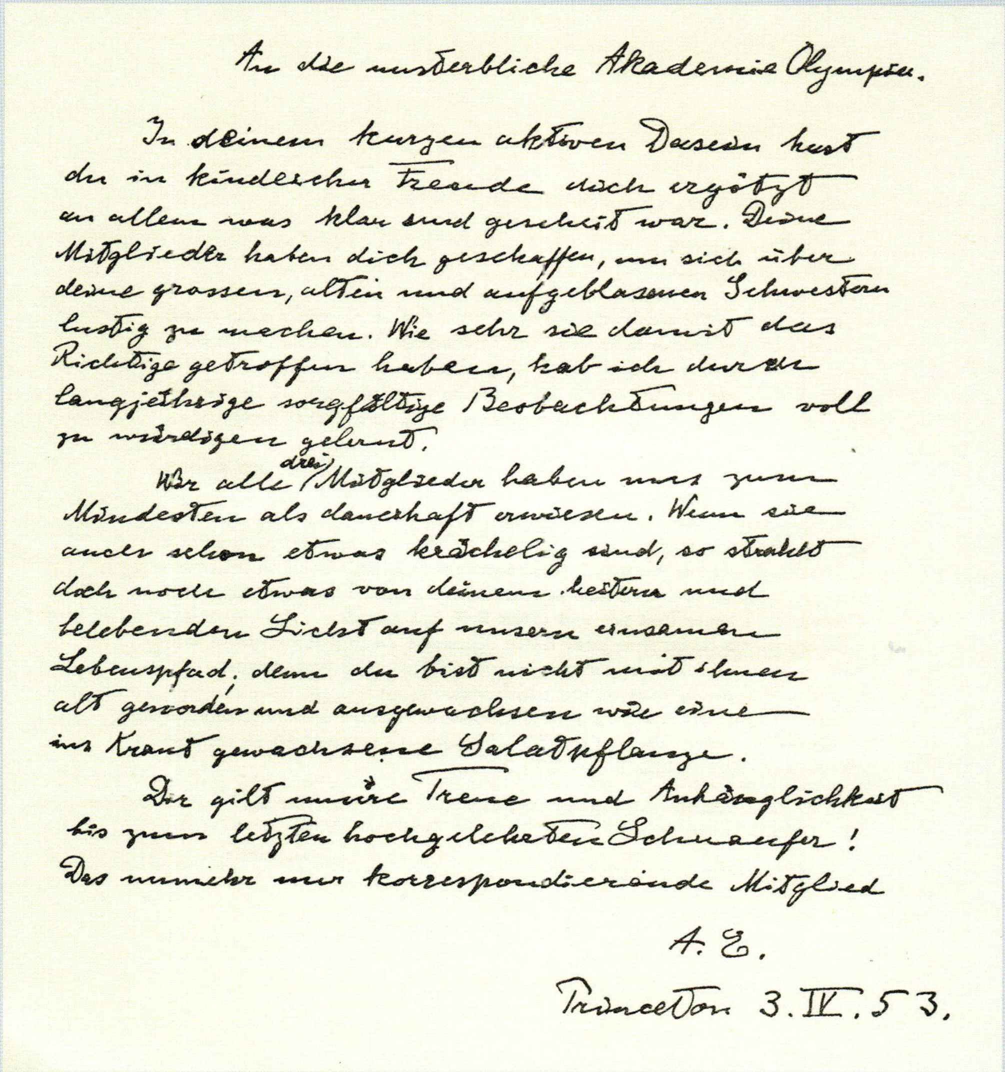

An die unsterbliche Akademie Olympia.

In deinem kurzen aktiven Dasein hast du in kindlicher Freude dich ergötzt an allem was klar und gescheit war. Deine Mitglieder haben dich geschaffen, um sich über deine grossen, alten und aufgeblasenen Schwestern lustig zu machen. Wie sehr sie damit das Richtige getroffen haben, hab ich durch langjährige sorgfältige Beobachtungen voll zu würdigen gelernt.

Wir alle drei Mitglieder haben uns zum Mindesten als dauerhaft erwiesen. Wenn sie auch schon etwas krächelig sind, so strahlt doch noch etwas von deinem heitern und belebenden Licht auf unseren einsamen Lebenspfad, denn du bist nicht mit ihnen alt geworden und ausgewachsen wie eine ins Kraut gewachsene Salatpflanze.

Dir gilt meine Treue und Anhänglichkeit bis zum letzten hochgelehrten Schnaufer!

Das nunmehr nur korrespondierende Mitglied

A. E.

Princeton 3. IV. 53.

«Es war doch eine schöne Zeit damals in Bern, als wir unsere lustige Akademie betrieben, die doch weniger kindisch war als jene respektabeln, die ich später von Nahem kennen lernte.»

↑ Aus einem Brief an Maurice Solovine, 25. November 1948.

← An Maurice Solovine, 3. April 1953.

← Das Dienstbüchlein, Begleiter jedes männlichen Schweizer Bürgers von der Rekrutierung bis zum Ende der militärischen Dienstpflicht. – Dienstuntauglich wegen Plattfüssen und Fussschweiss.

727

ZUR BEACHTUNG

Immatrikulation. Alle Schweizer, die im Ausland Niederlassung nehmen, haben sich innert Monatsfrist bei der zuständigen schweizer. Vertretung (Gesandtschaft oder Konsulat) zum Eintrag in die Immatrikulationsregister persönlich oder durch die Post zu melden.

Schweizerbürger im wehrpflichtigen Alter, die diese Anmeldung unterlassen, werden wegen Vergehens gegen die Kontrollverordnung bestraft.

Passverlust verursacht dem Passinhaber schwere Nachteile und ist vorkommendenfalls ungesäumt der nächsten schweizer. Vertretung oder der ausstellenden Behörde zu melden mit folgenden Angaben:

Passnummer: 29918

gültig bis: 23. Juni 1924

ausstellende Behörde: SCHWEIZERISCHE GESANDTSCHAFT Berlin

Missbrauch des Passes wird strenge geahndet.

Militär. Urlaub. Seine Erneuerung ist durch Vermittlung des zuständigen schweizer. Konsulats rechzeitig nachzusuchen. Nichtbeachtung dieser Vorschrift wird bestraft.

Militärpflichtersatz. Die im Ausland lebenden Schweizer im ersatzpflichtigen Alter sind gehalten, die Abgabe jährlich dem zuständigen schweizer. Konsulat zu entrichten. Die Säumigen haben die gesetzlichen Folgen zu gewärtigen.

Ce livret est de 32 pages. *Page première.*

Contrôle Kontrolle Controllo Nº 29918

SV 24 MAI 1925

CONFÉDÉRATION SUISSE
SCHWEIZERISCHE EIDGENOSSENSCHAFT
CONFEDERAZIONE SVIZZERA

PASSEPORT
REISE-PASS
PASSAPORTO

Valable jusqu'au Gültig bis Valido fino al 23. Juni 1924

Dieses Büchlein umfasst 32 Seiten. Questo libretto consta di 32 pagine. Erste Seite. Pagina prima.

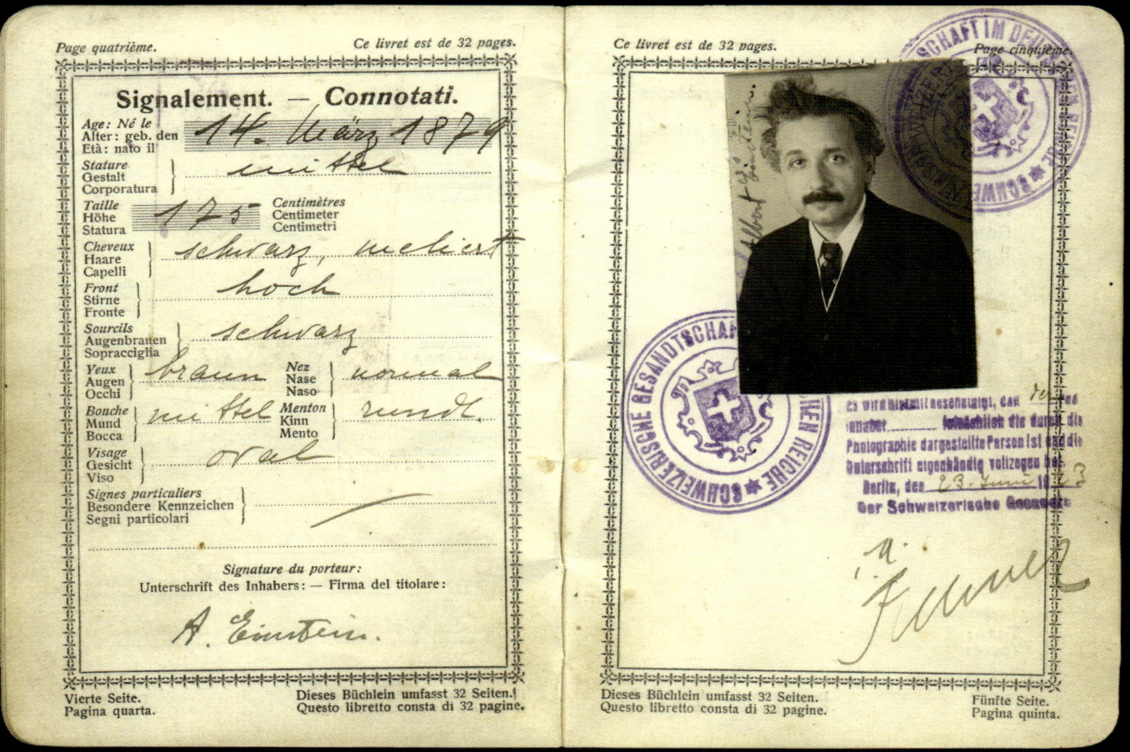

Page quatrième. *Ce livret est de 32 pages.*

Signalement. — *Connotati.*

Age: Né le Alter: geb. den Età: nato il	14. März 1879
Stature Gestalt Corporatura	mittel
Taille Höhe Statura	175 Centimètres Centimeter Centimetri
Cheveux Haare Capelli	schwarz, meliert
Front Stirne Fronte	hoch
Sourcils Augenbrauen Sopracciglia	schwarz
Yeux Augen Occhi	braun
Nez Nase Naso	normal
Bouche Mund Bocca	mittel
Menton Kinn Mento	rund
Visage Gesicht Viso	oval
Signes particuliers Besondere Kennzeichen Segni particolari	—

Signature du porteur: Unterschrift des Inhabers: — Firma del titolare:

A. Einstein.

Vierte Seite. Pagina quarta. Dieses Büchlein umfasst 32 Seiten. Questo libretto consta di 32 pagine.

Ce livret est de 32 pages. *Page cinquième.*

SCHWEIZERISCHE GESANDTSCHAFT IM DEUTSCHEN REICHE

Es wird hiermit bescheinigt, dass der Inhaber ... identisch ist mit der durch die Photographie dargestellte Person ist und die Unterschrift eigenhändig vollzogen hat.

Berlin, den 23. Juni 1923

Der Schweizerische Gesandte

Dieses Büchlein umfasst 32 Seiten. Questo libretto consta di 32 pagine. Fünfte Seite. Pagina quinta.

↑→ Der Schweizer Reisepass von Albert Einstein, ausgestellt am 23. Juni 1923 und mehrmals verlängert. – 1901 hatte Einstein das Schweizer Bürgerrecht

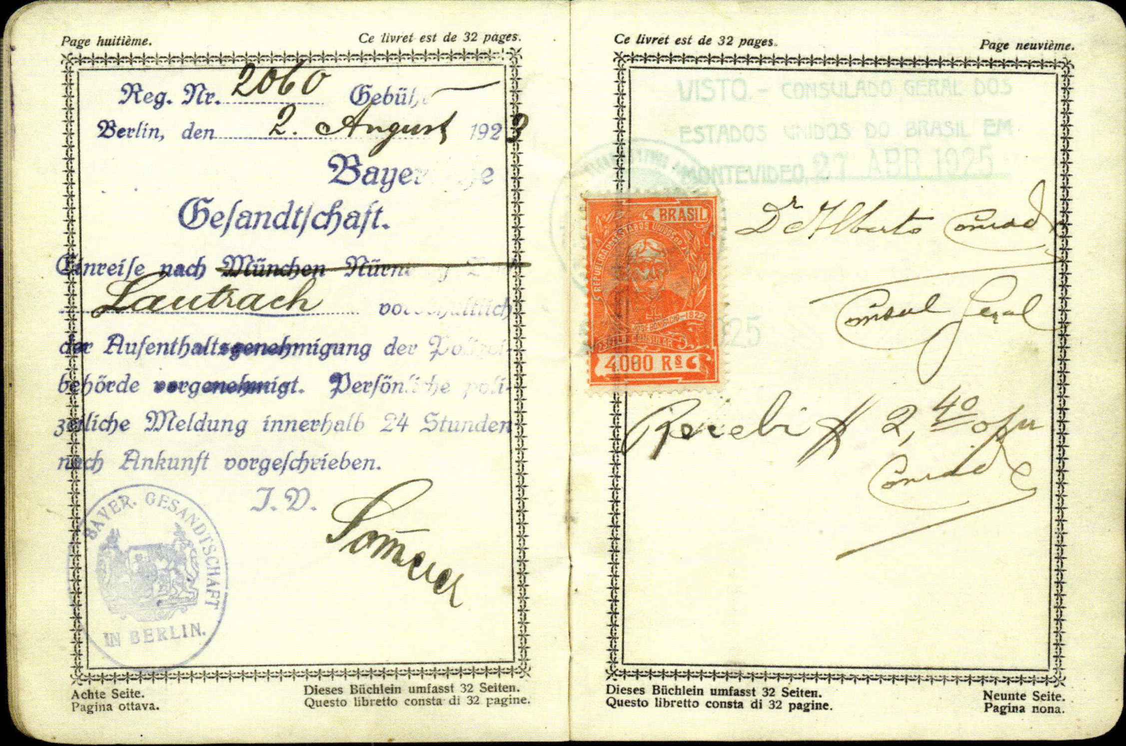

Page huitième. Ce livret est de 32 pages.

Reg. Nr. 2060 Gebühr

Berlin, den 2. August 1923

Bayerische Gesandtschaft.

~~Einreise nach München Nürnberg~~

Lautrach vorbehaltlich

der Aufenthaltsgenehmigung der Polizeibehörde ~~vorgenehmigt~~. Persönliche polizeiliche Meldung innerhalb 24 Stunden nach Ankunft vorgeschrieben.

I.V.

BAYER. GESANDTSCHAFT IN BERLIN.

Achte Seite. Pagina ottava.

Dieses Büchlein umfasst 32 Seiten. Questo libretto consta di 32 pagine.

Ce livret est de 32 pages. Page neuvième.

VISTO. – CONSULADO GERAL DOS ESTADOS UNIDOS DO BRASIL EM MONTEVIDEO, 27 ABR 1925

BRASIL

4080 Rs

Dr Alberto Conrad

Consul Geral

Recebi $ 2,40 ouro

Conrad

Dieses Büchlein umfasst 32 Seiten. Questo libretto consta di 32 pagine.

Neunte Seite. Pagina nona.

Page dixième. Ce livret est de 32 pages.

Nr. 7

Grenzstelle ...heim Ausgereist 4 OKT 1924

Nr. 1

Grenzstelle Bentheim Ein — Ausgereist 7. FEB 1925

Nr. 7523 Taxe: M. 2.40

Gesehen auf der Schweizerischen Gesandtschaft zu Berlin und verlängert auf 6 Monate bis zum 12. Januar 1925 (fünfundzwanzig) für die Reise und zum Aufenthalt in allen Staaten Europas

Berlin, den 12. Juli 1924

i. A.

Zehnte Seite. Pagina decima.

Dieses Büchlein umfasst 32 Seiten. Questo libretto consta di 32 pagine.

Ce livret est de 32 pages. Page onzième.

Bayer. Grenzpolizei Austritt Passau JUL 1924

Grenzpolizei Lindau i. B.

Oesterr. Grenzpolizei Eintritt

Österreichische Sichtvermerkmarke für Einmalige Einreise

Österreich Feldkirch

Dieses Büchlein umfasst 32 Seiten. Questo libretto consta di 32 pagine.

ElfteSeite Pagina undecisima.

←↑ Den abgebildeten Pass hat Einstein sich ausstellen lassen, nachdem er den Nobelpreis erhalten hat und deswegen in Deutschland wieder zum Deutschen erklärt worden ist.

1905: DAS «ANNUS MIRABILIS» IN BERN

Das Jahr 1905 ging als Einsteins «annus mirabilis», als sein «Wunderjahr», in die Geschichte ein. In diesem Jahr erschienen vier Schriften, die er neben seiner Brotarbeit am Patentamt in Bern verfasst hatte. Mit den Berner Arbeiten revolutionierte Einstein die bisherigen Vorstellungen von Raum und Zeit, von Masse und Energie.

Zweieinhalb Jahrhunderte lang hatten Newtons «Principia Mathematica» als unumstössliches Fundament aller Physik gegolten. Gegen Ende des 19. Jahrhunderts waren jedoch Risse in diesem Theoriengebäude sichtbar geworden. Hatte Newton das Licht als einen Teilchen-Strom beschrieben, so zeigten neue Experimente nun den Wellencharakter des Lichts. Auch die gerade entdeckte Theorie des Elektromagnetismus passte nicht in das Newtonsche System. Unterschiedliche Hypothesen – darunter an zentraler Stelle die Äthertheorie – wurden aufgestellt, keine aber als vollkommen befriedigend empfunden.

Einige dieser Hypothesen lesen sich wie Vorboten von Einsteins bahnbrechenden Erkenntnissen. Ihm sollte es in einem Geniestreich gelingen, die verschiedenen Elemente zu etwas gänzlich Neuem zusammenzuführen. Innerhalb eines einzigen Jahres veröffentlichte Einstein vier Arbeiten, die die Begriffe von Zeit und Raum und von Energie und Masse revolutionierten, und löste damit einige der grundlegenden Probleme, mit denen sich die Physiker jahrzehntelang herumgeschlagen hatten. Wie das Jahr 1666 als Newtons «annus mirabilis», so ging das Jahr 1905 als Einsteins «Wunderjahr» in die Geschichte ein.

Der erste der in diesem Jahr publizierten Aufsätze erklärt den photoelektrischen Effekt und beschreibt auf eine neue, als kühn empfundene Weise die Struktur des Lichts. Der zweite Aufsatz behandelt die Brownsche Bewegung und erbrachte den Nachweis für die Existenz von Molekülen. Von grösster Bedeutung für die Entwicklung der modernen Physik aber sind die beiden folgenden Aufsätze. In ihnen setzt sich Einstein mit der Elektrodynamik bewegter Körper und mit Fragen der Natur von Raum und Zeit auseinander. Das neue Gedankengebäude wurde bald bekannt als die Spezielle Relativitätstheorie.

↑ Albert Einstein 1905 in dem karierten Anzug, den er sich für seine Tätigkeit am Patentamt hatte schneidern lassen.

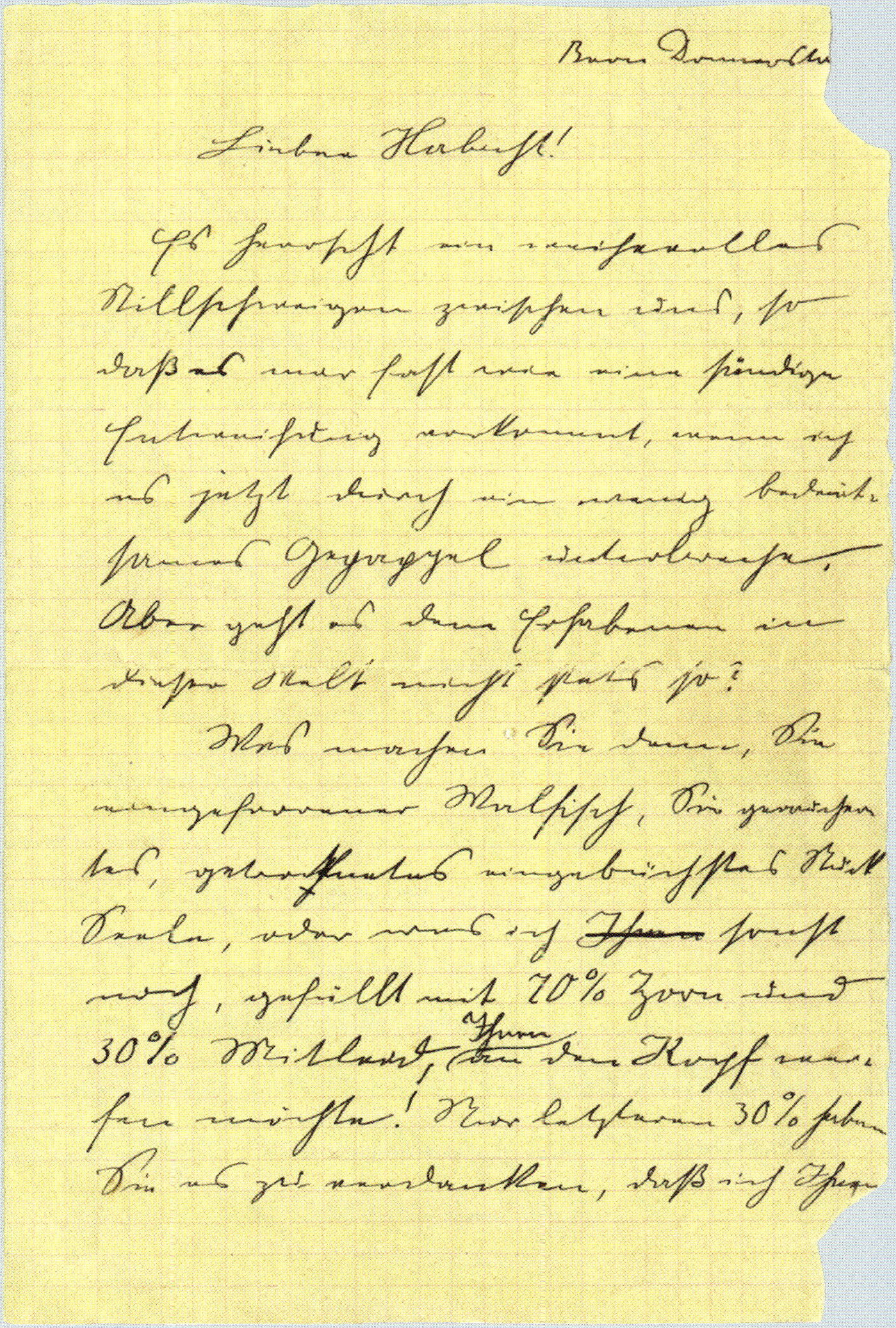
Bern Donnerstag

Lieber Habicht!

Es herrscht ein weihevolles Stillschweigen zwischen uns, so dass es mir fast wie eine sündige Entweihung vorkommt, wenn ich es jetzt durch ein wenig bedeutsames Gepappel unterbreche. Aber geht es dem Erhabenen in dieser Welt nicht stets so?

Was machen Sie denn, Sie eingefrorener Walfisch, Sie getrocknetes, eingebüchstes Stück Seele, oder was ich ~~Ihnen~~ sonst noch, gefüllt mit 70% Zorn und 30% Mitleid, Ihnen ~~an~~ den Kopf werfen möchte! Nur letzteren 30% haben Sie es zu verdanken, dass ich Ihnen

«Lieber Habicht!
Es herrscht ein weihevolles Stillschweigen zwischen uns, so dass es uns fast wie eine sündige Entweihung vorkommt, wenn ich es jetzt durch ein wenig bedeutsames Gepappel unterbreche. Aber geht es dem Erhabenen in der Welt nicht stets so? – Was machen Sie denn, Sie eingefrorener Walfisch, Sie getrocknetes, eingebüchstes Stück Seele oder was ich sonst noch […]»

↑→ An den Mathematiker aus der «Akademie Olympia», Conrad Habicht, Mai 1905. – In diesem denkwürdigen Brief teilt Einstein dem Freund die Fertigstellung von drei der vier bedeutenden Aufsätze des Jahres 1905 mit (siehe auch die folgenden Seiten).

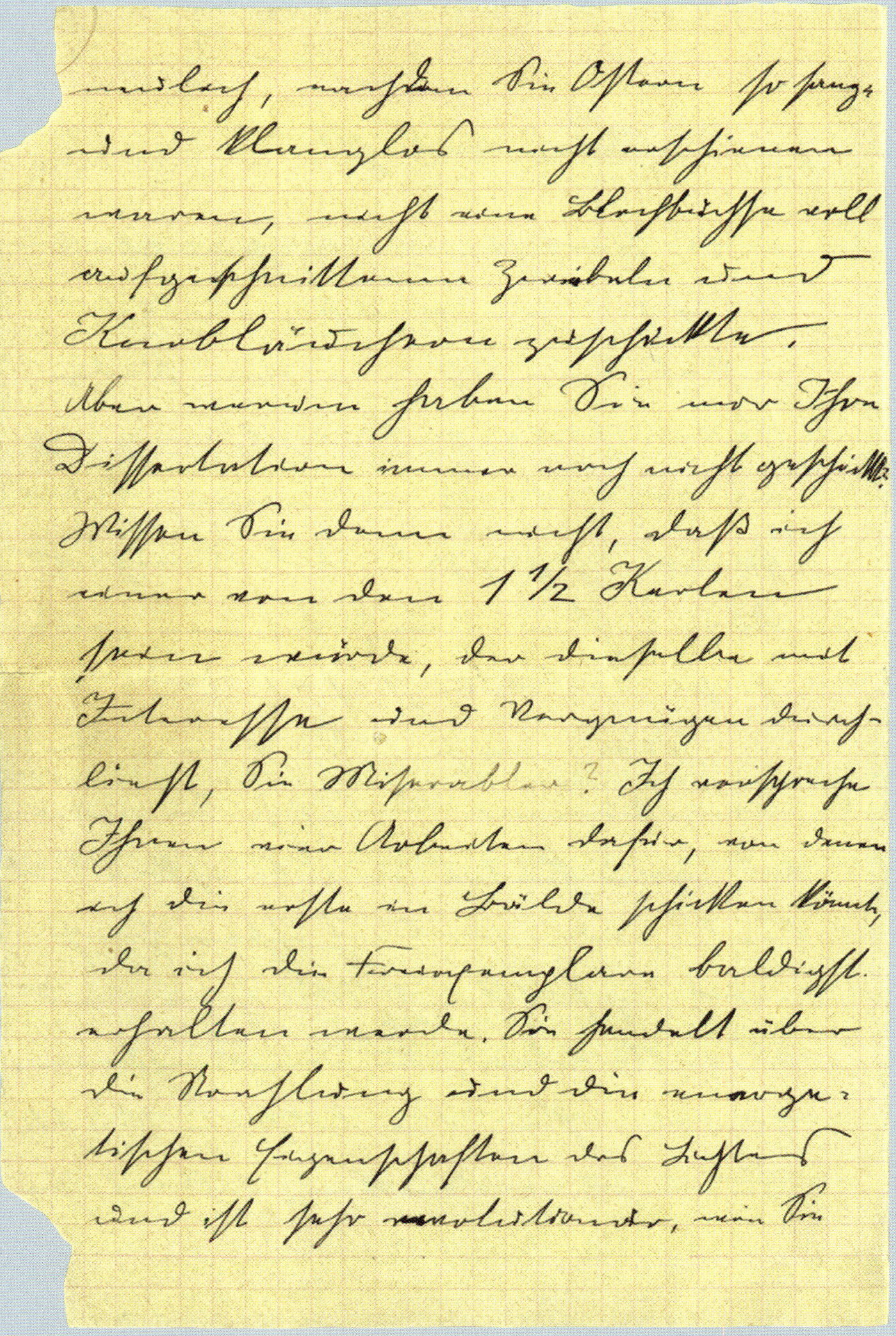
neulich, nachdem Sie Ostern so sang-
und klanglos nicht erschienen
waren, nicht eine Blechbüchse voll
aufgeschnittener Zwiebeln und
Knoblauchzehen geschickt.
Aber warum haben Sie mir Ihre
Dissertation immer noch nicht geschickt?
Wissen Sie denn nicht, daß ich
einer von den 1½ Kerlen
sein würde, der dieselbe mit
Interesse und Vergnügen durch-
liest, Sie Miserabler? Ich verspreche
Ihnen vier Arbeiten dafür, von denen
ich die erste in Bälde schicken könnte,
da ich die Freiexemplare baldigst
erhalten werde. Sie handelt über
die Strahlung und die energe-
tischen Eigenschaften des Lichtes
und ist sehr revolutionär, wie Sie

«[…] Aber warum haben Sie mir Ihre Dissertation immer noch nicht geschickt? […] Ich verspreche Ihnen vier Arbeiten dafür, von denen ich die erste in Bälde schicken könnte, da ich die Freiexemplare baldigst erhalten werde. Sie handelt über die Strahlung und die energetischen Eigenschaften des Lichtes und ist sehr revolutionär, wie Sie […]»

↑→ Fortsetzung des Briefes an Conrad Habicht, Mai 1905.

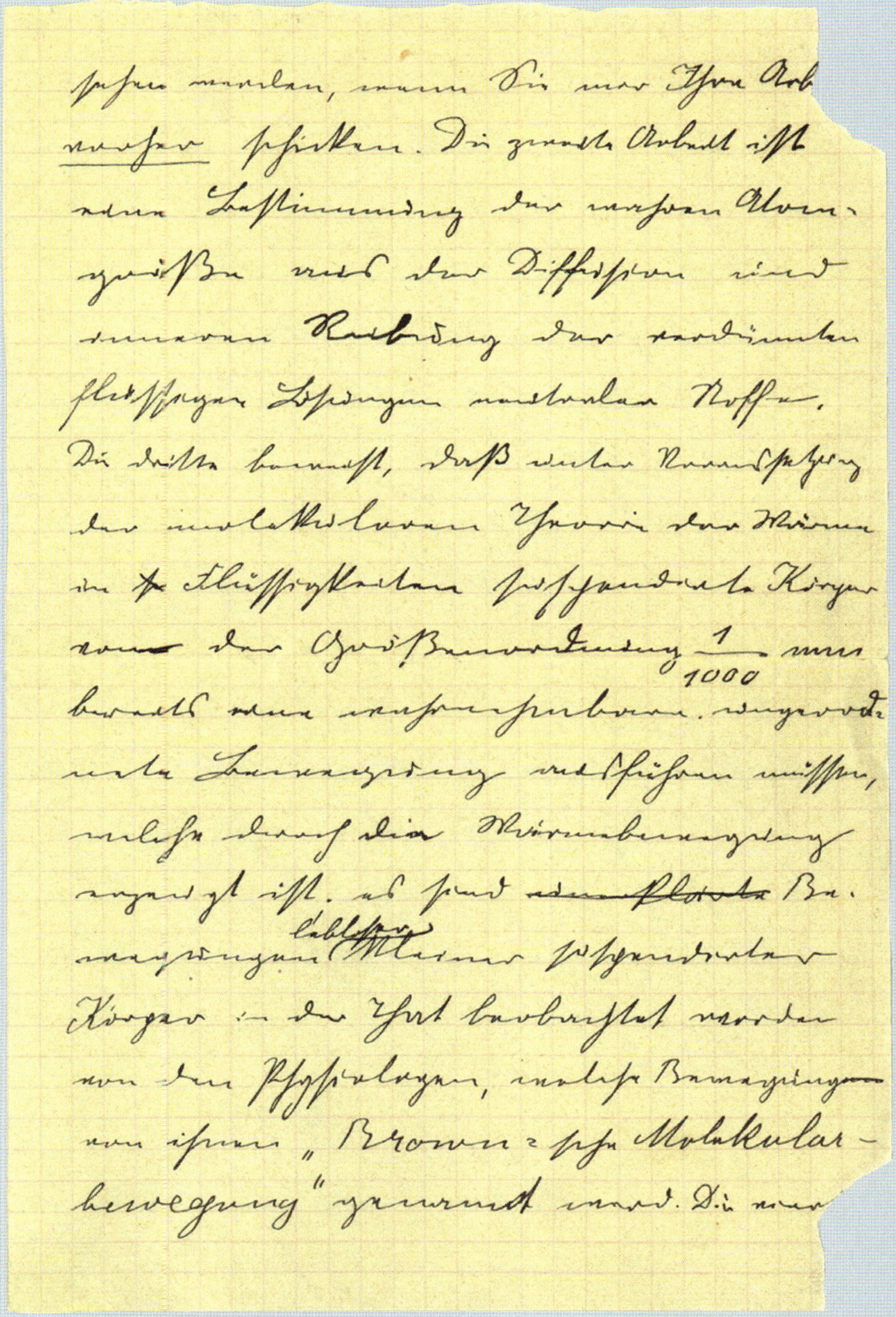
sehen werden, wenn Sie mir Ihre Arb
vorher schicken. Die zweite Arbeit ist
eine Bestimmung der wahren Atom-
größe aus der Diffusion und
inneren Reibung der verdünnten
flüssigen Lösungen neutraler Stoffe.
Die dritte beweist, daß unter Voraussetzung
der molekularen Theorie der Wärme
in Flüssigkeiten suspendierte Körper
von der Größenordnung 1/1000 mm
bereits eine wahrnehmbare, ungeord-
nete Bewegung ausführen müssen,
welche durch die Wärmebewegung
erzeugt ist. Es sind [illegible] Be-
wegungen lebloser kleiner suspendierter
Körper in der That beobachtet worden
von den Physiologen, welche Bewegungen
von ihnen „Brown=sche Molekular-
bewegung" genannt wird. Die vierte

«[…] sehen werden, wenn Sie mir Ihre Arbeit vorher schicken. Die zweite Arbeit ist eine Bestimmung der wahren Atomgrösse aus der Diffusion und inneren Reibung der verdünnten flüssigen Lösungen neutraler Stoffe. Die dritte beweist, dass unter Voraussetzung der molekularen Theorie der Wärme in Flüssigkeiten suspendierte Körper von der Grössenordnung 1/1000 Millimeter bereits eine wahrnehmbare, ungeordnete Bewegung ausführen müssen, welche durch die Wärmebewegung erzeugt ist. Es sind Bewegungen lebloser kleiner, suspendierter Körper in der That beobachtet worden von den Physiologen, welche Bewegungen von ihnen «Brownsche Molekularbewegung» genannt werden. Die vierte […]»

«[…] Arbeit liegt erst im Konzept vor und ist eine Elektrodynamik bewegter Körper unter Benützung einer Modifikation der Lehre von Raum und Zeit; der rein kinematische Teil dieser Arbeit wird Sie sicher interessieren. […]

Es grüsst Sie Ihr A. E.
Freundlichen Gruss von meiner Frau und dem nun ein Jahr alten Piepsvogel.»

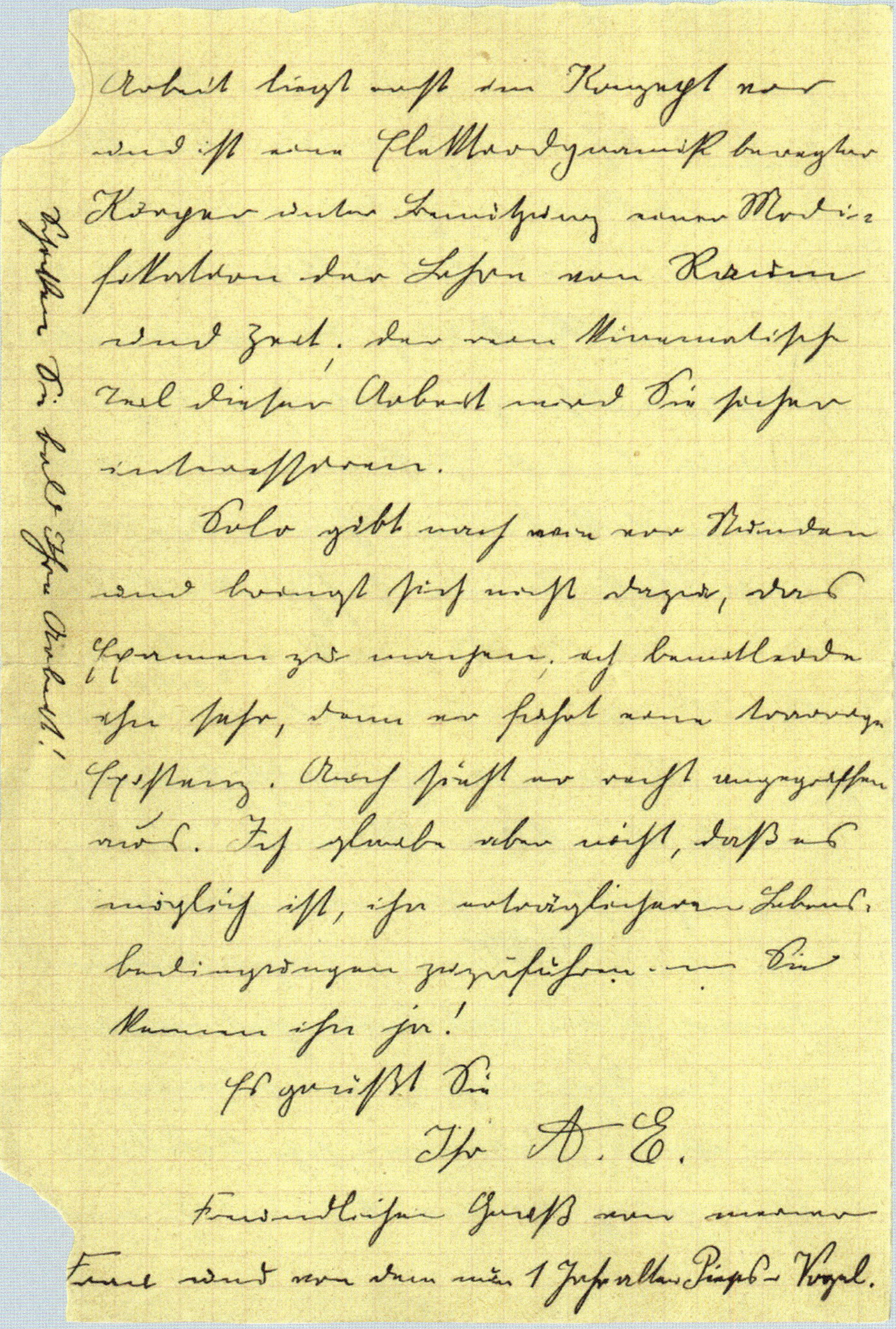

Arbeit liegt erst im Konzept vor und ist eine Elektrodynamik bewegter Körper unter Benützung einer Modifikation der Lehre von Raum und Zeit; der rein kinematische Teil dieser Arbeit wird Sie sicher interessieren.

Solo gibt nach wie vor Stunden und bequemt sich nicht dazu, das Examen zu machen; ich bemitleide ihn sehr, denn er führt eine langweilige Existenz. Auch sieht er recht angegriffen aus. Ich glaube aber nicht, daß es möglich ist, ihn in erträglichere Lebensbedingungen zu versetzen – Sie kennen ihn ja!

Es grüsst Sie
Ihr A. E.

Freundlichen Gruss von meiner Frau und von dem nun 1 jährigen Pieps-Vogel.

Schicken Sie bald Ihre Arbeit!

↑ Ende des Briefes an Conrad Habicht, Mai 1905.

↑ Die Mitglieder der «Akademie Olympia»:
Conrad Habicht, Maurice Solovine
und Albert Einstein, um 1903.

DER PHOTOELEKTRISCHE EFFEKT

1921 – sechzehn Jahre nach seiner «Entdeckung des Gesetzes für den photoelektrischen Effekt» – erhielt Einstein dafür den Physik-Nobelpreis.

Im Jahr 1900 hatte der Physiker Max Planck (1858–1947) eine neue Deutung seiner Strahlungsformel vorgestellt, wonach Wärme und Licht, die von heissen Gegenständen abgestrahlt oder absorbiert werden, als ein Strom voneinander unabhängiger Partikel aufgefasst werden können. Planck nannte diese Energieteilchen Quanten.

Einstein nahm Plancks Theorie interessiert auf und verwendete sie 1905 zur Erklärung des photoelektrischen Effekts. Dieser Effekt tritt ein, wenn ein Lichtstrahl auf eine Metalloberfläche trifft und Elektronen freisetzt. Einstein stellte die These auf, dass der Lichtstrahl tatsächlich aus einem Strom von Quanten (Photonen) bestehe und schrieb damit den Lichtquanten physikalische Realität zu. Dies schien im Widerspruch zu der über ein Jahrhundert lang bewährten Auffassung zu stehen, dass das Licht Wellencharakter besitzt.

Tatsächlich ist Licht sowohl als Partikel wie auch als Welle anzusehen. Die Welle-Teilchen-Dualität bildet das Kernstück der neuen Quantenphysik, die in den 1920er Jahren entwickelt wurde und auf der unsere heute noch gültige Betrachtungsweise der subatomaren Vorgänge beruht. Für seine Erklärung des photoelektrischen Effekts – und nicht für die Relativitätstheorie – erhielt Einstein den Nobelpreis für das Jahr 1921.

Heute nutzen wir die Erkenntnis vom Quantencharakter des Lichts für die Fernsehübertragung, in Fernbedienungen, CD-Geräten und automatischen Türöffnungsanlagen.

↑ Bern vor Einsteins Haustür, 1903.

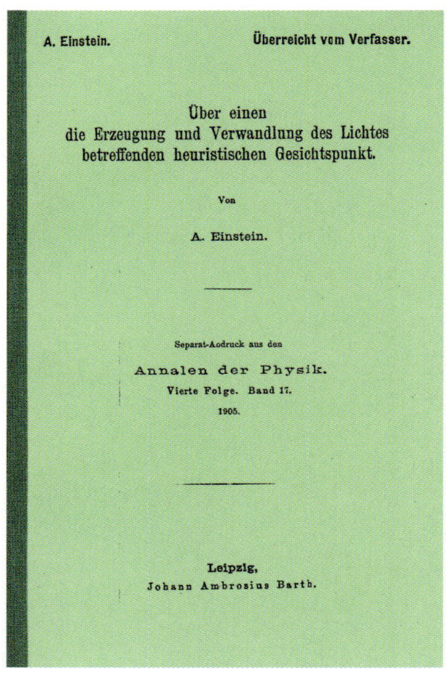

A. Einstein. Überreicht vom Verfasser.

Über einen
die Erzeugung und Verwandlung des Lichtes
betreffenden heuristischen Gesichtspunkt.

Von

A. Einstein.

Separat-Abdruck aus den
Annalen der Physik.
Vierte Folge. Band 17.
1905.

Leipzig,
Johann Ambrosius Barth.

↑ Die erste der vier Epoche machenden Schriften des Jahres 1905. – Veröffentlicht in den «Annalen der Physik» 17, 1905; eingegangen am 18. März 1905.

6. *Über einen die Erzeugung und Verwandlung des Lichtes [1] betreffenden heuristischen Gesichtspunkt;*
von A. Einstein.

Zwischen den theoretischen Vorstellungen, welche sich die Physiker über die Gase und andere ponderable Körper gebildet haben, und der Maxwellschen Theorie der elektromagnetischen Prozesse im sogenannten leeren Raume besteht ein tiefgreifender formaler Unterschied. Während wir uns nämlich den Zustand eines Körpers durch die Lagen und Geschwindigkeiten einer zwar sehr großen, jedoch endlichen Anzahl von Atomen und Elektronen für vollkommen bestimmt ansehen, bedienen wir uns zur Bestimmung des elektromagnetischen Zustandes eines Raumes kontinuierlicher räumlicher Funktionen, so daß also eine endliche Anzahl von Größen nicht als genügend anzusehen ist zur vollständigen Festlegung des elektromagnetischen Zustandes eines Raumes. Nach der Maxwellschen Theorie ist bei allen rein elektromagnetischen Erscheinungen, also auch beim Licht, die Energie als kontinuierliche Raumfunktion aufzufassen, während die Energie eines ponderabeln Körpers nach der gegenwärtigen Auffassung der Physiker als eine über die Atome und Elektronen er-
[2] streckte Summe darzustellen ist. Die Energie eines ponderabeln Körpers kann nicht in beliebig viele, beliebig kleine Teile zerfallen, während sich die Energie eines von einer punktförmigen Lichtquelle ausgesandten Lichtstrahles nach der Maxwellschen Theorie (oder allgemeiner nach jeder Undulationstheorie) des Lichtes auf ein stets wachsendes Volumen sich kontinuierlich verteilt.

Die mit kontinuierlichen Raumfunktionen operierende Undulationstheorie des Lichtes hat sich zur Darstellung der rein
[3] optischen Phänomene vortrefflich bewährt und wird wohl nie durch eine andere Theorie ersetzt werden. Es ist jedoch im Auge zu behalten, daß sich die optischen Beobachtungen auf zeitliche Mittelwerte, nicht aber auf Momentanwerte beziehen, und es ist trotz der vollständigen Bestätigung der Theorie der Beugung, Reflexion, Brechung, Dispersion etc. durch das

↑ Die Arbeit zum photoelektrischen Effekt ist die Schrift, die Einstein in seinem Brief an den Freund Habicht als «sehr revolutionär» einschätzt.

DIE BROWNSCHE BEWEGUNG

Einsteins Theorie macht Unsichtbares messbar – die Existenz von Molekülen ist damit bewiesen.

Einsteins zweite Veröffentlichung des Jahres 1905 behandelte die Brownsche Bewegung, eine Art chaotischen Zickzack-Tanz, den mikroskopisch kleine Partikel in Flüssigkeiten aufführen. Es lag nicht in Einsteins Absicht, dieses Phänomen zu erklären; er entwickelte vielmehr ein theoretisches Modell der Gesetze, nach denen diese Partikel sich erwartungsgemäss verhalten müssten.

Einstein interpretierte die Brownsche Bewegung in überzeugender Weise als eine durch Moleküle verursachte Bewegung. Damit erbrachte er einen Nachweis dafür, dass Moleküle tatsächlich existieren, und darin liegt die Bedeutung dieses Aufsatzes.

↑ Bern, 1905.

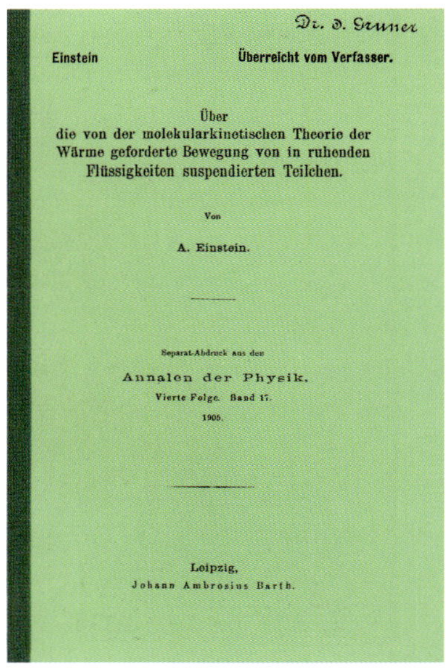

Dr. D. Gruner

Einstein Überreicht vom Verfasser.

Über
die von der molekularkinetischen Theorie der
Wärme geforderte Bewegung von in ruhenden
Flüssigkeiten suspendierten Teilchen.

Von

A. Einstein.

Separat-Abdruck aus den

Annalen der Physik.
Vierte Folge. Band 17.
1905.

Leipzig,
Johann Ambrosius Barth.

↑ Die zweite der vier Epoche machenden Schriften des Jahres 1905. – Veröffentlicht in den «Annalen der Physik» 17, 1905; eingegangen am 11. Mai 1905.

5. *Über die von der molekularkinetischen Theorie der Wärme geforderte Bewegung von in ruhenden Flüssigkeiten suspendierten Teilchen;*
von A. Einstein.

In dieser Arbeit soll gezeigt werden, daß nach der molekularkinetischen Theorie der Wärme in Flüssigkeiten suspendierte Körper von mikroskopisch sichtbarer Größe infolge der Molekularbewegung der Wärme Bewegungen von solcher Größe ausführen müssen, daß diese Bewegungen leicht mit dem Mikroskop nachgewiesen werden können. Es ist möglich, daß die hier zu behandelnden Bewegungen mit der sogenannten „Brownschen Molekularbewegung" identisch sind; die mir erreichbaren Angaben über letztere sind jedoch so ungenau,
[1] daß ich mir hierüber kein Urteil bilden konnte.

Wenn sich die hier zu behandelnde Bewegung samt den für sie zu erwartenden Gesetzmäßigkeiten wirklich beobachten läßt, so ist die klassische Thermodynamik schon für mikroskopisch unterscheidbare Räume nicht mehr als genau gültig anzusehen und es ist dann eine exakte Bestimmung der wahren Atomgröße möglich. Erwiese sich umgekehrt die Voraussage dieser Bewegung als unzutreffend, so wäre damit ein schwerwiegendes Argument gegen die molekularkinetische Auffassung
[2] der Wärme gegeben.

§ 1. Über den suspendierten Teilchen zuzuschreibenden osmotischen Druck.

Im Teilvolumen V^* einer Flüssigkeit vom Gesamtvolumen V seien z-Gramm-Moleküle eines Nichtelektrolyten gelöst. Ist das Volumen V^* durch eine für das Lösungsmittel, nicht aber für die gelöste Substanz durchlässige Wand vom reinen Lösungs-

↑ In der Schrift zur Molekularbewegung beweist Einstein, dass Moleküle tatsächlich existieren.

DIE SPEZIELLE RELATIVITÄTSTHEORIE

Vor Einstein galten Raum und Zeit als absolut. Für Einstein hingegen ist nur die Lichtgeschwindigkeit absolut; Raum und Zeit verändern sich relativ zu ihrer Bewegung: Bewegte Körper schrumpfen, bewegte Uhren gehen langsamer.

Ein Gedankenexperiment, von dem Einstein sich seit seinen Schülertagen immer wieder zu neuen Überlegungen anregen liess, beschäftigte sich mit der Natur des Lichts. Was würde ein Beobachter sehen, fragte sich Einstein, der mit Lichtgeschwindigkeit neben einem Lichtstrahl herliefe? Das Problem war mit den herkömmlichen Lehrsätzen nicht zu klären und zwang ihn, nach neuen Lösungswegen zu suchen. Im Juni 1905 mündeten seine Überlegungen schliesslich in die Spezielle Relativitätstheorie.

Diese Theorie fusst auf zwei Grundannahmen: In Übereinstimmung mit Newtons Lehre werden alle physikalischen Gesetze als für alle Beobachter in gleicher Weise gültig erachtet, sofern diese sich mit im Verhältnis zueinander konstanter Geschwindigkeit fortbewegen. Darüber hinaus, und hier beruft sich Einstein auf Maxwells Elektromagnetismus-Theorie, behält das Licht, das sich durch den leeren Raum bewegt, für den Beobachter immer dieselbe Geschwindigkeit bei, und zwar unabhängig von der Bewegung der Lichtquelle im Verhältnis zum Beobachter.

Einsteins Spezielle Relativitätstheorie eröffnete den Zugang zu einem ganz neuen Verständnis von Raum und Zeit und erschütterte damit die Grundlagen der Newtonschen Physik. In Newtons Universum galten zeitliche Dauer und räumliche Ausdehnung als absolute und unabhängige Grössen. In Einsteins Kosmos verändern sich, dem Relativitätsprinzip entsprechend, die Masse von Zeit und Raum mit der relativen Bewegung des Beobachters, und die Veränderung tritt umso deutlicher zutage, je näher er der Lichtgeschwindigkeit kommt.

Aus der Konstanz der Lichtgeschwindigkeit resultieren viele scheinbar paradoxe Vorhersagen, gegen die sich der gesunde Menschenverstand sträubt. Wer kann sich schon vorstellen, dass sich ein Massstab, der sich mit annähernder Lichtgeschwindigkeit fortbewegt, verkürzt und zugleich schwerer wird, oder dass eine Uhr unter denselben Bedingungen langsamer geht?

1908 passte der Mathematiker Hermann Minkowski Einsteins Spezieller Relativitätstheorie eine geometrische Struktur an. Den drei anerkannten Dimensionen des Raums fügte er die Zeit als eine vierte Dimension hinzu. Raum und Zeit sollten nach seiner Formulierung als eine Einheit, die «Raumzeit», betrachtet werden. «Ohne Minkowskis wichtige Gedanken», schrieb Einstein 1916, «wäre die allgemeine Relativitätstheorie vielleicht in den Windeln steckengeblieben». Es war diese elegante und nützliche mathematische Darstellung der Speziellen Relativitätstheorie, die Einsteins Ideen schliesslich zu allgemeiner Anerkennung unter den Physikern verhalf.

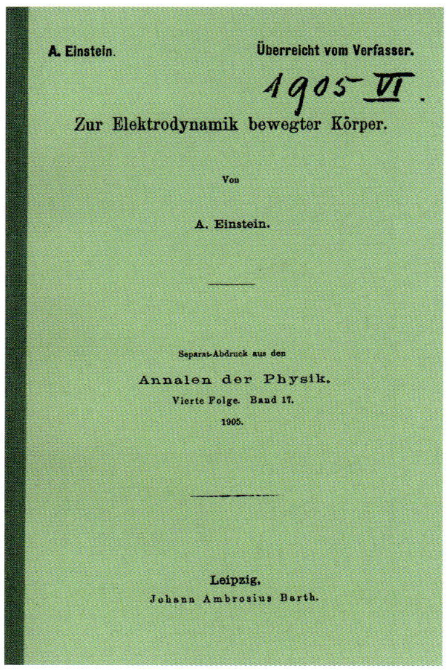
A. Einstein. Überreicht vom Verfasser.

1905 VI.

Zur Elektrodynamik bewegter Körper.

Von

A. Einstein.

Separat-Abdruck aus den

Annalen der Physik.

Vierte Folge. Band 17.

1905.

Leipzig.

Johann Ambrosius Barth.

↑ Die dritte der vier Epoche machenden Schriften des Jahres 1905. – Veröffentlicht in den «Annalen der Physik» 17, 1905; eingegangen am 30. Juni 1905.

3. *Zur Elektrodynamik bewegter Körper;*
von A. Einstein.

Daß die Elektrodynamik Maxwells — wie dieselbe gegen-
wärtig aufgefaßt zu werden pflegt — in ihrer Anwendung auf
bewegte Körper zu Asymmetrien führt, welche den Phänomenen
nicht anzuhaften scheinen, ist bekannt. Man denke z. B. an
die elektrodynamische Wechselwirkung zwischen einem Mag-
[1] neten und einem Leiter. Das beobachtbare Phänomen hängt
hier nur ab von der Relativbewegung von Leiter und Magnet,
während nach der üblichen Auffassung die beiden Fälle, daß
der eine oder der andere dieser Körper der bewegte sei, streng
voneinander zu trennen sind. Bewegt sich nämlich der Magnet
und ruht der Leiter, so entsteht in der Umgebung des Magneten
ein elektrisches Feld von gewissem Energiewerte, welches an
den Orten, wo sich Teile des Leiters befinden, einen Strom
erzeugt. Ruht aber der Magnet und bewegt sich der Leiter,
so entsteht in der Umgebung des Magneten kein elektrisches
Feld, dagegen im Leiter eine elektromotorische Kraft, welcher
an sich keine Energie entspricht, die aber — Gleichheit der
Relativbewegung bei den beiden ins Auge gefaßten Fällen
vorausgesetzt — zu elektrischen Strömen von derselben Größe
und demselben Verlaufe Veranlassung gibt, wie im ersten Falle
die elektrischen Kräfte.

Beispiele ähnlicher Art, sowie die mißlungenen Versuche,
eine Bewegung der Erde relativ zum „Lichtmedium“ zu kon-
[2] statieren, führen zu der Vermutung, daß dem Begriffe der
absoluten Ruhe nicht nur in der Mechanik, sondern auch in
der Elektrodynamik keine Eigenschaften der Erscheinungen ent-
sprechen, sondern daß vielmehr für alle Koordinatensysteme,
für welche die mechanischen Gleichungen gelten, auch die
gleichen elektrodynamischen und optischen Gesetze gelten, wie
[3] dies für die Größen erster Ordnung bereits erwiesen ist. Wir
wollen diese Vermutung (deren Inhalt im folgenden „Prinzip
[4] der Relativität“ genannt werden wird) zur Voraussetzung er-
heben und außerdem die mit ihm nur scheinbar unverträgliche

↑ Nichts Geringeres als eine «Modifikation der Lehre von Raum und Zeit» nimmt Einstein mit dieser Arbeit in Angriff.

DIE ÄQUIVALENZFORMEL $E=mc^2$

Die Äquivalenzformel ist wohl die berühmteste wissenschaftliche Gleichung aller Zeiten.

Einsteins Spezielle Relativitätstheorie brachte auch das Gesetz der Äquivalenz von Masse und Energie hervor, ausgedrückt in der berühmten Gleichung $E=mc^2$.

Diese Formel verwendete Einstein zum ersten Mal in einem Aufsatz aus dem Jahr 1907, hatte die Äquivalenz in anderer Form aber bereits 1905 abgeleitet. Die Gleichung macht anschaulich, dass Masse und Energie austauschbar sind, dass folglich unter bestimmten Umständen gewisse Formen von Energie in Masse umgewandelt werden können. Ebenso kann unter den richtigen Voraussetzungen Masse in Energie transformiert werden. Man erkennt in dieser Gleichung, in der c für die konstante Lichtgeschwindigkeit von 300 000 km/sec steht, dass eine winzige Menge an Masse einer riesigen Menge von Energie entspricht.

Die technische Umsetzung dieser Erkenntnis zum Erschliessen neuartiger Energiequellen schien zum damaligen Zeitpunkt noch in weiter Ferne zu liegen. Erst als deutsche Physiker dreissig Jahre später Wege zur Kernspaltung entdeckt hatten, rückte die praktische Anwendung von Einsteins Formel in den Bereich des Möglichen – und zu Einsteins tiefem Bedauern wurde sie ausgerechnet in der Entwicklung von Kernwaffen verwirklicht.

↑ Karikatur: Sidney Harris.

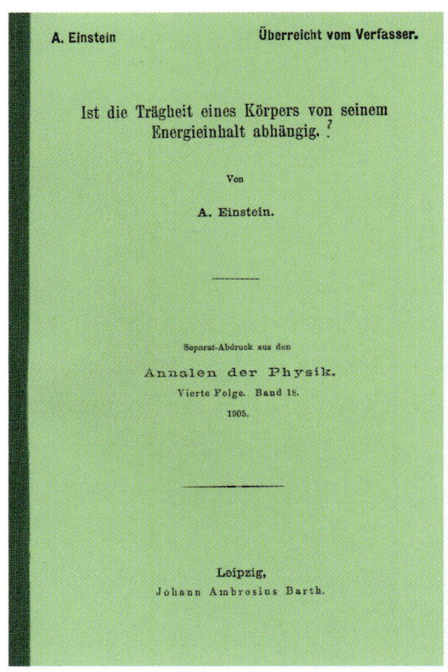
A. Einstein Überreicht vom Verfasser.

Ist die Trägheit eines Körpers von seinem Energieinhalt abhängig.?

Von

A. Einstein.

Separat-Abdruck aus den

Annalen der Physik.

Vierte Folge. Band 18.

1905.

Leipzig,

Johann Ambrosius Barth.

↑ Die vierte der vier Epoche machenden Schriften des Jahres 1905. – Veröffentlicht in den «Annalen der Physik» 17, 1905; eingegangen am 27. September 1905.

13. *Ist die Trägheit eines Körpers von seinem Energieinhalt abhängig?*
von A. Einstein.

Die Resultate einer jüngst in diesen Annalen von mir publizierten elektrodynamischen Untersuchung [1]) führen zu einer sehr interessanten Folgerung, die hier abgeleitet werden soll.

Ich legte dort die Maxwell-Hertzschen Gleichungen für den leeren Raum nebst dem Maxwellschen Ausdruck für die elektromagnetische Energie des Raumes zugrunde und außerdem das Prinzip:

Die Gesetze, nach denen sich die Zustände der physikalischen Systeme ändern, sind unabhängig davon, auf welches von zwei relativ zueinander in gleichförmiger Parallel-Translationsbewegung befindlichen Koordinatensystemen diese Zustandsänderungen bezogen werden (Relativitätsprinzip).

Gestützt auf diese Grundlagen [2]) leitete ich unter anderem das nachfolgende Resultat ab (l. c. § 8):

Ein System von ebenen Lichtwellen besitze, auf das Koordinatensystem (x, y, z) bezogen, die Energie l; die Strahlrichtung (Wellennormale) bilde den Winkel φ mit der x-Achse des Systems. Führt man ein neues, gegen das System (x, y, z) in gleichförmiger Paralleltranslation begriffenes Koordinatensystem (ξ, η, ζ) ein, dessen Ursprung sich mit der Geschwindigkeit v längs der x-Achse bewegt, so besitzt die genannte Lichtmenge — im System (ξ, η, ζ) gemessen — die Energie:

$$l^* = l \frac{1 - \frac{v}{V} \cos \varphi}{\sqrt{1 - \left(\frac{v}{V}\right)^2}},$$

wobei V die Lichtgeschwindigkeit bedeutet. Von diesem Resultat machen wir im folgenden Gebrauch.

---

[1] 1) A. Einstein, Ann. d. Phys. 17. p. 891. 1905.

2) Das dort benutzte Prinzip der Konstanz der Lichtgeschwindigkeit ist natürlich in den Maxwellschen Gleichungen enthalten.

42*

↑ Bereits im September hat Einstein weitere Schlussfolgerungen aus der Arbeit «zur Elektrodynamik bewegter Körper» gezogen und die so folgenreiche Äquivalenzformel entwickelt.

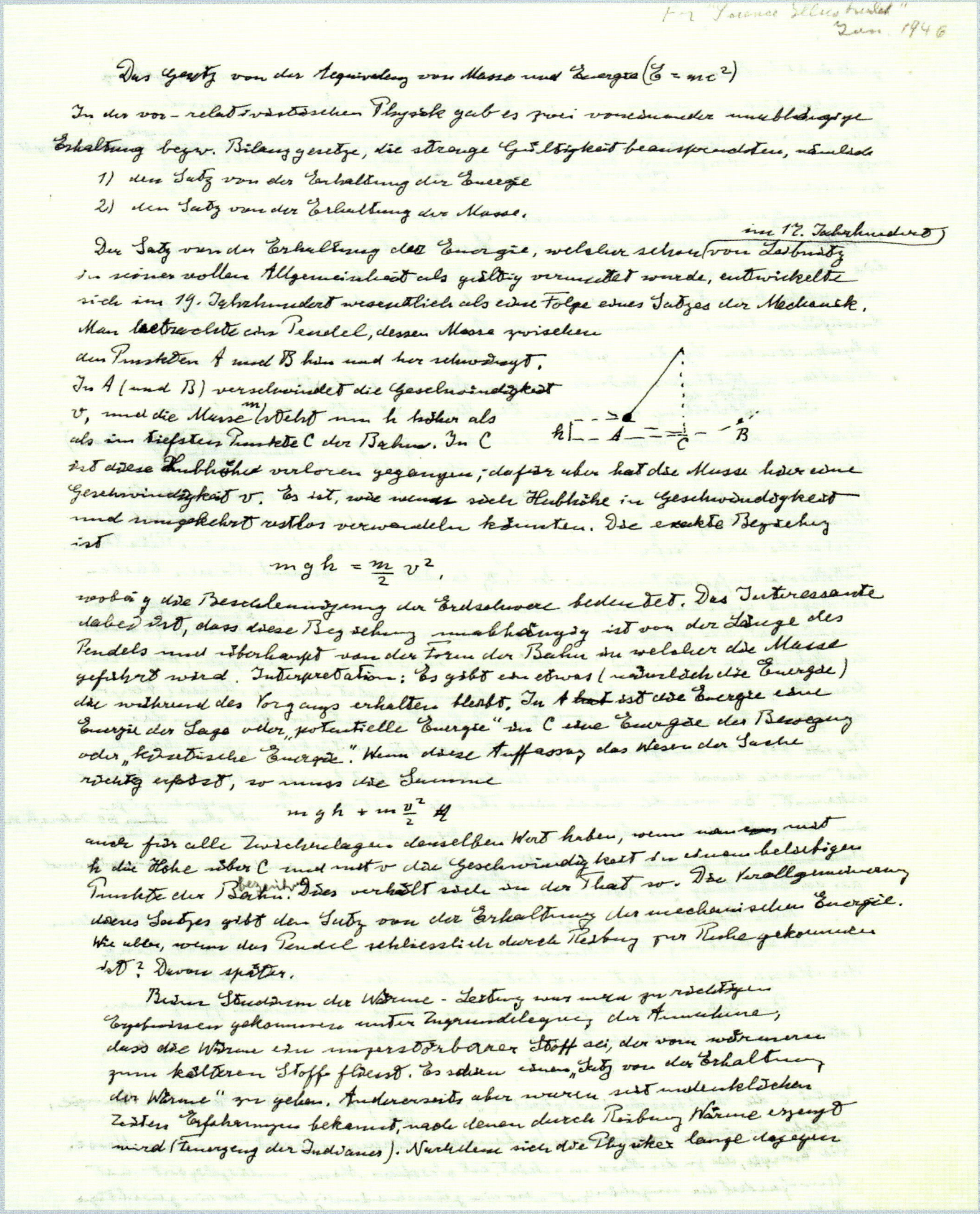

For "Science Illustrated" Jan. 1946

Das Gesetz von der Aequivalenz von Masse und Energie ($E = mc^2$)

In der vor-relativistischen Physik gab es zwei voneinander unabhängige Erhaltung bezw. Bilanzgesetze, die strenge Gültigkeit beanspruchten, nämlich

1) den Satz von der Erhaltung der Energie
2) den Satz von der Erhaltung der Masse.

Der Satz von der Erhaltung der Energie, welcher schon (von Leibnitz im 17. Jahrhundert) in seiner vollen Allgemeinheit als gültig vermutet wurde, entwickelte sich im 19. Jahrhundert wesentlich als eine Folge eines Satzes der Mechanik. Man betrachte ein Pendel, dessen Masse zwischen den Punkten A und B hin und her schwingt. In A (und B) verschwindet die Geschwindigkeit v, und die Masse m steht um h höher als im tiefsten Punkte C der Bahn. In C ist diese Hubhöhe verloren gegangen; dafür aber hat die Masse hier eine Geschwindigkeit v. Es ist, wie wenn sich Hubhöhe in Geschwindigkeit und umgekehrt restlos verwandeln könnten. Die exakte Beziehung ist

$$mgh = \frac{m}{2} v^2,$$

wobei g die Beschleunigung der Erdschwere bedeutet. Das Interessante dabei ist, dass diese Beziehung unabhängig ist von der Länge des Pendels und überhaupt von der Form der Bahn in welcher die Masse geführt wird. Interpretation: Es gibt ein etwas (nämlich die Energie) die während des Vorgangs erhalten bleibt. In A ~~hat~~ ist die Energie eine Energie der Lage oder „potentielle Energie" in C eine Energie der Bewegung oder „kinetische Energie". Wenn diese Auffassung das Wesen der Sache richtig erfasst, so muss die Summe

$$mgh + m\frac{v^2}{2}$$

auch für alle Zwischenlagen denselben Wert haben, wenn ~~man~~ mit h die Höhe über C und mit v die Geschwindigkeit in einem beliebigen Punkte der Bahn bezeichnet. Dies verhält sich in der That so. Die Verallgemeinerung dieses Satzes gibt den Satz von der Erhaltung der mechanischen Energie. Wie aber, wenn das Pendel schliesslich durch Reibung zur Ruhe gekommen ist? Davon später.

Beim Studium der Wärme-Leitung war man zu richtigen Ergebnissen gekommen unter Zugrundelegung der Annahme, dass die Wärme ein unzerstörbarer Stoff sei, der vom wärmeren zum kälteren Stoffe fliesst. Es schien einen „Satz von der Erhaltung der Wärme" zu geben. Andererseits aber waren seit undenklichen Zeiten Erfahrungen bekannt, nach denen durch Reibung Wärme erzeugt wird (Feuerzeug der Indianer). Nachdem sich die Physiker lange dagegen

↑ Manuskript von Einstein für einen Artikel, der 1946 in englischer Übersetzung unter dem Titel «E=mc²: The Most Urgent Problem of Our Time» in der Zeitschrift «Science Illustrated» erschien.

DIE ALLGEMEINE RELATIVITÄTSTHEORIE

Bald nach Abschluss der Speziellen Relativitätstheorie begann Einstein mit der Arbeit an der Verallgemeinerung seiner Theorie. Dies führte ihn zu einer neuen Lehre von der Gravitation. Die Bestätigung der Theorie anlässlich der Sonnenfinsternis von 1919 machte den Wissenschaftler zum Medienstar.

Im Jahr 1908 wurde Einsteins Habilitationsschrift von der Universität Bern angenommen und er selbst als Privatdozent verpflichtet. In den folgenden Jahren las er zunächst als ausserordentlicher und als ordentlicher Professor an den Universitäten von Zürich und Prag und anschliessend am Polytechnikum in Zürich.

1914 übersiedelte er nach Berlin, wo man ihm die Mitgliedschaft der Preussischen Akademie der Wissenschaften angeboten hatte. Damit verbunden war eine Professur ohne Lehrverpflichtung an der Friedrich-Wilhelm-Universität sowie die Leitung des noch zu gründenden Kaiser-Wilhelm-Instituts für Physik. So war Einstein dem Lehrbetrieb enthoben und konnte sich ganz der Forschung widmen.

Einstein hatte die Arbeit an der Allgemeinen Relativitätstheorie schon bald nach der Veröffentlichung der Speziellen Relativitätstheorie aufgenommen. Während die spezielle Theorie für Objekte gilt, die sich mit konstanter Geschwindigkeit in gerader Linie fortbewegen, sollte eine allgemeine Theorie auch solche Objekte erfassen, die sich auf einer gekrümmten Bahn bewegen und eine relative Beschleunigung erfahren. Eine solche Theorie musste die Gravitation einbeziehen – jene Kraft, die den Weg der Planeten auf ihrer Umlaufbahn durch das All bestimmt, aber ebenso Ursache dafür ist, dass ein Apfel auf unserem Planeten vom Baum zu Boden fällt.

1907 hatte Einstein in Bern einen Einfall, den er Jahre später als «den glücklichsten meines Lebens» ansah: «Für einen Beobachter, der sich im freien Fall vom Dach seines Hauses befindet, existiert – zumindest in seiner unmittelbaren Umgebung – kein Gravitationsfeld.»

Als Folge dieser Einsicht formulierte Einstein das Äquivalenzprinzip. Dieses besagt: Wenn die Gravitation im freien Fall aufgehoben sein soll, dann müssen die Schwerkraft und die durch sie bewirkte Beschleunigung des fallenden Körpers völlig gleichwertig zueinander sein.

Es fehlte Einstein allerdings das mathematische Handwerkszeug, um an diesem Problem weiterzuarbeiten, und er legte deshalb für einige Jahre die Untersuchungen zur Schwerkraft beiseite. 1911 erkannte er eine bedeutende und vor allem messbare Konsequenz des Äquivalenzprinzips: ein Lichtstrahl, der sich an der Sonne vorbeibewegt, muss sich als gebeugt erweisen. Im Jahr darauf führte ihn sein Freund Marcel Grossmann in Riemanns nicht-euklidische Geometrie der gekrümmten Raumzeit ein und half ihm, die mathematischen Grundlagen für die Ausarbeitung der Allgemeinen Relativitätstheorie bereitzustellen.

↑ Albert Einstein als junger Dozent in Prag, 1912.

Einstein vollendete die Allgemeine Relativitätstheorie im Spätherbst 1915. Sie modifizierte Newtons Lehre von der Gravitation und vereinte, was nach der klassischen Tradition streng zu unterscheiden war. In Newtons Universum wurde die Gravitation als eine Kraft betrachtet, mit der eine grosse Masse andere Massen anzieht. Durch die Schwerkraft würden, schloss man, die Planeten in ihren elliptischen Bahnen um die Sonne gehalten. In Einsteins Kosmos wird Gravitation nicht mehr als eine von aussen einwirkende Kraft aufgefasst; sie ist vielmehr eingebettet in das Kontinuum von Raum und Zeit – die Raumzeit –, in der sich kosmische Objekte bewegen.

Das vierdimensionale Raumzeitkontinuum wird häufig mit einer straff aufgespannten Gummimatte verglichen, die sich dort ausdehnt, wo schwere Gegenstände auf ihr lasten. Ebenso krümmt ein schwerer Körper wie die Sonne die ihn umgebende Raumzeit und die Planeten bewegen sich auf diesen gekrümmten Bahnen des Raumzeitkontinuums. Dieser Sachverhalt lässt sich so ausdrücken: Die Materie sagt dem Raum, wie er sich krümmen soll, und der Raum sagt der Materie, wie sie sich zu bewegen hat.

Die Allgemeine Relativitätstheorie traf exakte Voraussagen über die Lichtablenkung im Schwerefeld der Sonne. Beobachtungen, die eine britische Expedition während der totalen Sonnenfinsternis vom Mai 1919 anstellte, bestätigten Einsteins Berechnungen. Die öffentliche Bekanntgabe, dass seine Prognose sich bewahrheitet habe, wurde von den Massenmedien als Sensation aufgegriffen und machte aus dem Wissenschaftler buchstäblich über Nacht eine Berühmtheit.

Die Allgemeine Relativitätstheorie ist schon in den 1920er Jahren wiederholt experimentell bestätigt worden. In die Reihe der Bestätigungen gehört Edwin Hubbles Entdeckung, dass das Universum expandiert. Einstein hatte ursprünglich keine derartige Folgerung aus seinen Berechnungen ziehen wollen. Darum versuchte er, der Vorstellung von einem sich ausdehnenden Weltall mit der Einführung einer «Kosmologischen Konstante» entgegen zu treten.

Als in den 1960er Jahren eine hoch entwickelte Technologie mittels Atomuhren und Satellitenbeobachtungen noch genauere Messmethoden zur Verfügung stellte, wurden neue Beweise für die Richtigkeit der Prognosen aus der Speziellen wie der Allgemeinen Relativitätstheorie gefunden.

Der Urknall ebenso wie das Verhalten so ungewöhnlicher stellarer und quasi-stellarer Objekte wie der Schwarzen Löcher und Quasare wird heute aufgrund der Erkenntnisse aus der Allgemeinen Relativitätstheorie verständlich.

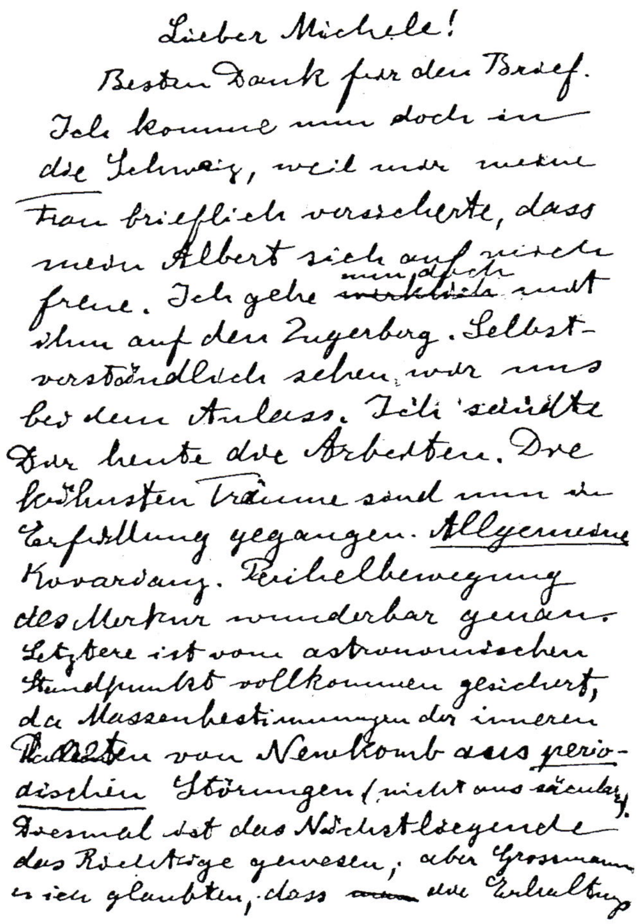
Lieber Michele!
Besten Dank für den Brief.
Ich komme nun doch in die Schweiz, weil mir meine Frau brieflich versicherte, dass mein Albert sich auf mich freue. Ich gehe nun doch mit ihm auf den Zugerberg. Selbstverständlich sehen wir uns bei dem Anlass. Ich schicke Dir heute die Arbeiten. Die kühnsten Träume sind nun in Erfüllung gegangen. Allgemeine Kovarianz. Perihelbewegung des Merkur wunderbar genau. Letztere ist vom astronomischen Standpunkt vollkommen gesichert, da Massenbestimmungen der inneren Planeten von Newcomb aus periodischen Störungen (nicht aus säkularen). Diesmal ist das Nächstliegende das Richtige gewesen; aber Grossmann & ich glaubten, dass die Erhaltung

↑ Postkarte an Michele Besso, 10. Dezember 1915.

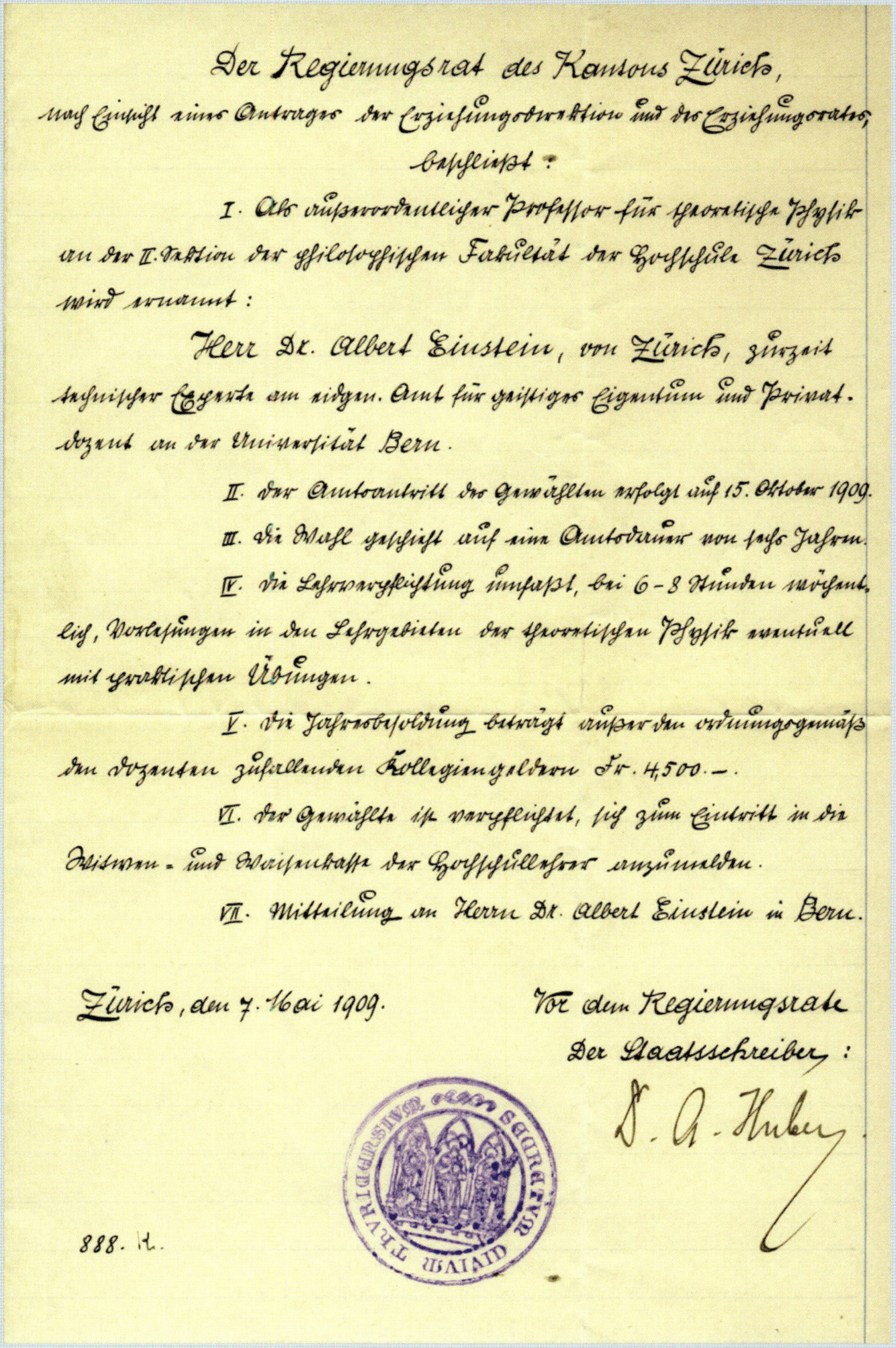
Der Regierungsrat des Kantons Zürich,
nach Einsicht eines Antrages der Erziehungsdirektion und des Erziehungsrates,
beschliesst:

I. Als ausserordentlicher Professor für theoretische Physik an der II. Sektion der philosophischen Fakultät der Hochschule Zürich wird ernannt:

Herr Dr. Albert Einstein, von Zürich, zurzeit technischer Experte am eidgen. Amt für geistiges Eigentum und Privatdozent an der Universität Bern.

II. Der Amtsantritt des Gewählten erfolgt auf 15. Oktober 1909.

III. Die Wahl geschieht auf eine Amtsdauer von sechs Jahren.

IV. Die Lehrverpflichtung umfasst, bei 6–8 Stunden wöchentlich, Vorlesungen in den Lehrgebieten der theoretischen Physik eventuell mit praktischen Übungen.

V. Die Jahresbesoldung beträgt ausser den ordnungsgemäss den Dozenten zufallenden Kollegiengeldern Fr. 4500.–.

VI. Der Gewählte ist verpflichtet, sich zum Eintritt in die Witwen- und Waisenkasse der Hochschullehrer anzumelden.

VII. Mitteilung an Herrn Dr. Albert Einstein in Bern.

Zürich, den 7. Mai 1909.

Vor dem Regierungsrat
Der Staatsschreiber:
D. A. Huber

888. H.

↑ Am 7. Mai 1909 wurde Einstein vom Regierungsrat des Kantons Zürich zum ausserordentlichen Professor für Theoretische Physik an der Universität Zürich ernannt.

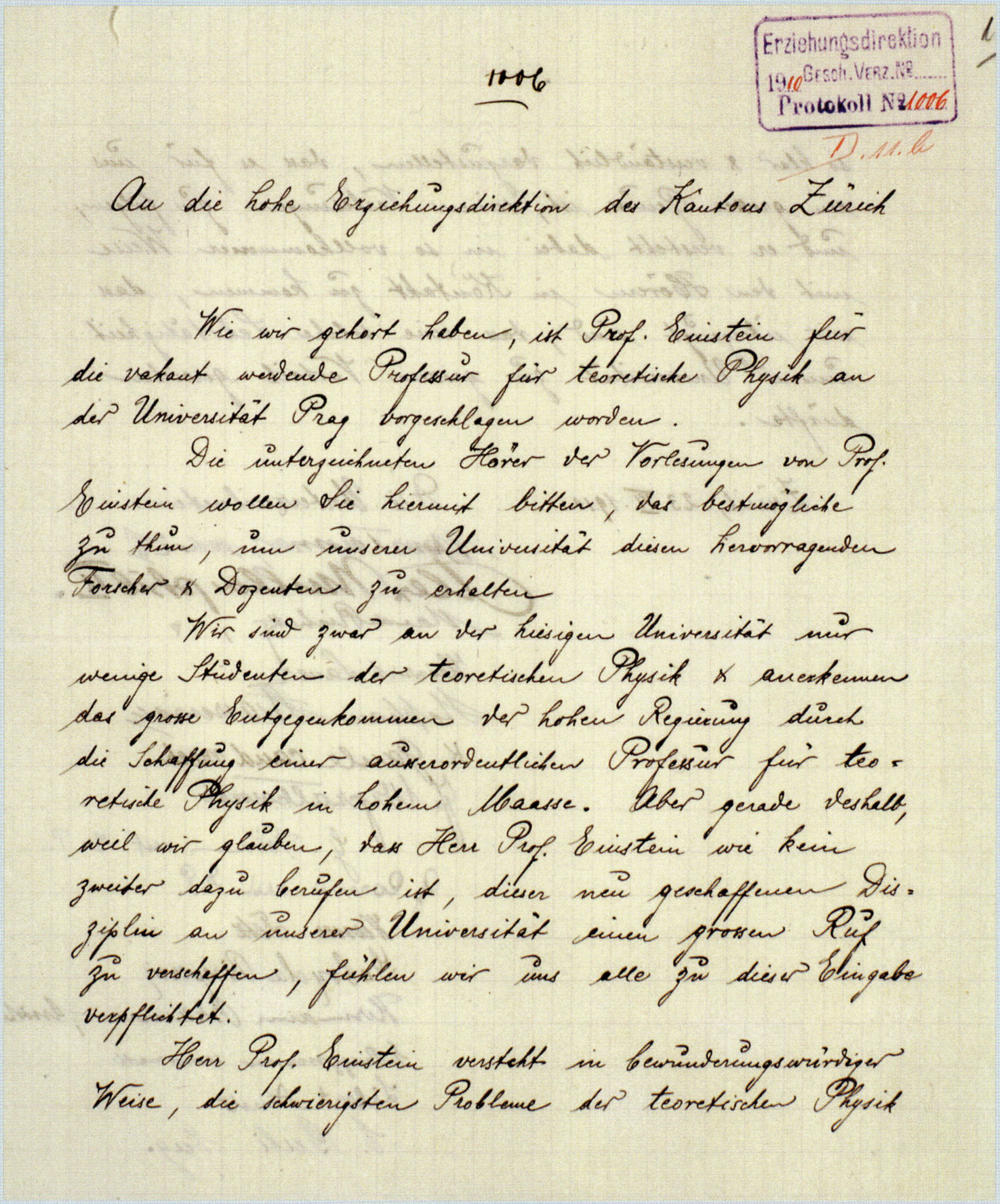

1006

Erziehungsdirektion
1910 Gesch. Verz. №
Protokoll № 1006

An die hohe Erziehungsdirektion des Kantons Zürich

Wie wir gehört haben, ist Prof. Einstein für die vakant werdende Professur für teoretische Physik an der Universität Prag vorgeschlagen worden.

Die unterzeichneten Hörer der Vorlesungen von Prof. Einstein wollen Sie hiermit bitten, das bestmögliche zu thun, um unserer Universität diesen hervorragenden Forscher & Dozenten zu erhalten

Wir sind zwar an der hiesigen Universität nur wenige Studenten der teoretischen Physik & anerkennen das grosse Entgegenkommen der hohen Regierung durch die Schaffung einer ausserordentlichen Professur für teoretische Physik in hohem Maasse. Aber gerade deshalb, weil wir glauben, dass Herr Prof. Einstein wie kein zweiter dazu berufen ist, dieser neu geschaffenen Disziplin an unserer Universität einen grossen Ruf zu verschaffen, fühlen wir uns alle zu dieser Eingabe verpflichtet.

Herr Prof. Einstein versteht in bewunderungswürdiger Weise, die schwierigsten Probleme der teoretischen Physik

↑→ Die Studenten der Theoretischen Physik hätten ihren Dozenten gerne behalten. Brief an die Erziehungsdirektion des Kantons Zürich, 23. Juni 1910.

so klar & verständlich darzustellen, dass es für uns ein grosser Genuss ist, seinen Vorlesungen zu folgen, und er versteht dabei in so vollkommener Weise mit den Hörern in Kontakt zu kommen, dass wir überzeugt sind, dass eine solche Lehrtätigkeit unserer Universität zu grossem Vorteil gereichen dürfte.

Zürich, 23. VI. 1910.

Die Unterzeichneten:

Hans Tanner, phil. II

Alex Müller phil. II.

Marie Richetti

Heinrich Lauer

Stephan Stawewicz

K. Gaule cand mech.

J. Wyczalkowski

G. Foëx asst E. P.

G. Cornu asst. E. P.

Werner Fetz.

Gabryela Birnewicz

Hermann Braune, Assistent.

E. Bruggmann cand math.

Libert Arnold

E. Bühl Ing.

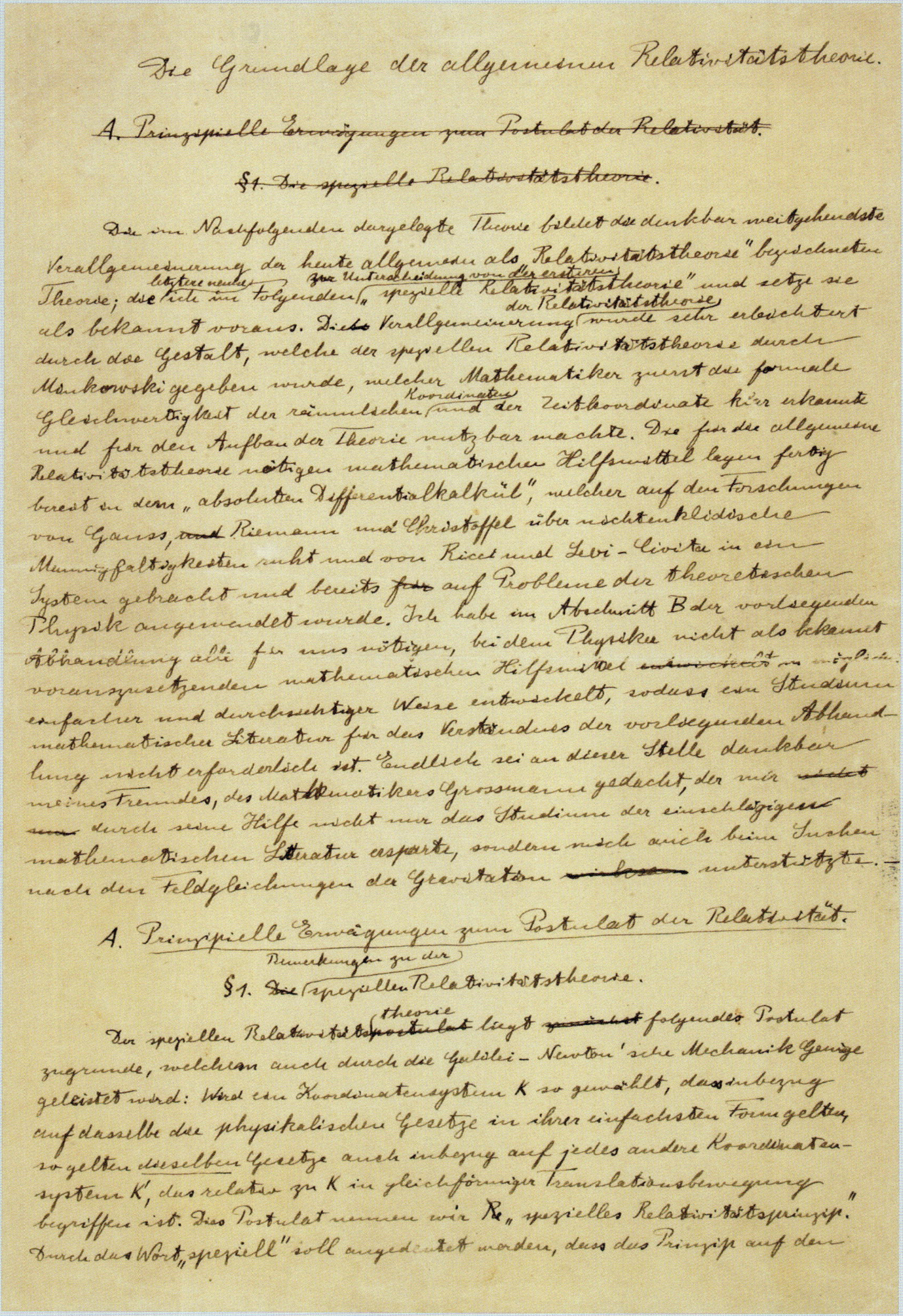

Die Grundlage der allgemeinen Relativitätstheorie.

~~A. Prinzipielle Erwägungen zum Postulat der Relativität.~~

~~§1. Die spezielle Relativitätstheorie.~~

Die im Nachfolgenden dargelegte Theorie bildet die denkbar weitgehendste Verallgemeinerung der heute allgemein als „Relativitätstheorie“ bezeichneten Theorie; die letztere nenne ich im Folgenden zur Unterscheidung von der ersteren „spezielle Relativitätstheorie“ und setze sie als bekannt voraus. Die Verallgemeinerung der Relativitätstheorie wurde sehr erleichtert durch die Gestalt, welche der speziellen Relativitätstheorie durch Minkowski gegeben wurde, welcher Mathematiker zuerst die formale Gleichwertigkeit der räumlichen Koordinaten und der Zeitkoordinate klar erkannte und für den Aufbau der Theorie nutzbar machte. Die für die allgemeine Relativitätstheorie nötigen mathematischen Hilfsmittel lagen fertig bereit in dem „absoluten Differentialkalkül“, welcher auf den Forschungen von Gauss, Riemann und Christoffel über nichteuklidische Mannigfaltigkeiten ruht und von Ricci und Levi-Civita in ein System gebracht und bereits auf Probleme der theoretischen Physik angewendet wurde. Ich habe im Abschnitt B der vorliegenden Abhandlung alle für uns nötigen, bei dem Physiker nicht als bekannt vorauszusetzenden mathematischen Hilfsmittel in möglichst einfacher und durchsichtiger Weise entwickelt, sodass ein Studium mathematischer Literatur für das Verständnis der vorliegenden Abhandlung nicht erforderlich ist. Endlich sei an dieser Stelle dankbar meines Freundes, des Mathematikers Grossmann gedacht, der mir durch seine Hilfe nicht nur das Studium der einschlägigen mathematischen Literatur ersparte, sondern mich auch beim Suchen nach den Feldgleichungen der Gravitation unterstützte.

A. Prinzipielle Erwägungen zum Postulat der Relativität.

§1. Bemerkungen zu der speziellen Relativitätstheorie.

Der speziellen Relativitätstheorie liegt folgendes Postulat zugrunde, welchem auch durch die Galilei-Newton'sche Mechanik Genüge geleistet wird: Wird ein Koordinatensystem K so gewählt, dass in bezug auf dasselbe die physikalischen Gesetze in ihrer einfachsten Form gelten, so gelten dieselben Gesetze auch in bezug auf jedes andere Koordinatensystem K', das relativ zu K in gleichförmiger Translationsbewegung begriffen ist. Dies Postulat nennen wir „spezielles Relativitätsprinzip“. Durch das Wort „speziell“ soll angedeutet werden, dass das Prinzip auf den

↑ Manuskript der «Grundlage der allgemeinen Relativitätstheorie». Diese erste systematische Darstellung der Theorie wurde 1916 in den «Annalen der Physik» veröffentlicht. Zu ihrer Eröffnung im Jahr 1925 machte Einstein der Hebräischen Universität Jerusalem das Manuskript zum Geschenk.

↑ Albert Einstein in seinem Berliner Arbeitszimmer, 1916.

Die Sonne bringt es an den Tag?

Eine Himmelsentscheidung in der Relativitätstheorie.

Von

Kurt Joël.

Sonnenfinsternisse sind sicherlich nichts Seltenes. Wiederholt sind in den letzten hundert Jahren wissenschaftliche Expeditionen ausgerüstet worden, um sie zu beobachten und die Ergebnisse dieser Beobachtung zu verarbeiten. Und doch sieht man der Verfinsterung unseres Zentralgestirns, die heute, am 29. Mai, eintritt und 3 Stunden 17 Minuten währt, mit besonderer Spannung entgegen. Nicht etwa wegen der langen Dauer dieser Finsternis, die mit der schmalen Zone ihrer Totalität das nördliche Brasilien und Mittelafrika durchschreitet und zu deren Erforschung von England aus zwei Unternehmungen — die eine mit dem Standort in Sobral (Brasilien), die andere nach der Insel Isla do Principe, etwa 180 Kilometer von der afrikanischen Küste — ausgerüstet worden sind. Nicht bloß die Astronomen, auch Physiker, Mathematiker, selbst Philosophen harren auf die endgültigen Ergebnisse dieser Himmelsbeobachtung, da sie mittelbar helfen sollen, eine der wichtigsten neueren physikalischen, ja erkenntnistheoretischen Fragen, die Einsteinsche Gravitationstheorie, zu beantworten.

Nach der Einsteinschen Relativitätstheorie muß ein Strahl, der von einem Stern aus tangential zur Sonne verläuft, um 1,74″ abgelenkt werden und die Ablenkung für andere Sterne umgekehrt proportional diesem Abstand vom Mittelpunkt der Sonne sein. Beeinflußt nun wirklich die Sonne den Lichtstrahl und damit die scheinbaren Oerter der Sterne? Diese Frage sollte bereits im August 1914, wo ebenfalls eine Sonnenfinsternis stattfand, entschieden werden, jedoch hat der Krieg die Arbeit der meisten Expeditionen gestört. Welche Entscheidung wird nun der Himmel für Einsteins Theorien bringen?

Schon einmal hat dieser Forscher den Himmel zum Zeugen für die Richtigkeit seiner Theorie angerufen. Es handelte sich um die Perihelbewegung des Merkur, die bis dahin den Erklärungsversuchen der Physiker und Astronomen getrotzt hatte. Das Perihel (der Punkt der Sonnennähe) erfährt im Sinne der Bewegung des Planeten eine sehr geringe, aber ganz sicher nachgewiesene Bewegung, die in hundert Jahren auf den freilich nicht übermäßigen Betrag von 43 Bogensekunden wächst, sich aber aus den Grundlagen der von Newton begründeten klassischen Mechanik nicht hat ableiten lassen. Der Astronom Leverrier hat durch Rechnung gezeigt, daß diese Abweichung der Beobachtung von der Rechnung bei Zugrundelegung der Newtonschen Mechanik nur durch die Annahme unbekannter Massen erklärt werden könne. Aber nach solchen Massen hat man bisher vergeblich gesucht. Da verband Albert Einstein die Gravitation mit seiner Relativitätstheorie; die gewonnenen Bewegungsgleichungen lieferten in ganz überraschender Weise für den Umlauf eines Planeten um die Sonne eine Bewegung des Perihels, die für den Merkur vollständig mit der beobachteten übereinstimmt, während sie bei den entfernteren Planeten einen so geringen Betrag ausmacht, daß sie auch da mit den nicht mit völliger Sicherheit ermittelten kleinen Bewegungen übereinstimmen würde.

→ Im Laufe des Jahres 1919 veröffentlichten deutsche Zeitungen mehrere Artikel, die sich mit der Relativitätstheorie und den Messungen der Lichtablenkung beschäftigten, welche während der Sonnenfinsternis im Mai vorgenommen, aber noch nicht ausgewertet worden waren. Der vorliegende Artikel von Kurt Joel in der «Vossischen Zeitung» vom 29. Mai gehört zu den ausführlicheren und wissenschaftlich haltbaren Beschreibungen des Sachverhalts.

Postkarte

Frau
Pauline Einstein
Sanatorium Rosenau
Luzern (Schweiz)

Abs. A. Einstein
Haberlandstr. 5
Berlin.

Ich wünsche Dir von Herzen gute Tage. Sei innig gegrüsst von Deinem Albert
Grüsse an die Schwestern, Frau [illegible] mit ihrem Sohne, Maja, Paul und Frl. [illegible]. Nächstes Mal ausführlicher!

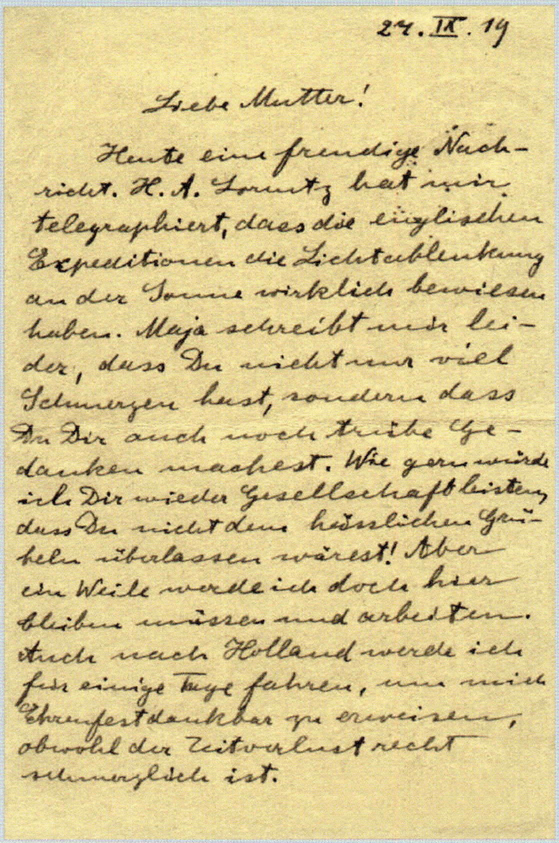
27. IX. 19

Liebe Mutter!

Heute eine freudige Nachricht. H. A. Lorentz hat mir telegraphiert, dass die englischen Expeditionen die Lichtablenkung an der Sonne wirklich bewiesen haben. Maja schreibt mir leider, dass Du nicht nur viel Schmerzen hast, sondern dass Du Dir auch noch trübe Gedanken machst. Wie gern würde ich Dir wieder Gesellschaft leisten, dass Du nicht dem hässlichen Grübeln überlassen wärest! Aber eine Weile werde ich doch hier bleiben müssen und arbeiten. Auch nach Holland werde ich für einige Tage fahren, um mich Ehrenfest dankbar zu erweisen, obwohl der Zeitverlust recht schmerzlich ist.

↑→ Einsteins Mutter Pauline war an Krebs erkrankt; man musste mit ihrem baldigen Ableben rechnen. Deshalb war Einstein daran gelegen, ihr schon auf dieser Postkarte vom 27. September 1919 das erst inoffiziell bekannte Ergebnis der britischen Expedition unter dem Astronomen Arthur Eddington mitzuteilen: die Aufnahmen hatten den Beweis dafür erbracht, dass Einsteins Berechnungen richtig waren.

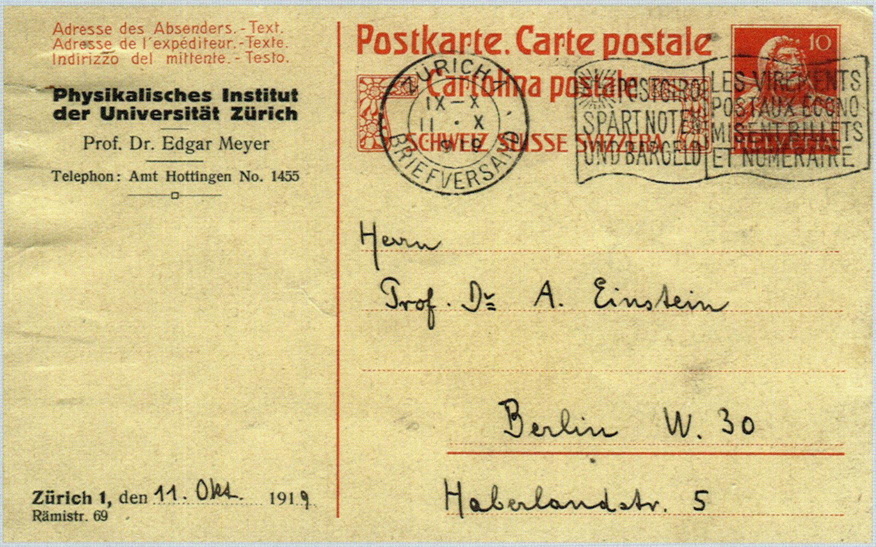
Adresse des Absenders. - Text.
Adresse de l'expéditeur. - Texte.
Indirizzo del mittente. - Testo.

Physikalisches Institut der Universität Zürich
Prof. Dr. Edgar Meyer
Telephon: Amt Hottingen No. 1455

Zürich 1, den 11. Okt. 1919
Rämistr. 69

Postkarte. Carte postale
Cartolina postale

Herrn
Prof. Dr. A. Einstein
Berlin W. 30
Haberlandstr. 5

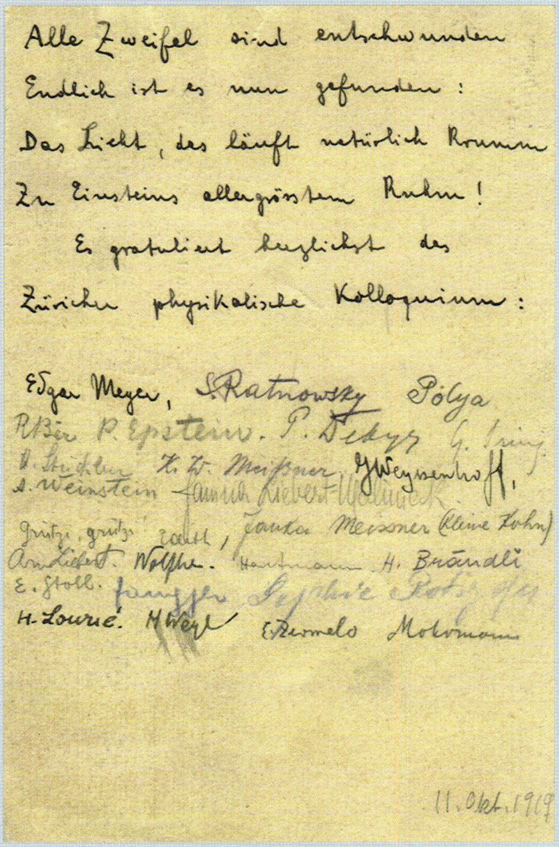
Alle Zweifel sind entschwunden
Endlich ist es nun gefunden:
Das Licht, das läuft natürlich krumm
Zu Einsteins allergrösstem Ruhm!
Es gratuliert herzlichst das
Züricher physikalische Kolloquium:

Edgar Meyer, S. Ratnowsky, Pólya
R. Bär, P. Epstein, P. Debye, [illegible]
H. Brändli
H. Weyl, E. Zermelo

11. Okt. 1919

↑→ Die Kollegen vom Physikalischen Institut der Universität Zürich gratulieren. Postkarte vom 11. Oktober 1919.

↑ Albert Einstein und der Chemiker Fritz Haber, Berlin 1914.

↑ Im Observatorium in Leiden, 26. September 1923. In der vorderen Reihe: Arthur Stanley Eddington und Hendrik Antoon Lorentz, dahinter Albert Einstein, Paul Ehrenfest und Willem de Sitter.

DER NOBELPREIS

Schon seit 1910 war Einstein mehrfach für den Nobelpreis nominiert worden. Mit der spektakulären Bestätigung der Relativitätstheorie im Jahr 1919 war dann der Weg für diese Auszeichnung frei.

Im November 1922 wurde Albert Einstein rückwirkend für das Jahr 1921 der Nobelpreis für Physik zuerkannt. Er erhielt diese Auszeichnung allerdings «für seine Verdienste um die Theoretische Physik und insbesondere für die Entdeckung des Gesetzes für den photoelektrischen Effekt». Die Relativitätstheorie fand in der Urkunde keine Erwähnung – offenbar galt sie der Königlich Schwedischen Akademie als wissenschaftlich und politisch zu umstritten.

Einstein war unterwegs zu einer Vortragsreise nach Japan, als ihn die Nachricht von der Ehrung erreichte. Als er im Juli 1923 vor der Skandinavischen Naturforscherversammlung in Göteborg seinen verspäteten Nobelpreis-Vortrag hielt, wich er von üblichen Gepflogenheiten ab und sprach nicht über die in der Urkunde genannte Arbeit. Er erläuterte stattdessen die «Grundgedanken und Probleme der Relativitätstheorie» – dies obwohl ihm zu diesem Zeitpunkt bereits sein nächstes Ziel, die Allgemeine Feldtheorie, unter den Nägeln brannte.

↑ Nobelpreis für Physik 1921: Goldmedaille mit dem Porträt von Alfred Nobel (1833–1896) und zwei weiblichen Gestalten, die Natur und Wissenschaft verkörpern; dazu der Name des Geehrten und ein Vers aus der Aeneis des Vergil: «Welch ein Vergnügen, das Leben durch den Erfindungsreichtum der Künste zu veredeln.»

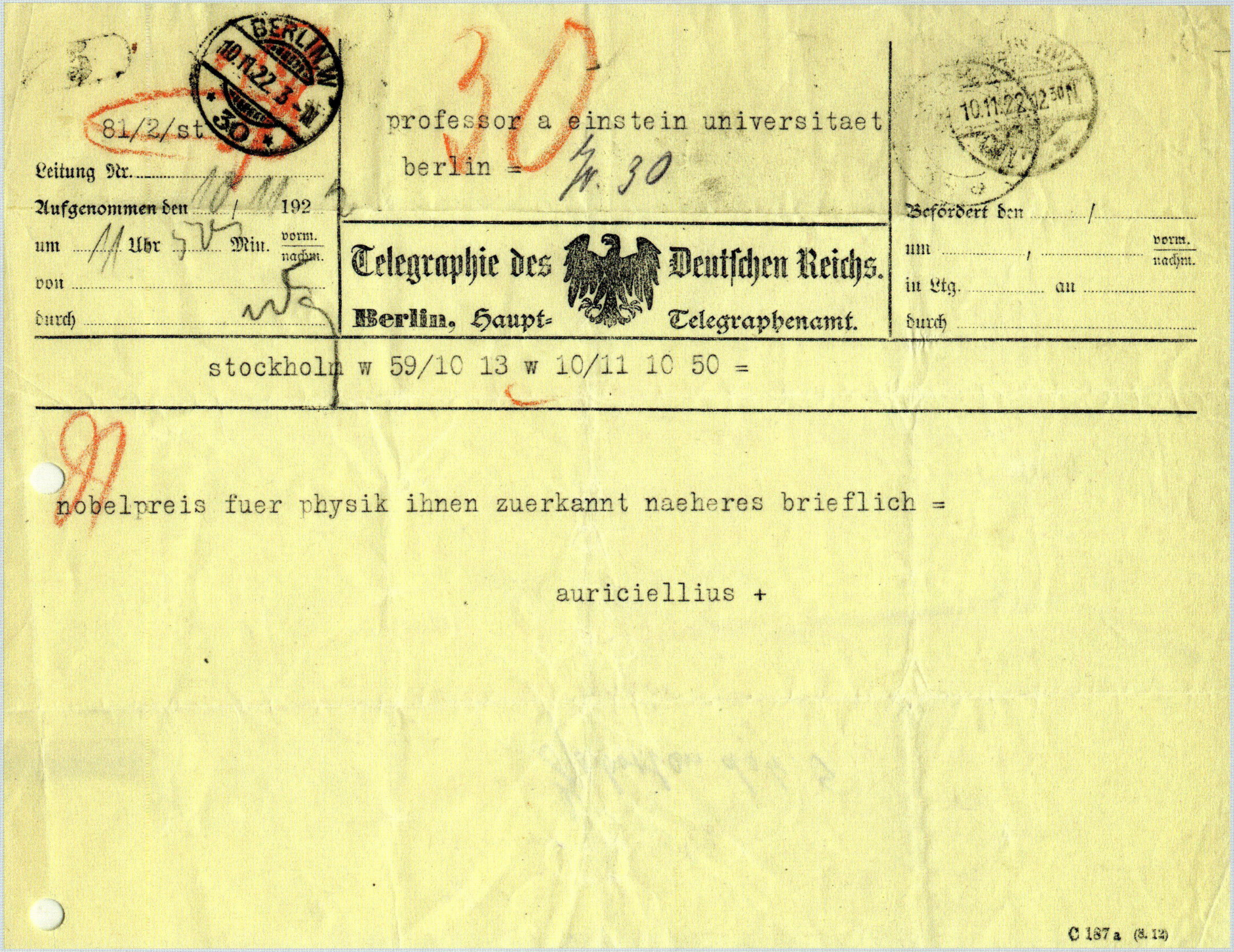

81/2/st

Leitung Nr.

Aufgenommen den 192

um Uhr Min. vorm. nachm.

von

durch

professor a einstein universitaet
berlin =

Telegraphie des Deutschen Reichs.

Berlin, Haupt-Telegraphenamt.

Befördert den

um vorm. nachm.

in Ltg. an

durch

stockholm w 59/10 13 w 10/11 10 50 =

nobelpreis fuer physik ihnen zuerkannt naeheres brieflich =

auriciellius +

C 167 a (8.12)

↑ Das Telegramm vom 10. November 1922 erreichte Einstein nicht, wohl aber ein Funkspruch auf dem Schiff. Einstein hielt die Nachricht nicht einmal eines Eintrags in sein Reisetagebuch wert.

KUNGLIGA SVENSKA
VETENSKAPS-AKADEMIEN

har vid sitt sammanträde den 9 November 1922 i enlighet med föreskrifterna i det av

ALFRED NOBEL

den 27 November 1895 upprättade testamente beslutat att / oberoende av det värde som / efter eventuell bekräftelse må tillerkännas relativitets- och gravitationsteorien / överlämna det pris / som för 1921 bortgives åt den som inom fysikens område har gjort den viktigaste upptäckt eller uppfinning / till

SOFIA GISBERG

84-27

ALBERT EINSTEIN

för hans förtjänster om den teoretiska fysiken, särskilt hans upptäckt av lagen för den fotoelektriska effekten.

Stockholm den 10 December 1922

Kgl. Vet. Ak:s Præses.

Chr. Aurivillius

Kgl. Vet. Ak:s Sekreterare

↑ Albert Einstein in seinem Berliner Turmzimmer, 1927.

↑ In Paul Ehrenfests Haus in Leiden, 1920: Albert Einstein, Paul Ehrenfest, Paul Langevin, Heike Kamerlingh-Onnes und Pierre Weiss.

↑ Sidney Harris, 1997: Einstein, vereinfacht.

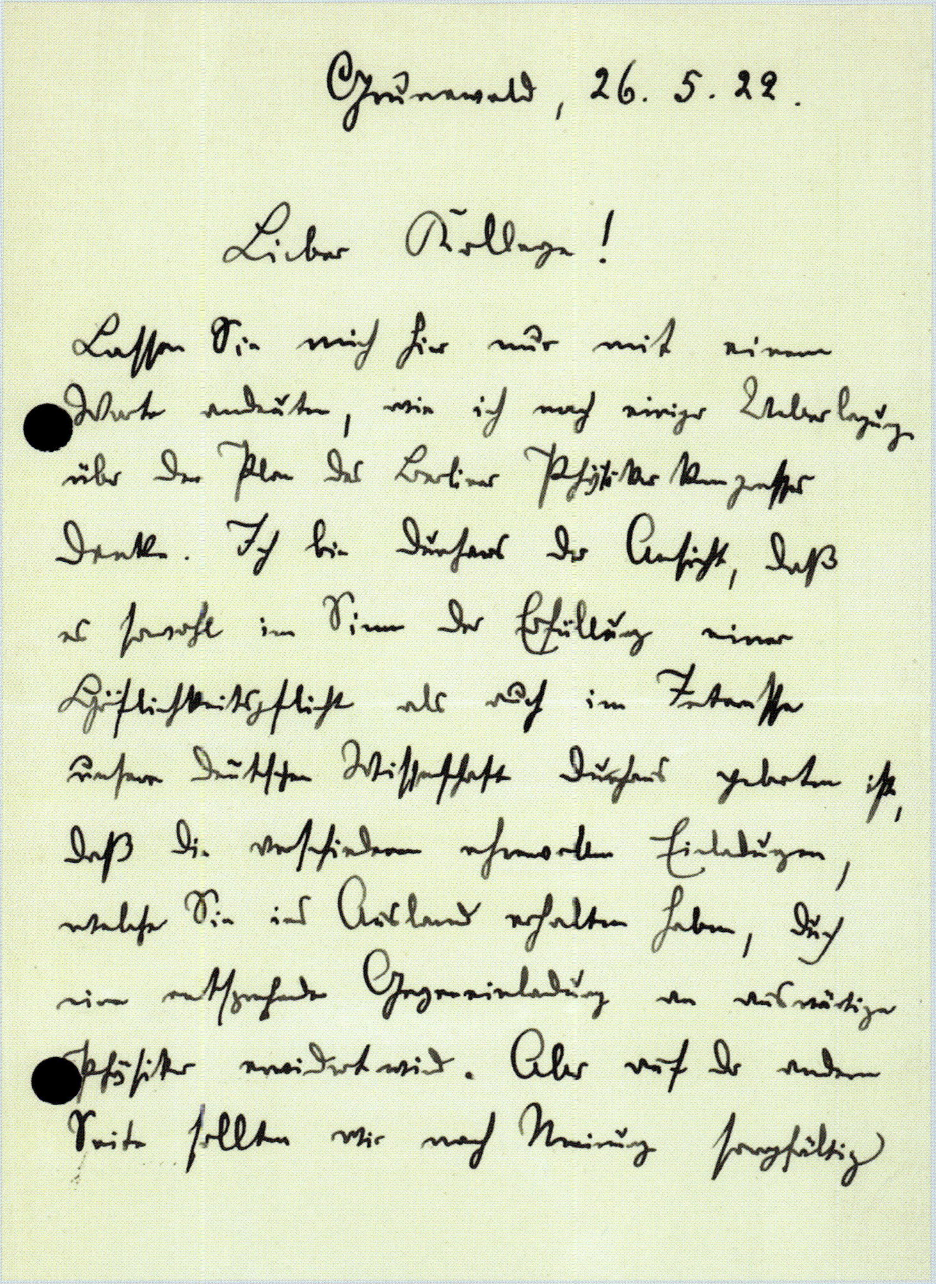

Grunewald, 26. 5. 22.

Lieber Kollege!

Lassen Sie mich hier nur mit einem Wort andeuten, wie ich nach einiger Ueberlegung über den Plan des Berliner Physikerkongresses denke. Ich bin durchaus der Ansicht, daß es sowohl im Sinne der Erfüllung einer Höflichkeitspflicht als auch im Interesse unserer deutschen Wissenschaft durchaus geboten ist, daß die verschiedenen ehrenden Einladungen, welche Sie ins Ausland erhalten haben, durch eine entsprechende Gegeneinladung an auswärtige Physiker erwidert wird. Aber auf der andern Seite sollten wir nach Meinung sorgfältig

«Lieber Kollege!
Lassen Sie mich hier nur mit einem Wort andeuten, wie ich nach einiger Überlegung über den Plan des Berliner Physikerkongresses denke.
Ich bin durchaus der Ansicht, dass es sowohl im Sinn der Erfüllung einer Höflichkeitspflicht als auch im Interesse unserer deutschen Wissenschaft durchaus geboten ist, dass die verschiedenen ehrenden Einladungen, welche Sie ins Ausland erhalten haben, durch eine entsprechende Gegeneinladung an auswärtige Physiker erwidert wird. […]»

↑ Brief von Max Planck an Albert Einstein, 26. Mai 1922. Es geht um die Wiederaufnahme der Beziehungen zwischen Physikern der verschiedenen europäischen Länder, die durch den Weltkrieg unterbrochen worden waren. Einstein, der einerseits als Vertreter der Berliner Wissenschaftler galt, sich andererseits aber als Schweizer verstand, konnte hier eine Vermittlerrolle spielen.

QUANTENTHEORIE UND QUANTENMECHANIK

Einstein selbst hatte in der Zeit am Berner Patentamt einen Grundstein für die Quantentheorie gelegt. Die Quantenmechanik seiner Kollegen konnte er aber weder mit seinem physikalischen noch philosophischen Weltbild vereinen. Die Vorstellung, dass das Verhalten kleinster Teilchen nicht vorhersehbar sein soll, widersprach seiner beharrlichen Suche nach Erklärung zutiefst.

Nachdem Einstein die Arbeit an der Allgemeinen Relativitätstheorie abgeschlossen und sie 1916 veröffentlicht hatte, nahm er seine Untersuchungen zu subatomaren Prozessen wieder auf. In den nächsten Jahren leistete er einige weitere bedeutende Beiträge zur Quantentheorie.

Zunächst gelang es ihm, eine Bestätigung dafür abzuleiten, dass den Lichtquanten ein definierter Impuls innewohnt. Erst mehrere Jahre später erbrachte Arthur H. Compton dafür einen experimentellen Nachweis, der als Compton-Effekt in die Geschichte der Physik einging. Zusätzlich führte Einstein den Begriff der «stimulierten Emission von Strahlung» ein, ein Konzept, das in den 1960er Jahren die Entwicklung des Lasers ermöglichte.

Um die Mitte der 1920er Jahre hatten Erwin Schrödinger (1887–1961) und Werner Heisenberg (1901–1976) unabhängig voneinander zwei unterschiedliche mathematische Modelle für das Verhalten der Elektronen entwickelt. Diese Darstellungen lieferten die Basis für die Quantenmechanik und führten damit die Quantentheorie in eine grundlegend neue Phase. Mit dem dänischen Physiker Niels Bohr (1885–1962) als Hauptvertreter wurde die «Kopenhagener Interpretation» zum vorherrschenden Verständnis der Quantenmechanik.

Der neuen Theorie liegen Annahmen zugrunde, die sie von den Prinzipien der klassischen Physik wesentlich unterscheiden. Dazu gehört erstens die These, dass bereits der Beobachtungsprozess an sich das beobachtete Objekt verändert; dass man zweitens, entsprechend der Heisenbergschen Unschärferelation, in einem bestimmten Moment nur entweder über den Impuls oder über die Position eines Teilchens eine gesicherte Aussage machen kann, nie aber über beide zugleich. Schliesslich sei alles, was man wissen kann, einzig das Ergebnis von Experimenten. Die Quantenmechanik rechnet nur mit statistischen Möglichkeiten, nicht mit vorhersagbaren Gewissheiten.

Als sich mit der Quantenmechanik unter den Physikern die Überzeugung durchsetzte, dass im subatomaren Bereich der Zufall regiert, wäre Einstein «lieber Schuster oder Angestellter in einer Spielbank» gewesen als Physiker. Noch zu einer Zeit, als die Quantenmechanik sich längst durchgesetzt und bewährt hatte, erschien ihm der Verzicht auf die strikte Kausalität als ein Irrweg. Zeitlebens hielt er an seinem deterministischen Weltbild fest, gemäss dem, unberührt und unabhängig von einem subjektiven Beobachter, eine objektive Realität existiert.

Mit seiner Weigerung, die Quantenmechanik als vollwertige Theorie anzuerkennen, isolierte sich Einstein in zunehmendem Mass von der naturwissenschaftlichen Forschung seiner Zeit, ohne jedoch seinen Einfluss auf deren Entwicklung völlig zu verlieren. Seine sorgfältig begründeten Einwände zwangen die Vertreter der neuen Physik zu immer schärferen Präzisierungen ihrer Theorien und trugen so dazu bei, die Quantenmechanik auf eine solide Basis zu stellen.

Seit Einsteins Tod hat die quantenmechanische Erklärung des Mikrokosmos aller philosophischen Absurdität zum Trotz im Experiment ihre Brauchbarkeit erwiesen und in vielen Bereichen der Technologie praktische Anwendung gefunden.

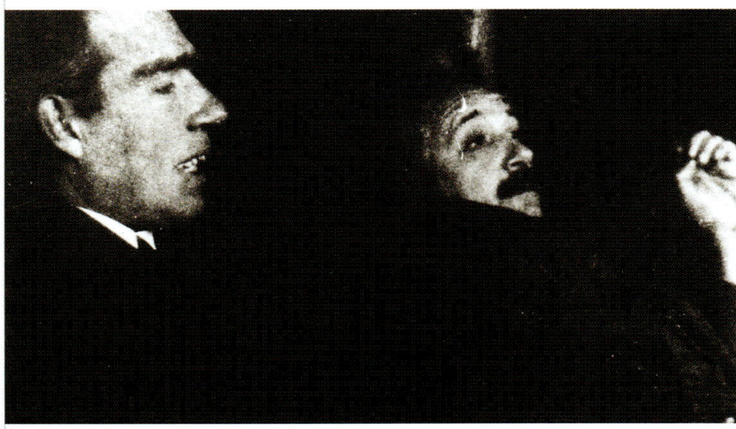

↑ Der dänische Physiker Niels Bohr und Albert Einstein in Paul Ehrenfests Haus, Dezember 1925.

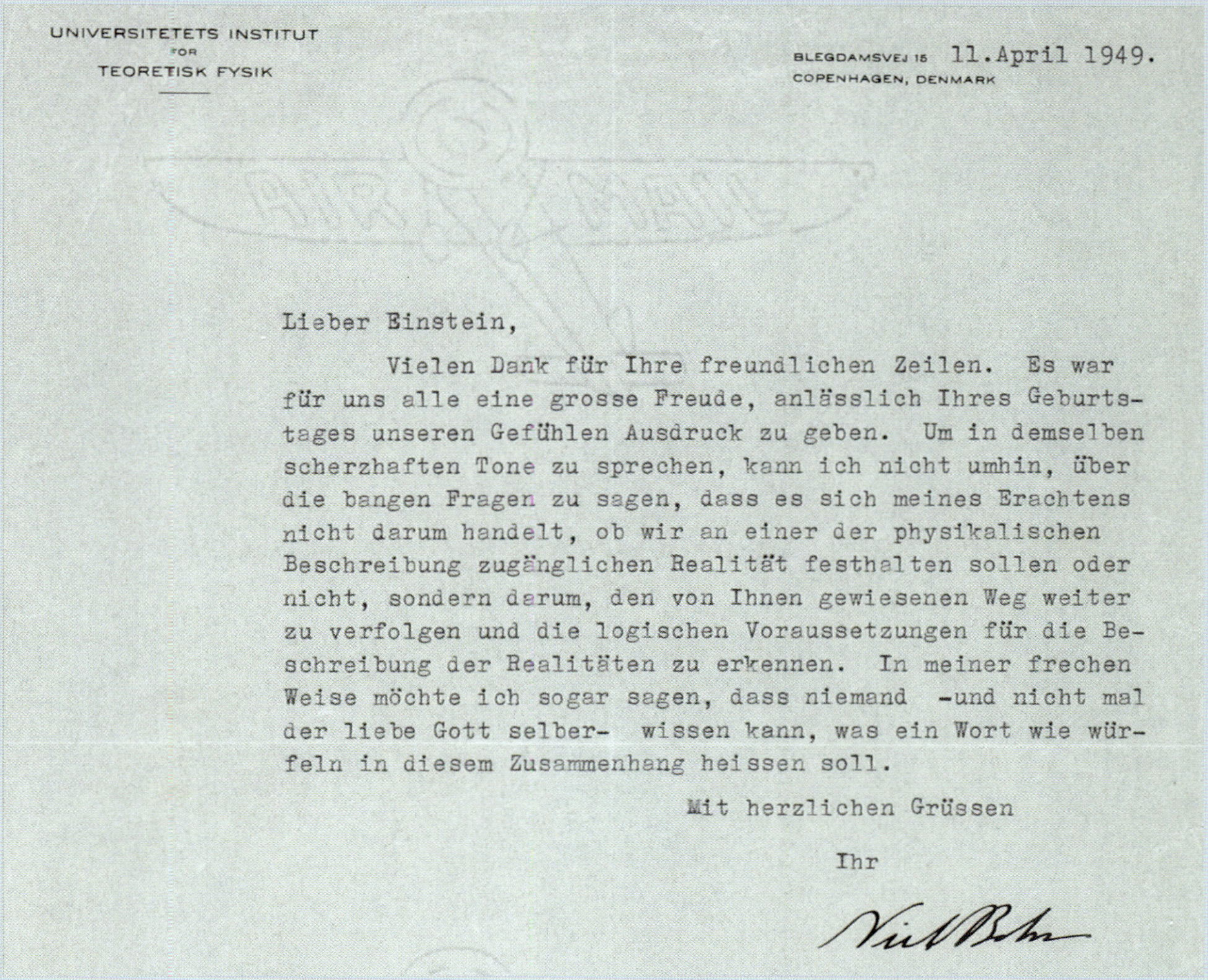

UNIVERSITETETS INSTITUT
FOR
TEORETISK FYSIK

BLEGDAMSVEJ 15 11. April 1949.
COPENHAGEN, DENMARK

Lieber Einstein,

Vielen Dank für Ihre freundlichen Zeilen. Es war für uns alle eine grosse Freude, anlässlich Ihres Geburtstages unseren Gefühlen Ausdruck zu geben. Um in demselben scherzhaften Tone zu sprechen, kann ich nicht umhin, über die bangen Fragen zu sagen, dass es sich meines Erachtens nicht darum handelt, ob wir an einer der physikalischen Beschreibung zugänglichen Realität festhalten sollen oder nicht, sondern darum, den von Ihnen gewiesenen Weg weiter zu verfolgen und die logischen Voraussetzungen für die Beschreibung der Realitäten zu erkennen. In meiner frechen Weise möchte ich sogar sagen, dass niemand -und nicht mal der liebe Gott selber- wissen kann, was ein Wort wie würfeln in diesem Zusammenhang heissen soll.

Mit herzlichen Grüssen

Ihr

Niels Bohr

↑ Brief von Niels Bohr, 11. April 1949. – Bohr dankt Einstein für die freundliche Reaktion auf die Festschrift zu seinem 70. Geburtstag. Die beiden Physiker hatten in den späten 1920er Jahren mit der «Bohr-Einstein-Kontroverse» um das angemessene Verständnis der Quantenmechanik eine der wissenschaftlich wie philosophisch bedeutendsten Debatten des 20. Jahrhunderts geführt.

→ Albert Einstein und Niels Bohr, in einer Aufnahme von Paul Ehrenfest, Dezember 1925.

Prof. Schrödinger
Zürich 6, Huttenstrasse 9

Zürich, am 4. Dezember 1925.

Hochverehrter Herr Professor!

Haben Sie vielen Dank für Ihren freundlichen Brief vom 14. XI., den ich nur deshalb noch nicht beantwortet habe, weil ich Ihnen sogleich die fertige Ausarbeitung (d. h. fertig von meiner Seite) vorlegen wollte, die ich jetzt mit gleicher Post absende.

Sachlich hat sich gegenüber meiner ersten Mitteilung an Sie nur dies geändert, dass man auch mit Beibehaltung des energielosen Zustandsgebietes die gewöhnlichen Gasgesetze bis zu sehr tiefen Temperaturen herab sehr genau gültig bleiben. Die "Entartungstemperatur" wird nur im Verhältnis e:1 grösser und die Entartung erhält den Charakter einer Kondensation, ähnlich wie in Ihrer Theorie der "undulatorischen Moleküle". Gleichwohl lehne ich diese Möglichkeit ab, weil im vorliegenden Fall die letzte Energiestufe makroskopische Grössenordnung bekommt(siehe § 5, Ende).

Ich habe den Autornamen leer gelassen und einige Stellen am Rande rot angestrichen, die rein stilistisch abzuändern wären, wenn Sie mit zeichnen, indem z. B. "ich" durch "der eine von uns" oder durch "wir" zu ersetzen wäre. Daneben werden aber auch Stellen sein, denen Sie vielleicht sachlich nicht ohne weiteres zustimmen, besonders im §1, §6 und §5, Ende, ferner der absolut neutrale Standpunkt, den ich jetzt hinsichtlich der Gewichtszählung (1 oder N!) einnehme. (Nimmt man N! so ist selbstverständlich auch dem abgekühlten Festkörper die Nullpunktsentropie k lg(N!) zuzuschreiben, mit Berufung darauf, dass auch bei der tiefsten Temperatur noch ein, wenn auch noch so kleiner Dampfdruck über dem Körper lagert und dass auf diesem Weg im Lauf der Zeit ein Austausch der Moleküle des Festkörpers sogar wirklich stattfindet.)

↑ Brief von Erwin Schrödinger, 4. Dezember 1925. Dem Briefwechsel zwischen Schrödinger und Einstein kann man entnehmen, welchen Einfluss Letzterer auf die Entwicklung von Schrödingers Wellenmechanik ausübte.

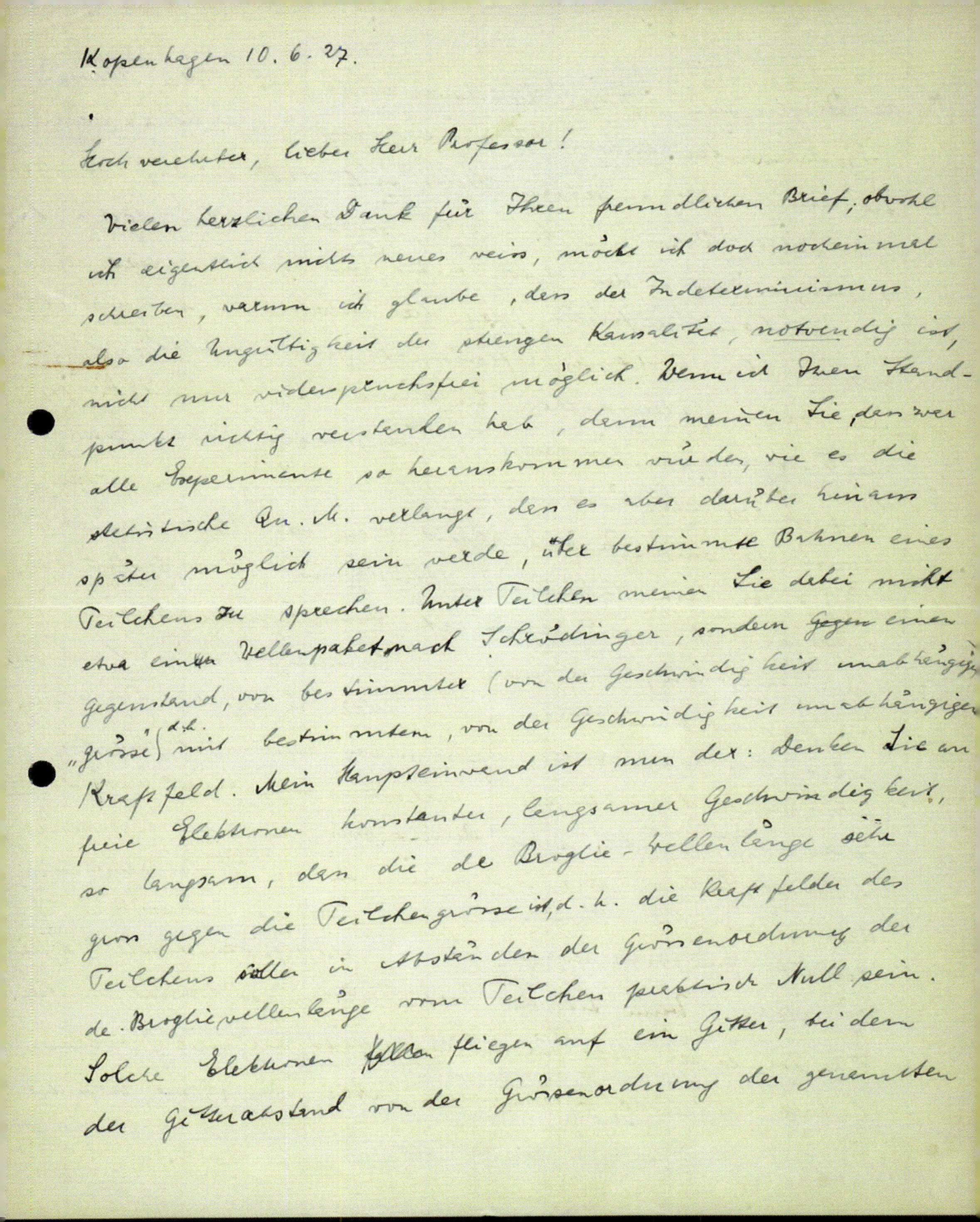

Kopenhagen 10. 6. 27.

Hochverehrter, lieber Herr Professor!

Vielen herzlichen Dank für Ihren freundlichen Brief; obwohl ich eigentlich nichts neues weiss, möcht ich doch nocheinmal schreiben, warum ich glaube, dass der Indeterminismus, also die Ungültigkeit der strengen Kausalität, notwendig ist, nicht nur widerspruchsfrei möglich. Wenn ich Ihren Standpunkt richtig verstanden hab, dann meinen Sie, dass zwar alle Experimente so herauskommen würden, wie es die statistische Qu. M. verlangt, dass es aber darüber hinaus später möglich sein werde, über bestimmte Bahnen eines Teilchens zu sprechen. Unter Teilchen meinen Sie dabei nicht etwa einen Wellenpaket nach Schrödinger, sondern ~~gegen~~ einen Gegenstand, von bestimmter (von der Geschwindigkeit unabhängiger) „Grösse" d.h. mit bestimmtem, von der Geschwindigkeit unabhängigem Kraftfeld. Mein Hauptseinwand ist nun der: Denken Sie an freie Elektronen konstanter, langsamer Geschwindigkeit, so langsam, dass die de Broglie-Wellenlänge sehr gross gegen die Teilchengrösse ist, d.h. die Kraftfelder des Teilchens sollen in Abständen der Grössenordnung der de Broglie-Wellenlänge vom Teilchen praktisch Null sein. Solche Elektronen ~~fallen~~ fliegen auf ein Gitter, bei dem der Gitterabstand von der Grössenordnung der genannten

↑ Brief von Werner Heisenberg, 10. Juni 1927. Der Briefwechsel zwischen Einstein und Heisenberg zeigt die grundlegenden Meinungsunterschiede beider Physiker in Bezug auf die Quantenmechanik und ihren Verzicht auf Kausalität

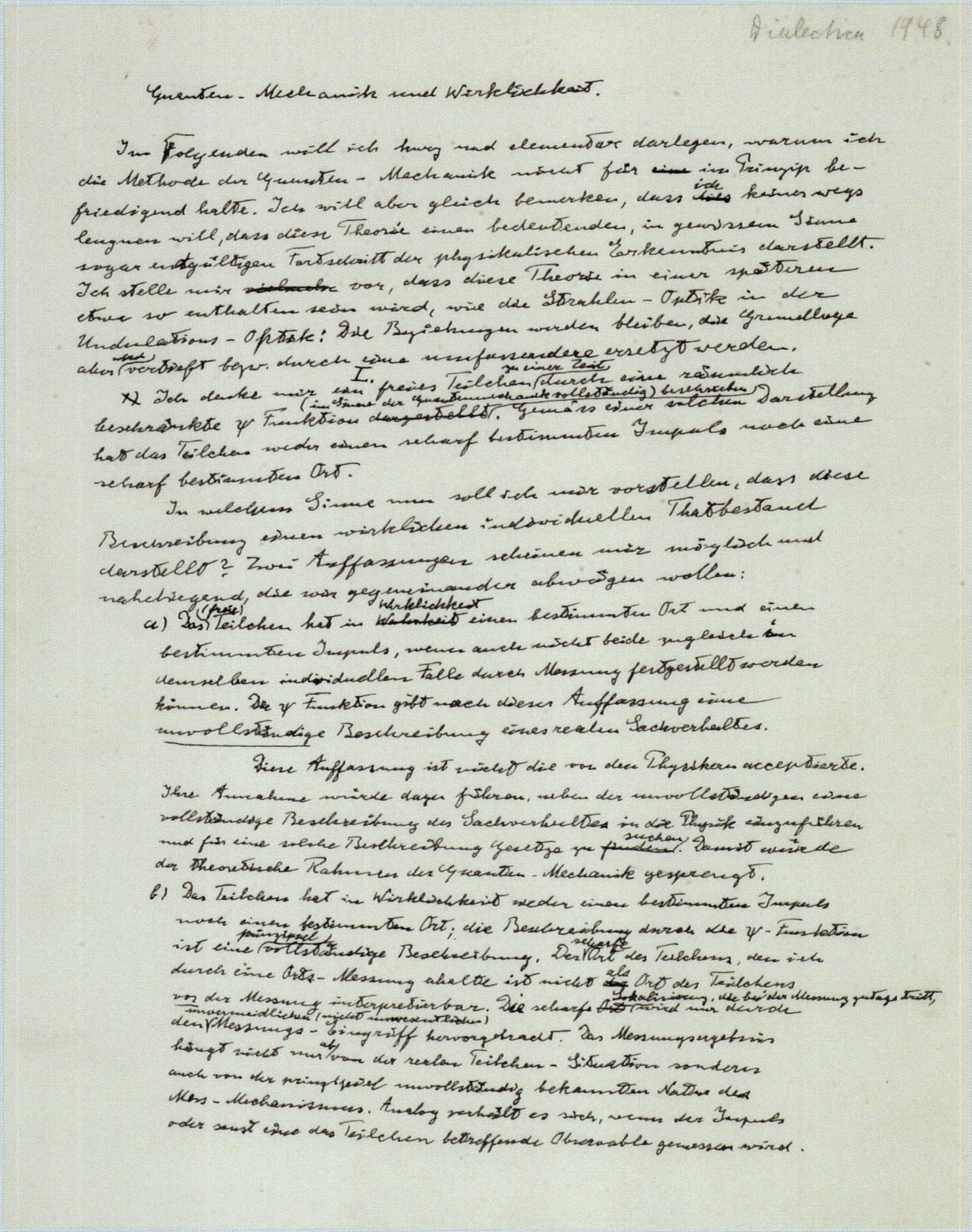

Dialectica 1948

Quanten-Mechanik und Wirklichkeit.

Im Folgenden will ich kurz und elementar darlegen, warum ich die Methode der Quanten-Mechanik nicht für im Prinzip befriedigend halte. Ich will aber gleich bemerken, dass ich keineswegs leugnen will, dass diese Theorie einen bedeutenden, in gewissem Sinne sogar endgültigen Fortschritt der physikalischen Erkenntnis darstellt. Ich stelle mir vor, dass diese Theorie in einer späteren etwa so enthalten sein wird, wie die Strahlen-Optik in der Undulations-Optik: Die Beziehungen werden bleiben, die Grundlage aber vertieft bezw. durch eine umfassendere ersetzt werden.

I. Ich denke mir ein freies Teilchen, zu einer Zeit durch eine räumlich beschränkte ψ-Funktion (im Sinne der Quantenmechanik vollständig) beschrieben. Gemäss einer solchen Darstellung hat das Teilchen weder einen scharf bestimmten Impuls noch einen scharf bestimmten Ort.

In welchem Sinne nun soll ich mir vorstellen, dass diese Beschreibung einen wirklichen individuellen Thatbestand darstellt? Zwei Auffassungen scheinen mir möglich und naheliegend, die wir gegeneinander abwägen wollen:

a) Das (freie) Teilchen hat in Wirklichkeit einen bestimmten Ort und einen bestimmten Impuls, wenn auch nicht beide zugleich in demselben individuellen Falle durch Messung festgestellt werden können. Die ψ-Funktion gibt nach dieser Auffassung eine unvollständige Beschreibung eines realen Sachverhaltes.

Diese Auffassung ist nicht die von den Physikern acceptierte. Ihre Annahme würde dazu führen, neben der unvollständigen eine vollständige Beschreibung des Sachverhaltes in die Physik einzuführen und für eine solche Beschreibung Gesetze zu suchen. Damit würde der theoretische Rahmen der Quanten-Mechanik gesprengt.

b) Das Teilchen hat in Wirklichkeit weder einen bestimmten Impuls noch einen bestimmten Ort; die Beschreibung durch die ψ-Funktion ist eine prinzipiell vollständige Beschreibung. Der scharfe Ort des Teilchens, den ich durch eine Orts-Messung erhalte, ist nicht als Ort des Teilchens vor der Messung interpretierbar. Die scharfe Lokalisierung, die bei der Messung zutage tritt, wird nur durch den unvermeidlichen (nicht unwesentlichen) Messungs-Eingriff hervorgebracht. Das Messungsergebnis hängt nicht nur von der realen Teilchen-Situation sondern auch von der prinzipiell unvollständig bekannten Natur des Mess-Mechanismus ab. Analog verhält es sich, wenn der Impuls oder sonst eine das Teilchen betreffende Observable gemessen wird.

↑ «Quanten-Mechanik und Wirklichkeit», veröffentlicht in «Dialectica» 1948. – In diesem Artikel rechtfertigt Einstein seine ablehnende Haltung gegenüber der Quantenmechanik, erkennt aber deren Bedeutung für die Entwicklung der modernen Physik an.

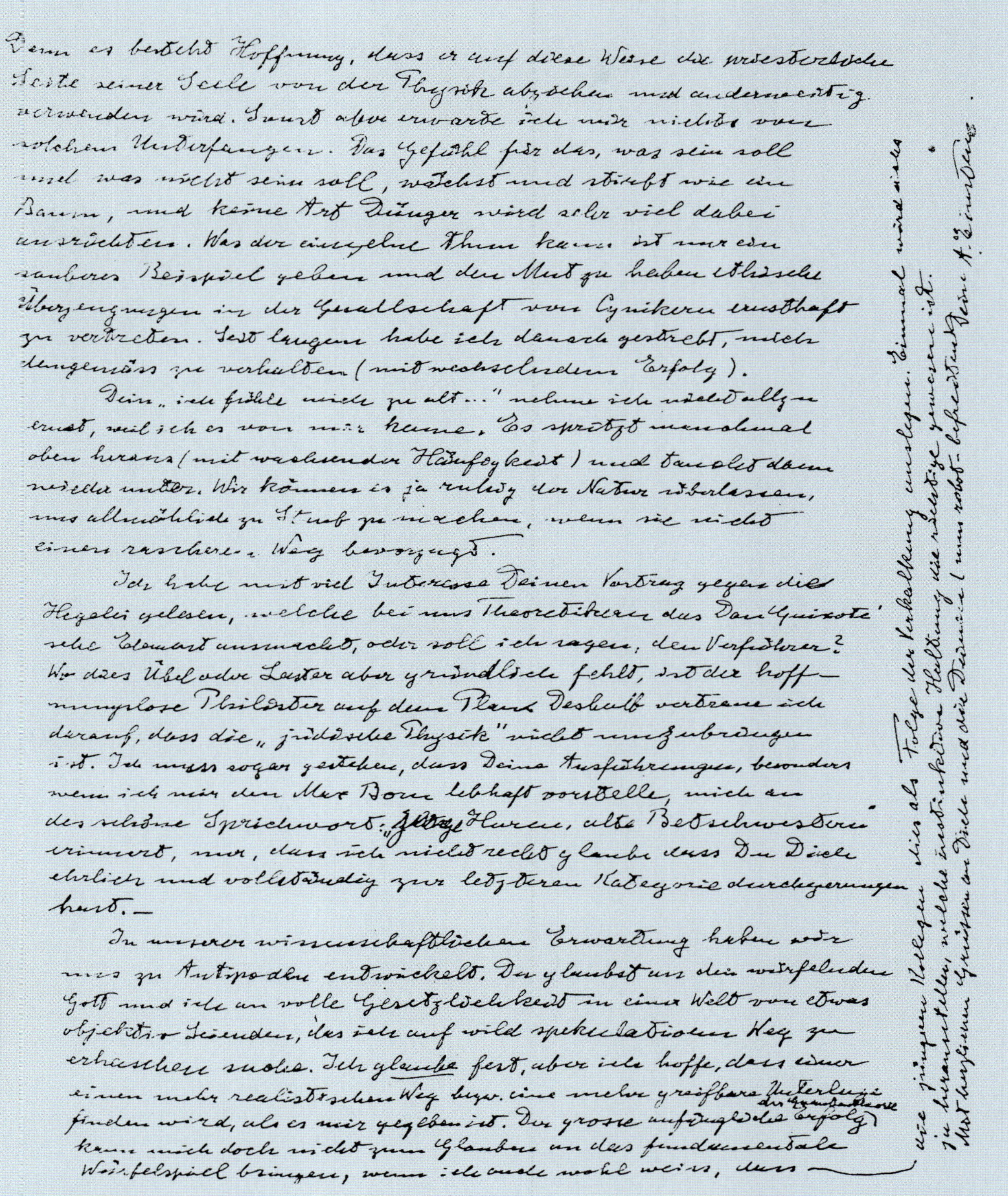

Denn es besteht Hoffnung, dass er auf diese Weise die wesentliche Seite seiner Seele von der Physik abziehen und anderweitig verwenden wird. Sonst aber erwarte ich mir nichts von solchem Unterfangen. Das Gefühl für das, was sein soll und was nicht sein soll, wächst und stirbt wie ein Baum, und keine Art Dünger wird sehr viel dabei ausrichten. Was der einzelne Mensch kann, ist nur ein sauberes Beispiel geben und den Mut zu haben ethische Überzeugungen in der Gesellschaft von Zynikern ernsthaft zu vertreten. Seit langem habe ich danach gestrebt, mich demgemäss zu verhalten (mit wechselndem Erfolg).

Dein „ich fühle mich zu alt…" nehme ich nicht allzu ernst, weil ich es von mir kenne. Es spritzt manchmal oben heraus (mit wachsender Häufigkeit) und taucht dann wieder unter. Wir können es ja ruhig der Natur überlassen, uns allmählich zu Staub zu machen, wenn sie nicht einen rascheren Weg bevorzugt.

Ich habe mit viel Interesse Deinen Vortrag gegen die Hegelei gelesen, welche bei uns Theoretikern das Don Quixote'sche Element ausmacht, oder soll ich sagen, den Verführer? Wo dies Übel oder Laster aber gründlich fehlt, ist der hoffnungslose Philister auf dem Plan. Deshalb vertraue ich darauf, dass die „jüdische Physik" nicht umzubringen ist. Ich muss sogar gestehen, dass Deine Ausführungen, besonders wenn ich mir den Max Born lebhaft vorstelle, mich an das schöne Sprichwort: „Junge Huren, alte Betschwestern" erinnert, nur, dass ich nicht recht glaube, dass Du Dich ehrlich und vollständig zur letzteren Kategorie durchgerungen hast. —

In unserer wissenschaftlichen Erwartung haben wir uns zu Antipoden entwickelt. Du glaubst an den würfelnden Gott und ich an volle Gesetzlichkeit in einer Welt von etwas objektiv Seiendem, das ich auf wild spekulativem Weg zu erhaschen suche. Ich glaube fest, aber ich hoffe, dass einer einen mehr realistischen Weg bezw. eine mehr greifbare Unterlage finden wird, als es mir gegeben ist. Der grosse anfängliche Erfolg der Quantentheorie kann mich doch nicht zum Glauben an das fundamentale Würfelspiel bringen, wenn ich auch wohl weiss, dass —

die jungen Kollegen dies als Folge der Verkalkung auslegen. Einmal wird sich's ja herausstellen, welche instinktive Haltung die richtige gewesen ist.
Mit herzlichen Grüssen an Dich und die Deinen (uns wohl-befreundeten) Dein A. Einstein.

↑ Aus einem Brief an Max Born, 7. September 1944. – Immer wieder hat Einstein betont, dass er nicht an das Zufallsprinzip in der Physik glauben könne und überzeugt sei, «dass Gott nicht würfelt».

DIE EINHEITLICHE FELDTHEORIE

Die einheitliche Feldtheorie, der Einstein die längste Zeit seines Lebens widmete, hätte die Welt in einer einzigen Formel erklären sollen. Obwohl ihm dieser Erfolg versagt blieb, waren es alles andere als vergeudete Jahre.

Zu Beginn der 1930er Jahre trug sich Einstein mit dem Gedanken, nur noch sechs Monate pro Jahr in Berlin und Caputh zu verbringen, um während der verbleibenden Zeit am neu gegründeten Institute for Advanced Study in Princeton seiner Forschung nachgehen zu können. Als die Nazis im Januar 1933 an die Macht kamen, befand sich Einstein – wie in den vorangegangenen Wintersemestern – in Amerika. Er kehrte zwar nach Europa zurück, nicht aber nach Deutschland. Nach einem Sommer in Belgien und England beschloss er, sich dauerhaft in Princeton niederzulassen und die angebotene Lebensstellung am dortigen Institut anzunehmen.

1945 zog er sich offiziell in den Ruhestand zurück. Das hinderte ihn aber nicht daran, seine Arbeit am Institut bis kurz vor seinem Tod im Jahr 1955 fortzusetzen. Während der letzten dreissig Jahre seines Lebens war Einsteins wissenschaftliches Interesse vor allem darauf gerichtet, eine einheitliche Feldtheorie zu entwickeln, die Gravitation und Elektromagnetismus in einem einzigen mathematischen Theoriengebäude vereinen sollte. Er hoffte, damit überwinden zu können, was er als einen beunruhigenden Mangel der Quantentheorie ansah: dass es ihr unmöglich war, die Welt anders als durch «Wahrscheinlichkeiten» zu beschreiben. Im Laufe der Jahre präsentierte Einstein verschiedene mathematische Ansätze einer einheitlichen Feldtheorie. Jedes Mal überzeugt, sich auf dem richtigen Weg zu befinden, war er bald wieder der erste, der die Fehler der neuen Variante entdeckte. Seine bedeutendsten Entwürfe hierzu veröffentlichte er 1923, 1925, 1929, 1931 und 1950.

Die Suche nach der «Weltformel» nahm Einstein über einen grösseren Zeitraum in Anspruch als jede andere Aktivität. Obgleich er sich schon früh eingestehen musste, dass der Erfolg ihm versagt bleiben könnte, blieb er zuversichtlich, dass eines Tages ein anderer Forscher die Lösung des Problems finden würde. Heute gelten diese Jahre in Einsteins Physikerleben nicht mehr als verloren; man glaubt viel eher, dass Einstein seiner Zeit um ein oder zwei Generationen voraus war. Als Einstein begann, sich mit einer einheitlichen Feldtheorie zu befassen, waren nur zwei physikalische Kräfte bekannt: die Schwerkraft und der Elektromagnetismus. Seither sind zwei weitere, nukleare Kräfte entdeckt worden: die starken und die schwachen nuklearen Wechselwirkungen. Elektromagnetismus sowie starke und schwache Kraft können durch die Quantenphysik erklärt werden, die Schwerkraft hingegen nicht.

↑ Einstein in seinem Arbeitszimmer in Princeton, 1938.

Gegenwärtig arbeiten Physiker an der Entwicklung einer Quantentheorie der Gravitation als Vorläufer einer umfassenden Theorie, die sämtliche bekannten Kräfte und Bereiche der Physik in einer einzigen Matrix von Formeln zusammenfassen soll. Diese fortdauernde Suche nach der «Weltformel» kann man als das bedeutendste Vermächtnis Einsteins an die Wissenschaft betrachten.

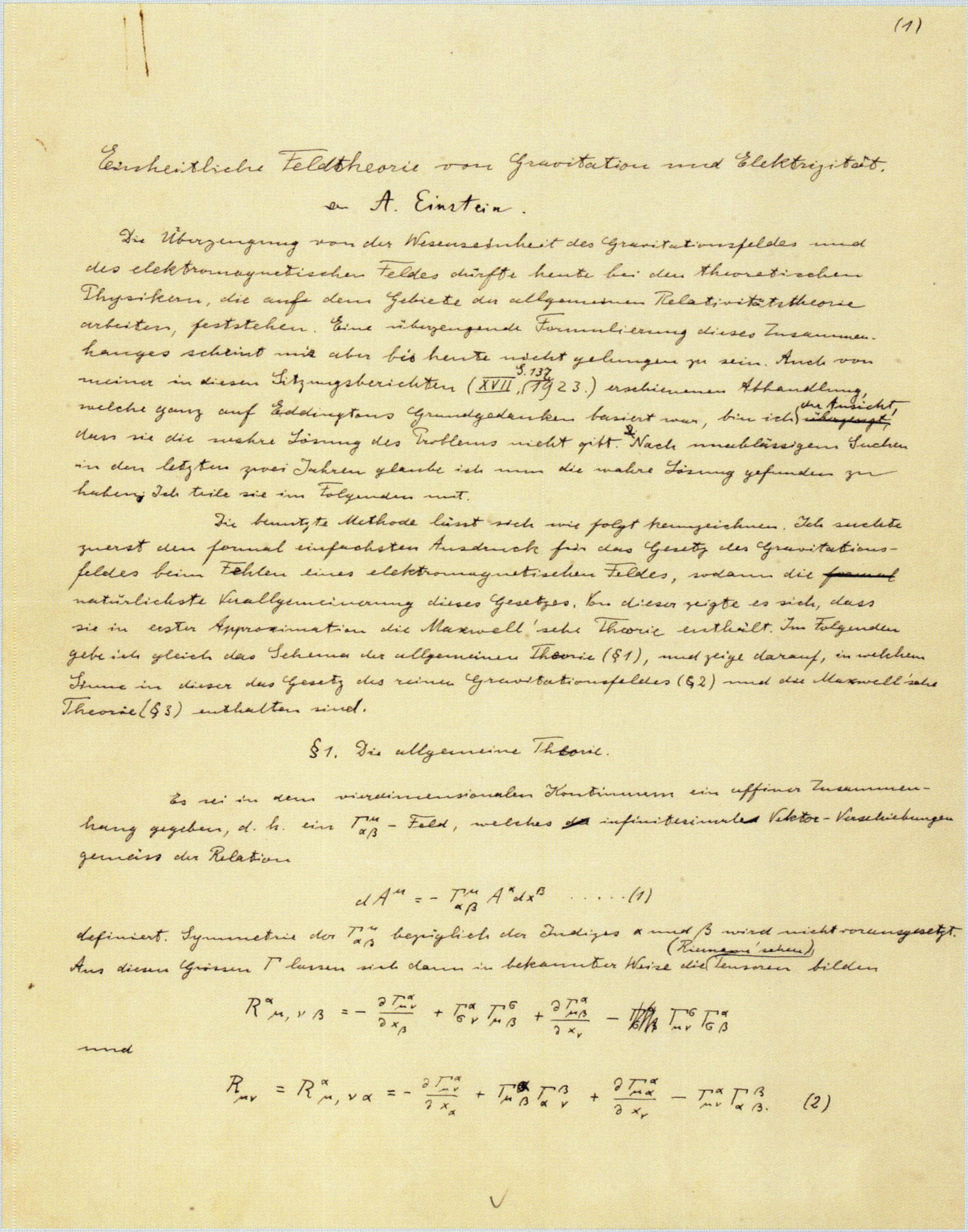
(1)

Einheitliche Feldtheorie von Gravitation und Elektrizität.

von A. Einstein.

Die Überzeugung von der Wesenseinheit des Gravitationsfeldes und des elektromagnetischen Feldes dürfte heute bei den theoretischen Physikern, die auf dem Gebiete der allgemeinen Relativitätstheorie arbeiten, feststehen. Eine überzeugende Formulierung dieses Zusammenhanges scheint mir aber bis heute nicht gelungen zu sein. Auch von meiner in diesen Sitzungsberichten (XVII, S. 137, 1923.) erschienenen Abhandlung, welche ganz auf Eddingtons Grundgedanken basiert war, bin ich ~~überzeugt~~ der Ansicht, dass sie die wahre Lösung des Problems nicht gibt. Nach unablässigem Suchen in den letzten zwei Jahren glaube ich nun die wahre Lösung gefunden zu haben. Ich teile sie im Folgenden mit.

Die benutzte Methode lässt sich wie folgt kennzeichnen. Ich suchte zuerst den formal einfachsten Ausdruck für das Gesetz des Gravitationsfeldes beim Fehlen eines elektromagnetischen Feldes, sodann die ~~formal~~ natürlichste Verallgemeinerung dieses Gesetzes. Bei dieser zeigte es sich, dass sie in erster Approximation die Maxwell'sche Theorie enthält. Im Folgenden gebe ich gleich das Schema der allgemeinen Theorie (§1), und zeige darauf, in welchem Sinne in dieser das Gesetz des reinen Gravitationsfeldes (§2) und die Maxwell'sche Theorie (§3) enthalten sind.

§1. Die allgemeine Theorie.

Es sei in dem vierdimensionalen Kontinuum ein affiner Zusammenhang gegeben, d. h. ein $\Gamma^{\mu}_{\alpha\beta}$ - Feld, welches infinitesimale Vektor-Verschiebungen gemäss der Relation

$$dA^{\mu} = - \Gamma^{\mu}_{\alpha\beta} A^{\alpha} dx^{\beta} \quad \ldots\ldots (1)$$

definiert. Symmetrie der $\Gamma^{\mu}_{\alpha\beta}$ bezüglich der Indizes α und β wird nicht vorausgesetzt. Aus diesen Grössen Γ lassen sich dann in bekannter Weise die (Riemann'schen) Tensoren bilden

$$R^{\alpha}_{\mu,\nu\beta} = - \frac{\partial \Gamma^{\alpha}_{\mu\nu}}{\partial x_{\beta}} + \Gamma^{\alpha}_{\sigma\nu} \Gamma^{\sigma}_{\mu\beta} + \frac{\partial \Gamma^{\alpha}_{\mu\beta}}{\partial x_{\nu}} - \Gamma^{\sigma}_{\mu\nu} \Gamma^{\alpha}_{\sigma\beta}$$

und

$$R_{\mu\nu} = R^{\alpha}_{\mu,\nu\alpha} = - \frac{\partial \Gamma^{\alpha}_{\mu\nu}}{\partial x_{\alpha}} + \Gamma^{\alpha}_{\mu\beta} \Gamma^{\beta}_{\alpha\nu} + \frac{\partial \Gamma^{\alpha}_{\mu\alpha}}{\partial x_{\nu}} - \Gamma^{\alpha}_{\mu\nu} \Gamma^{\beta}_{\alpha\beta}. \quad (2)$$

«Einheitliche Feldtheorie von Gravitation und Elektrizität.» Dieser Aufsatz ist einer von mehreren Versuchen, eine Theorie zu entwickeln, die alle physikalischen Kräfte umfasst. Er wurde 1925 in den «Sitzungsberichten der Preussischen Akademie der Wissenschaften» publiziert.

↑ Albert Einstein mit seinem Assistenten Peter G. Bergmann im Arbeitszimmer am Institute for Advanced Study, 2. Oktober 1940.

↑ Albert Einstein in seinem Arbeitszimmer, Princeton 1945.

← Lou Grant: «Das kosmische Genie bei der Arbeit».

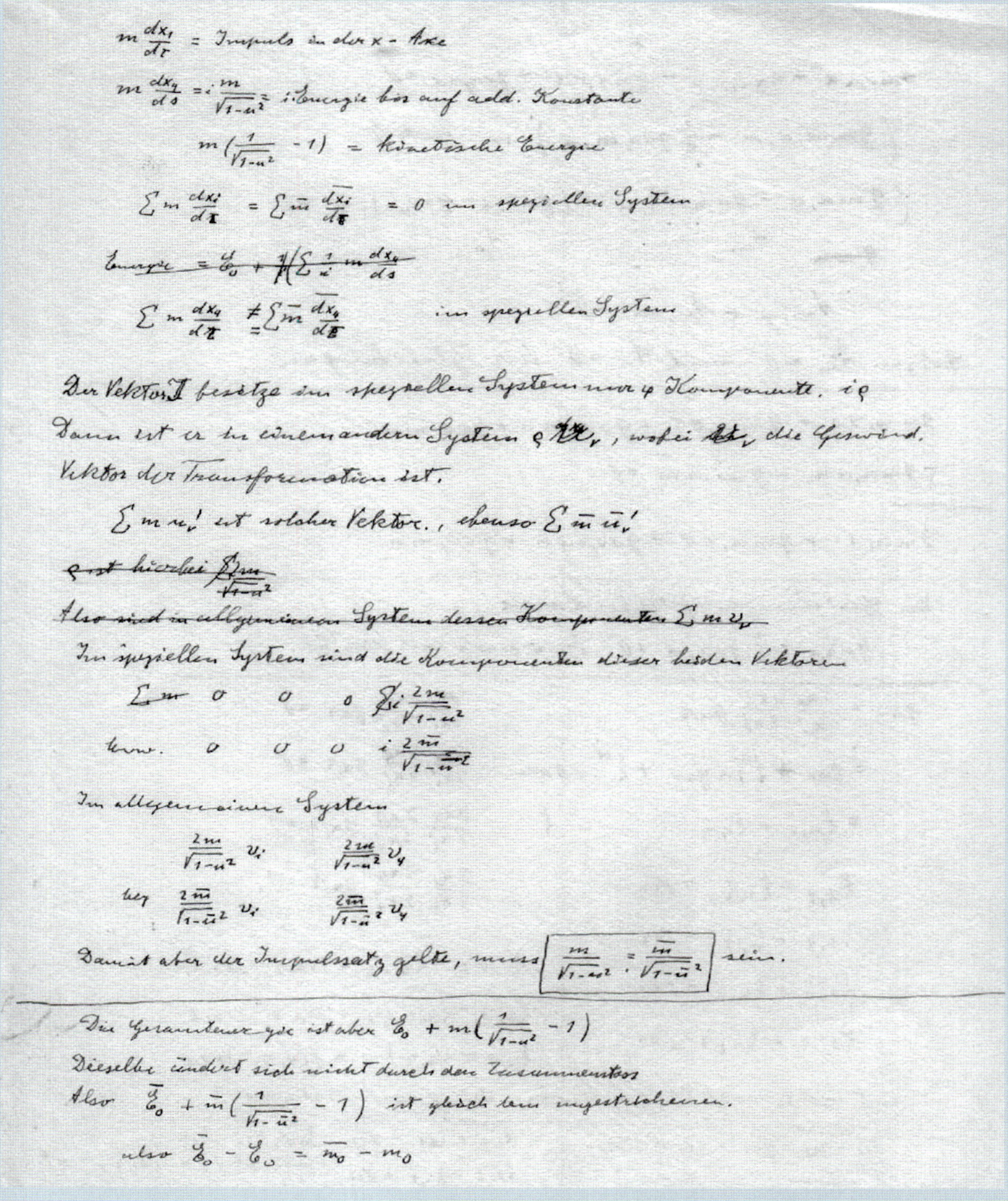

$m\frac{dx_1}{d\tau}$ = Impuls in der x-Axe

$m\frac{dx_4}{ds} = i\frac{m}{\sqrt{1-u^2}}$ = i Energie bis auf add. Konstante

$m\left(\frac{1}{\sqrt{1-u^2}} - 1\right)$ = Kinetische Energie

$\sum m\frac{dx_i}{d\tau} = \sum \bar{m}\frac{d\bar{x}_i}{d\bar{\tau}} = 0$ im speziellen System

~~Energie $= \mathcal{E}_0 + \frac{1}{i}\left(\sum \frac{1}{i} m\frac{dx_4}{ds}\right)$~~

$\sum m\frac{dx_4}{d\tau} \neq \sum \bar{m}\frac{d\bar{x}_4}{d\bar{\tau}}$ im speziellen System

Der Vektor $\mathfrak{T}$ besitze im speziellen System nur 4 Komponente. $i\varrho$

Dann ist er in einem andern System $\varrho\,\mathfrak{u}_\nu$, wobei $\mathfrak{u}_\nu$ der Geschwind. Vektor der Transformation ist.

$\sum m u_\nu'$ ist solcher Vektor., ebenso $\sum \bar{m}\bar{u}_\nu'$

~~ϱ ist hierbei $\sum \frac{m}{\sqrt{1-u^2}}$~~

~~Also sind im allgemeinen System dessen Komponenten $\sum m v_\nu$~~

Im speziellen System sind die Komponenten dieser beiden Vektoren

$\sum m \quad 0 \quad 0 \quad 0 \quad \sum i\frac{2m}{\sqrt{1-u^2}}$

bzw. $\quad 0 \quad 0 \quad 0 \quad i\frac{2\bar{m}}{\sqrt{1-\bar{u}^2}}$

Im allgemeinen System

$\frac{2m}{\sqrt{1-u^2}}v_i \qquad \frac{2m}{\sqrt{1-u^2}}v_4$

bzw. $\frac{2\bar{m}}{\sqrt{1-\bar{u}^2}}v_i \qquad \frac{2\bar{m}}{\sqrt{1-\bar{u}^2}}v_4$

Damit aber der Impulssatz gelte, muss $\boxed{\frac{m}{\sqrt{1-u^2}} = \frac{\bar{m}}{\sqrt{1-\bar{u}^2}}}$ sein.

Die Gesamtenergie ist aber $\mathcal{E}_0 + m\left(\frac{1}{\sqrt{1-u^2}} - 1\right)$

Dieselbe ändert sich nicht durch den Zusammenstoss

Also $\bar{\mathcal{E}}_0 + \bar{m}\left(\frac{1}{\sqrt{1-\bar{u}^2}} - 1\right)$ ist gleich dem ungestrichenen.

also $\bar{\mathcal{E}}_0 - \mathcal{E}_0 = \bar{m}_0 - m_0$

↑ Diese Berechnungen aus den 1950er Jahren sind Teil von Einsteins Entwürfen für eine einheitliche Feldtheorie, die viele Hunderte von Blättern umfassen.

→ Albert Einstein und Botschafter L. Douglas bei der Zweihundertjahr-Feier der Princeton University, 1946.

→ Einsteins Schreibtisch, so wie er ihn an seinem letzten Arbeitstag verlassen hatte, 1955.

← Albert Einstein mit den beiden Assistenten Valentin Bargmann und Peter G. Bergmann, Princeton, 2. Oktober 1940.

VON DER VERANTWORTUNG DES WISSENSCHAFTLERS IN DER GESELLSCHAFT

Freiheit und Unabhängigkeit sind für Einstein immer zentrale Werte gewesen. Seine Berühmtheit als Wissenschaftler hat er stets auch dazu genutzt, sich als moralische Instanz öffentlich Gehör zu verschaffen. Er lässt keinen Zweifel daran, dass die Freiheit der Wissenschaft nicht zu trennen ist von der Verantwortung des Wissenschaftlers für die möglichen Folgen seiner Erkenntnis.

Einer der Hauptbeweggründe Einsteins, sich für eine wissenschaftliche Laufbahn zu entscheiden, war – wie er schon in jungen Jahren äusserte – die Unabhängigkeit, die er sich von einem Leben als Forscher erhoffte. Forschung war für ihn das Streben nach Erkenntnis der Wahrheit, die der Welt zugrunde liegt, und er war zutiefst überzeugt vom unveräusserlichen Recht des Wissenschaftlers auf unabhängiges Denken, Forschen und Handeln. Deshalb forderte er freien Zugang zu jeder gewünschten Information und die Möglichkeit, Arbeitsergebnisse im Kollegenkreis ungehindert auszutauschen. Nach Einsteins Überzeugung steht es weder dem Staat noch der Gesellschaft zu, die Freiheit der wissenschaftlichen Forschung einzuschränken.

Dass diese Freiheit in wachsendem Mass bedroht war, konnte er spätestens zum Zeitpunkt der nationalsozialistischen Machtübernahme in Deutschland nicht mehr übersehen und zog seine Konsequenzen. Ein Jahrzehnt später musste er eine ähnliche Erfahrung in den Vereinigten Staaten machen, wo der Kalte Krieg in einen Kreuzzug gegen jene Bürger gemündet war, die man «unamerikanischer» und kommunistischer Umtriebe verdächtigte. Als Antwort auf den Gesinnungsterror unter Senator McCarthy hielt Einstein es für notwendig, seine Mitbürger an ihre gesellschaftliche Verantwortung zu erinnern.

Er gab deutlich zu verstehen, dass der Wissenschaftler seiner Ansicht nach nicht abgehoben von der Gesellschaft in einem Elfenbeinturm lebe und deshalb verpflichtet sei, mögliche gesellschaftliche Folgen des eigenen Wirkens im Voraus zu erkennen. Unter dem Eindruck der Vorwürfe, die ihn nach dem Abwurf der Atombombe getroffen hatten, betonte er, dass ein Wissenschaftler unbedingt verhindern müsse, dass die Früchte seiner Arbeit zu Zwecken missbraucht würden, die seinen Wertvorstellungen widersprächen. Selbst unter der Gefahr, den Arbeitsplatz einzubüssen, sei es in solch einem Fall seine moralische Pflicht, jegliche Mitarbeit zu verweigern.

Eindringlich wies Einstein auch darauf hin, dass der technische Fortschritt, den neue Erkenntnisse in den theoretischen Wissenschaften möglich machen, die Lage der Menschheit ebenso zu verbessern wie auch ihren Untergang herbeizuführen vermag. In der Verantwortung und in der Hand der Wissenschaftler liege es, die Gesellschaft über Bedeutung und Auswirkungen der wissenschaftlichen Erkenntnisse aufzuklären. Die Gesellschaft selbst aber müsse entscheiden, welche Wahl sie treffen wolle.

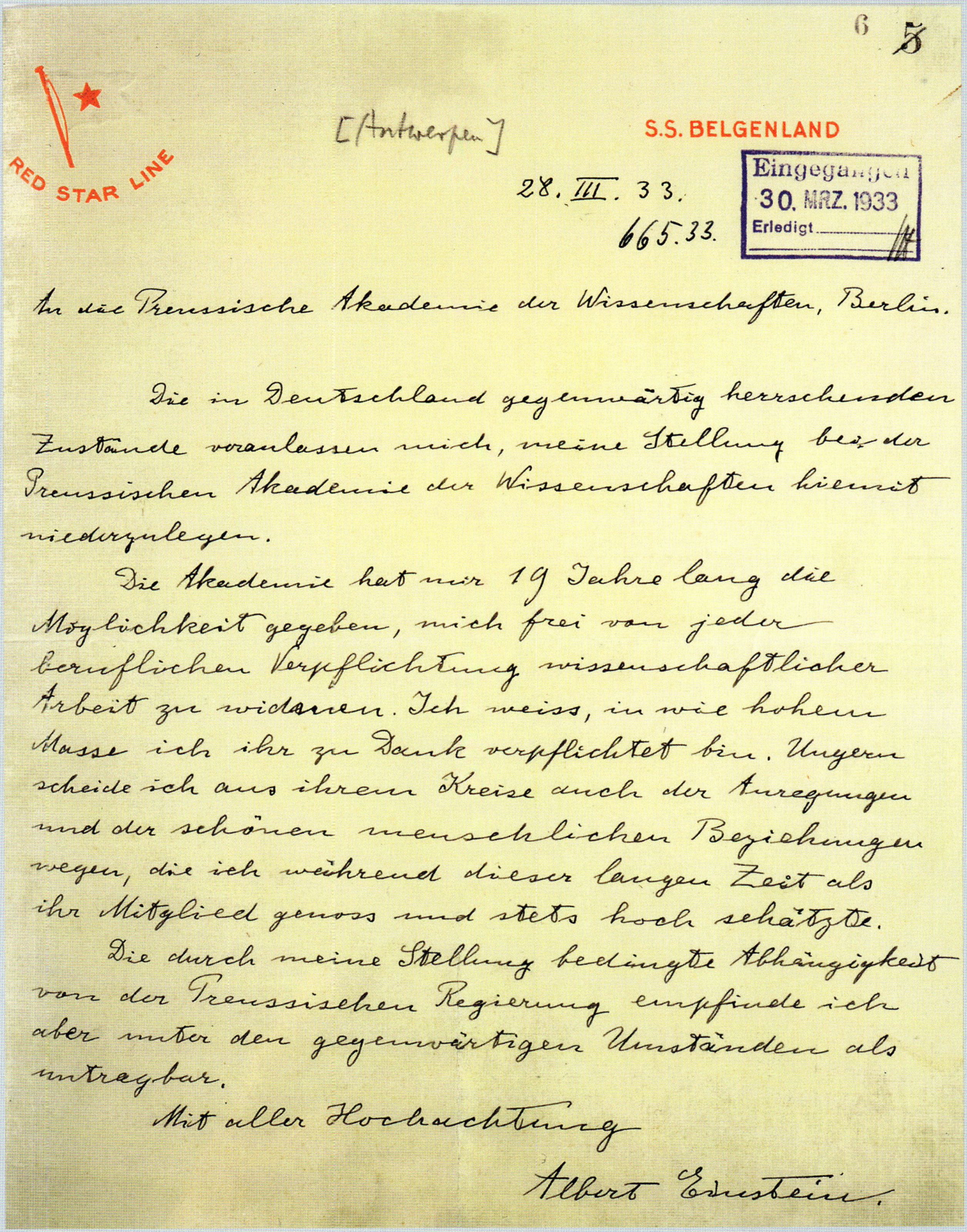

6 ~~5~~

RED STAR LINE

S.S. BELGENLAND

[Antwerpen]

28. III. 33.

665.33.

Eingegangen 30. MRZ. 1933 Erledigt

An die Preussische Akademie der Wissenschaften, Berlin.

Die in Deutschland gegenwärtig herrschenden Zustände veranlassen mich, meine Stellung bei der Preussischen Akademie der Wissenschaften hiemit niederzulegen.

Die Akademie hat mir 19 Jahre lang die Möglichkeit gegeben, mich frei von jeder beruflichen Verpflichtung wissenschaftlicher Arbeit zu widmen. Ich weiss, in wie hohem Masse ich ihr zu Dank verpflichtet bin. Ungern scheide ich aus ihrem Kreise auch der Anregungen und der schönen menschlichen Beziehungen wegen, die ich während dieser langen Zeit als ihr Mitglied genoss und stets hoch schätzte.

Die durch meine Stellung bedingte Abhängigkeit von der Preussischen Regierung empfinde ich aber unter den gegenwärtigen Umständen als untragbar.

Mit aller Hochachtung

Albert Einstein.

↑ Noch auf dem Weg nach Europa formulierte Einstein sein Rücktrittsschreiben an die Preussische Akademie der Wissenschaften, 28. März 1933.

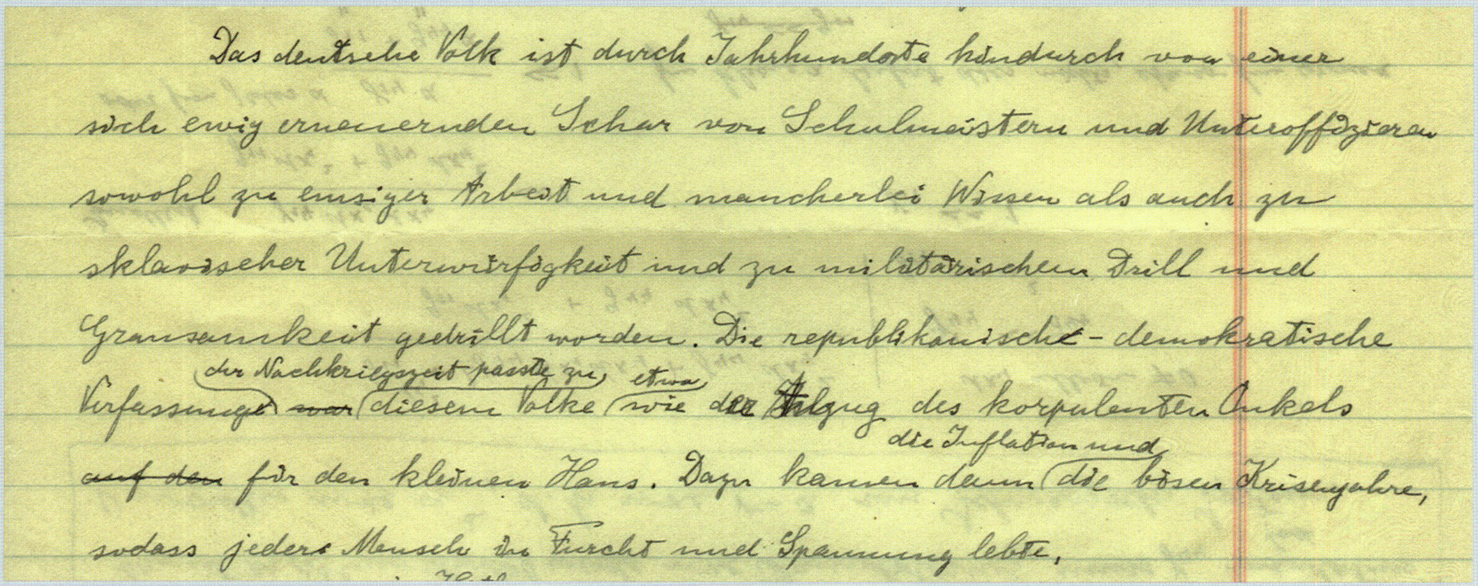

Das deutsche Volk ist durch Jahrhunderte hindurch von einer sich ewig erneuernden Schar von Schulmeistern und Unteroffizieren sowohl zu emsiger Arbeit und mancherlei Wissen als auch zu sklavischer Unterwürfigkeit und zu militärischem Drill und Grausamkeit gedrillt worden. Die republikanische-demokratische Verfassung ~~von~~ der Nachkriegszeit passte zu diesem Volke etwa wie der Anzug des korpulenten Onkels ~~auf den~~ für den kleinen Hans. Dazu kamen dann die Inflation und die bösen Krisenjahre, sodass jeder in Furcht und Spannung lebte.

↑ Ein wenig schmeichelhaftes Urteil über die Deutschen, 1935.

«Solange mir eine Möglichkeit offen steht, werde ich mich nur in einem Land aufhalten, in dem politische Freiheit, Toleranz und Gleichheit aller Bürger vor dem Gesetz herrschen. Zur politischen Freiheit gehört die Freiheit der mündlichen und schriftlichen Äusserung politischer Überzeugung, zur Toleranz die Achtung vor jeglicher Überzeugung eines Individuums. Diese Bedingungen sind gegenwärtig in Deutschland nicht erfüllt.»

← Aus «Bekenntnis», März 1933.

→ Rede an die Studenten am California Institute of Technology, Pasadena, 16. Februar 1931.

s.Einstein on Peace, p 122, Ch.4 "Friede" p 138 16. Febr. 1931

Rede an die Studenten in Pasadena! (Cal. Tech)

Liebe junge Freunde!

Ich freue mich, Sie vor mir zu sehen, eine blühende Schar junger Menschen, die sich die Technik zum Lebensberuf erkoren haben.

Ich könnte ein Jubellied singen mit dem Refrain: Wie herrlich weit habenx wirs gebracht, und Ihr werdet es noch ungeheuer viel weiter bringen. Sind wir doch im Jahrhundert und dazu im Vaterlande der Technik.

Aber es liegt mir ferne so zu sprechen. Vielmehr fällt mir dabei jener Mann ein, der eine nicht sehr anziehende Frau geheiratet hat und gefragt wird, ob er glücklich sei. Er antwortete nämlich so: "Wenn ich die Wahrheit sagen wollte, müsste ich lügen".

So geht es auch mir. Seht Euch einmal einen recht unzivilisierten Indianer daraufhin an, ob sein Erleben weniger reich und froh sei als das des zivilisierten Durchschnittsmenschen! Ich glaube kaum. Es liegt ein tiefer Sinn darin, dass die Jugend aller zivilisierten Länder mit Vorliebe "Indianer spielt".

Warum beglückt uns so wenig die herrliche, das Leben erleichternde Arbeit ersparende Technick? Die einfache Antwort lautet: weil wir noch nicht gelernt haben, einen vernünftigen Gebrauch von ihr zu machen.

Im Kriege dient sie dazu, dass wir uns gegenseitig vergiften oder verstümmeln. Im Frieden hat sie unser Leben hastig und unsicher gestaltet. Statt uns weitgehend von geisttötender Arbeit zu befreien, hat sie die Menschen zu Sklaven der Maschine gemacht, die meist mit Unlust ihr eintöniges, langes Tagewerk vollbringen und stets um ihr armseliges Brot zittern müssen.

Ein hässliches Lied singt uns der alte Mann, werdet Ihr denken. Ich tue es aber in einer guten Absicht, indem ich Euch eine Konsequenz nahelegen möchte.

Es genügt nicht, dass Ihr etwas von Technik verstehet, wenn Eure Arbeit den Menschen einst zum Segen gereichen soll. Die Sorge um die Menschen und ihr Schicksal muss stets das Hauptinteresse allen technischen Strebens bilden, die grossen ungelösten Fragen der Organisation der Arbeit und der Güterverteilung, damit die Erzeugnisse unseres Geistes dem Menschengeschlecht zum Segen gereichen und nicht zum Fluche.

Vergesst dies nie über Euren Zeichnungen und Gleichungen.

Nun mag man sagen, dass der so skizzierte wissenschaftliche Mensch nichts weiter sei als eine blosse Abstraktion, die man in dieser Welt nicht in Fleisch und Blut vorfindet, etwas ~~Ähnliches~~ Analoges ~~wie~~ zu dem homo economicus der klassischen Oekonomie. Es scheint mir aber, dass etwas wie die Wissenschaft, wie wir sie ~~von~~ heute vor uns haben, nicht hätte entstehen und lebenskräftig bleiben können, wenn der wissenschaftliche Mensch nicht wenigstens in ~~wesentlicher~~ beträchtlicher Näherung ~~nicht~~ in vielen Individuen viele Jahrhunderte hindurch thatsächlich existiert hätte.

Natürlich sehe ich nicht einen wissenschaftlichen Menschen in jedem, der ~~die~~ der Wissenschaft Werkzeuge und Methoden anzuwenden gelernt hat, die direkt oder indirekt als „wissenschaftlich" erscheinen. Nur jene sind gemeint, in welchen die wissenschaftliche Mentalität wirklich lebendig ist.

Wie steht nun der wissenschaftliche Mensch von heute im sozialen Körper der Menschheit? Er ist wohl ~~ist~~ irgendwie stolz darauf, dass ~~seine~~ die Arbeit von seinesgleichen wenn auch meist indirekt das wirtschaftliche Leben der Menschen durch die nahezu totale Elimination der Muskelarbeit ~~völlig~~ umgestaltet hat. Er ist auch wohl bedrückt darüber, dass seine Forschungs-Ergebnisse eine akute Bedrohung der Menschheit mit sich gebracht haben, nachdem ~~sie~~ die Früchte dieser Forschung in die Hände ~~der~~ seelenblinder Träger der politischen Gewalt gefallen sind. Er ist sich des Umstandes bewusst, dass die auf seinen Forschungen fussenden technischen Methoden zu einer Konzentration der wirtschaftlichen und damit auch der politischen Macht in die Hände ~~einer~~ kleiner Minoritäten geführt haben, von deren Manipulationen das Schicksal des immer mehr amorph erscheinenden Haufens der Individuen abhängig geworden ist. Noch mehr: Jene Konzentration

~~So sehen wir, dass sich an dem wissenschaftlichen Menschen ein wahrhaft tragisches Schicksal vollzieht.~~

der wirtschaftlichen und politischen Macht in wenigen Händen hat nicht nur eine ~~äussere~~ materielle Abhängigkeit auch des wissenschaftlichen Menschen mit sich gebracht; sie bedroht auch seine Existenz von innen, indem sie durch die Schaffung raffinierter Mittel geistiger und seelischer Beeinflussung den Nachwuchs unabhängiger Persönlichkeiten unterbindet.

So sehen wir an dem wissenschaftlichen Menschen ein wahrhaft tragisches Schicksal sich vollziehen. Getragen von dem Streben nach Klarheit und innerer Unabhängigkeit hat er durch seine selbst übermenschlichen Anstrengungen die Mittel zu seiner äusseren Versklavung und seiner Vernichtung von innen her geschaffen. Von den Trägern der politischen Macht muss er sich einen Maulkorb anhängen lassen. Er wird gezwungen, als Soldat sein eigenes Leben zu opfern und fremdes Leben zu zerstören, auch wenn er von der Sinnlosigkeit solchen Opfers überzeugt ist. Er sieht zwar mit aller Klarheit, dass der historisch bedingte Umstand, dass die Nationalstaaten die Träger der wirtschaftlichen, politischen und damit auch der militärischen Macht sind, zur Vernichtung aller führen muss. Er weiss, dass nur die Ablösung der Methoden der nackten Gewalt durch eine übernationale Rechtsordnung den Menschen

← Über die moralische Pflicht des Wissenschaftlers. Botschaft für die «Società Italiana per il Progresso della Scienze», Oktober 1950.

«[…] So sehen wir an dem wissenschaftlichen Menschen ein wahrhaft tragisches Schicksal sich vollziehen. Getragen von dem Streben nach Klarheit und innerer Unabhängigkeit hat er durch seine schier übermenschlichen Anstrengungen die Mittel zu seiner äusseren Versklavung und seiner Vernichtung von innen her geschaffen. Von den Trägern der politischen Macht muss er sich einen Maulkorb anhängen lassen. Er wird gezwungen, als Soldat sein eigenes Leben zu opfern und fremdes Leben zu zerstören, auch wenn er von der Sinnlosigkeit solchen Opfers überzeugt ist. Er sieht zwar mit aller Klarheit, dass der historische Umstand, dass die Nationalstaaten die Träger der wirtschaftlichen, politischen und damit auch der militärischen Macht sind, zur Vernichtung aller führen muss. Er weiss, dass nur die Ablösung der Methoden der nackten Gewalt durch eine übernationale Rechtsordnung die Menschen [retten kann…]»

Wien im September 1932.

Lieber Herr Einstein!

Als ich hörte, dass Sie die Absicht haben, mich zum Gedankenaustausch über ein Thema aufzufordern, Ihr Interesse schenken und das Ihnen auch des Inte

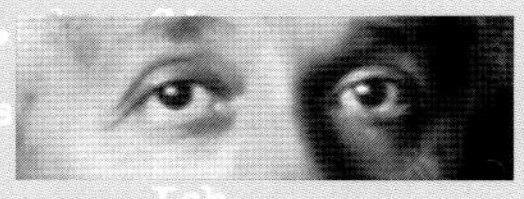

Ich

Sie würden ein Problem

der Physiker

der Psycholog,

If Einstein Were Young Again, He Says, He'd Become a Plumber

des Krieges

3

Polarforscher Fridtjof Nansen

das

Problem der Kriegsverhütung

ALS WELTBÜRGER AKTIV

«Ich […] habe mich nicht gescheut, meine Überzeugung bei jeder sich darbietenden Gelegenheit offen auszusprechen, wie ich es für meine Pflicht halte. Aber die einzelne Stimme verschwindet in dem Gebrüll der Menge – es ist immer so gewesen.»

Aus einem Brief an A. Muste, 23. Januar 1950.

EIN RADIKALER PAZIFIST

Der Wissenschaft gehörte Einsteins erste und grösste Liebe. Aber neben seiner wissenschaftlichen Arbeit widmete er einen beträchtlichen Teil seiner Zeit und Energie politischen Anliegen. Seine Bereitschaft, sich für Frieden, Freiheit und soziale Gerechtigkeit einzusetzen, war nicht so sehr das Ergebnis sachlicher Erwägungen, als vielmehr Ausdruck eines leidenschaftlichen Humanismus.

Schon den jungen Einstein hatten der absolute Autoritätsanspruch und der militärische Drill, den er an deutschen Schulen erlebte, tief verstört. Der virulente Nationalismus, der ihm bei seiner Rückkehr aus der Schweiz in Deutschland besonders auffiel, und die Brutalität des Ersten Weltkriegs bestärkten ihn in seiner pazifistischen und internationalistischen Grundhaltung.

Als 1914 im dritten Kriegsmonat zahlreiche prominente Vertreter der deutschen Wissenschaft und der Kunst, darunter einige seiner Kollegen, in einem «Aufruf an die Kulturwelt» den deutschen Militarismus rechtfertigten, nahm Einstein als einer der vier Unterzeichner eines Gegen-Manifests zum ersten Mal öffentlich politisch Stellung. Auch wenn dieses «Manifest an die Europäer» in der breiten Öffentlichkeit kaum beachtet wurde, stellte Einsteins Bekenntnis zum Pazifismus für viele seiner Kollegen eine Provokation dar, die nur dadurch gemildert wurde, dass man ihm als neutralem Ausländer und notorischem Non-Konformisten in dieser spezifisch deutschen Angelegenheit eine gewisse Narrenfreiheit einräumte. Im Gegensatz zur Mehrheit der Deutschen sah Einstein als ein «von Affekten nationaler Natur freier Mensch» voraus, dass der Krieg am Ende nur Besiegte zurücklassen würde, und plädierte für einen gerechten Frieden auf der Basis internationaler Abkommen und unter der Aufsicht einer übernationalen Organisation.

Nach dem Kriegsende und der Ablösung des Kaiserreichs durch einen demokratischen Staat wurde Einstein eine Art inoffizieller Botschafter der jungen Weimarer Republik. Als Mitglied des Komitees für geistige Zusammenarbeit im Völkerbund bemühte er sich vor allem darum, den Erfahrungsaustausch unter den Wissenschaftlern der verschiedenen Völker zu erleichtern. In der deutschen Liga für Menschenrechte erhob er seine Stimme gegen die Ausbreitung des Faschismus und zum Schutz der Demokratie.

Ein besonderes Anliegen wurde ihm gegen Ende der 1920er Jahre die Förderung der internationalen Antikriegsbewegung, und in vielen Einzelfällen konnte er das Gewicht seines Namens zu Gunsten von Militärdienstverweigerern einsetzen. 1932 kam es auf Anregung des Internationalen Instituts für geistige Zusammenarbeit in Paris zu einem offenen Briefwechsel zwischen Einstein und Sigmund Freud. Darin legten diese beiden führenden Intellektuellen ihre Ansichten darüber dar, ob und wie die Menschheit «von dem Verhängnis des Krieges zu befreien» sei.

Die Machtübernahme der Nationalsozialisten in Deutschland weniger als ein Jahr später sollte einen tief greifenden Wandel in Einsteins Haltung zur Folge haben. Von nun an befürwortete er die Kriegsvorbereitungen der europäischen Demokratien, die sich der Bedrohung durch ein aufrüstendes Nazireich ausgesetzt sahen. Organisierter Macht, rechtfertigte Einstein seine Kehrtwendung, könne man nur mit organisierter Macht begegnen.

«Politisch sieht es merkwürdig aus. Wenn ich mit den Menschen rede, fühle ich das Pathologische des allgemeinen Gemütszustandes heraus. Die Zeit erinnert an die der Hexenprozesse und sonstigen religiösen Verirrungen. Gerade die verantwortungsvollen, im Privatleben selbstlosesten Menschen sind häufig die rabiatesten Stützen der Verbissenheit. Das soziale Gefühl ist auf böse Abwege geraten.»

→ Aus einem Brief an Michele Besso, 9. März 1917.

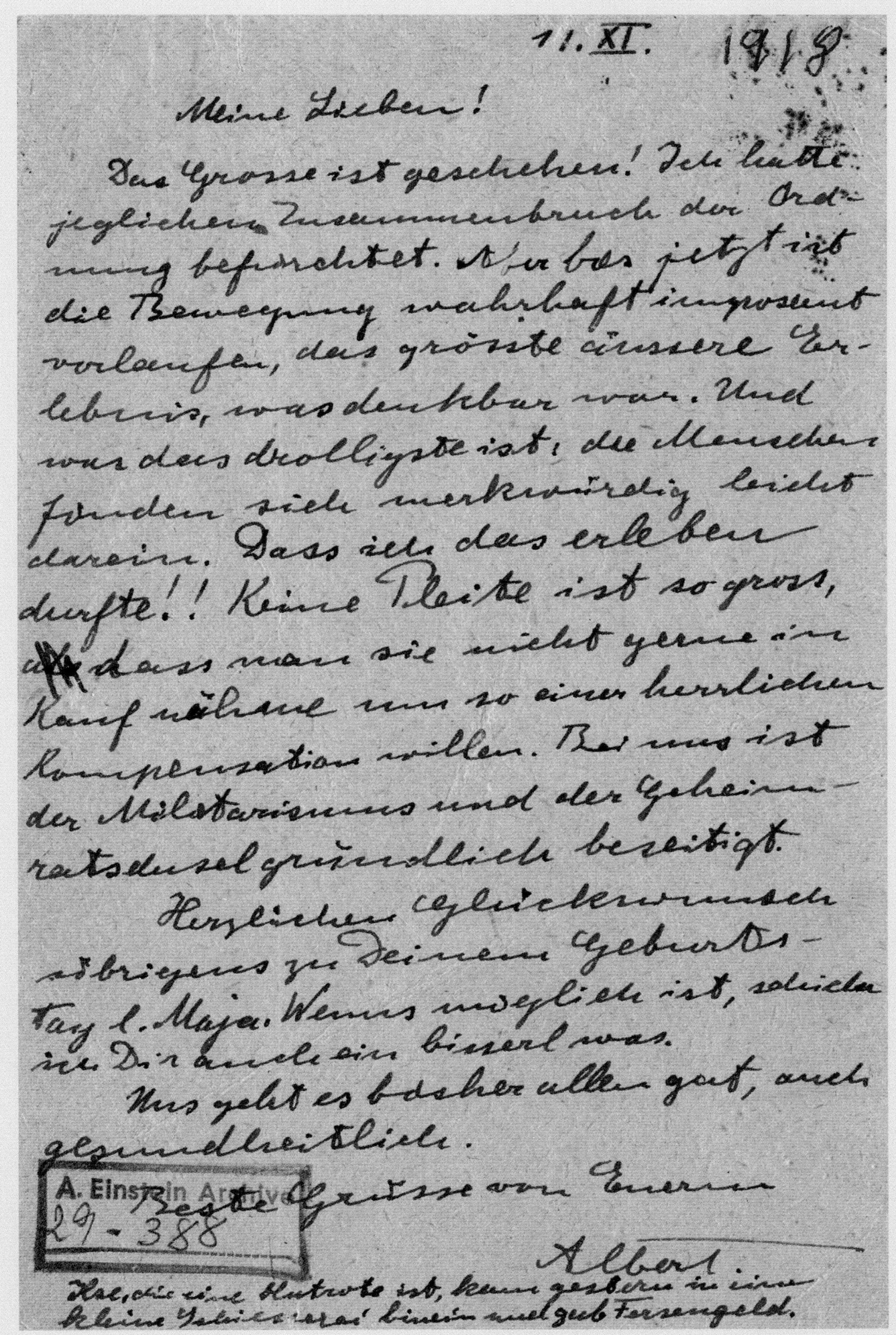
11. XI. 1918

Meine Lieben!

Das Grosse ist geschehen! Ich hatte jeglichen Zusammenbruch der Ordnung befürchtet. Aber bis jetzt ist die Bewegung wahrhaft imposant verlaufen, das grösste äussere Erlebnis, was denkbar war. Und was das drolligste ist: die Menschen finden sich merkwürdig leicht darein. Dass ich das erleben durfte!! Keine Pleite ist so gross, dass man sie nicht gerne in Kauf nähme um so einer herrlichen Kompensation willen. Bei uns ist der Militarismus und der Geheimratsdusel gründlich beseitigt.

Herzlichen Glückwunsch übrigens zu Deinem Geburtstag l. Maja. Wenns möglich ist, schicke ich Dir auch ein bisserl was.

Uns geht es bisher allen gut, auch gesundheitlich.

Beste Grüsse von Eurem

Albert.

Hat, die eine Hutrote ist, kam geboren in eine kleine Schweizerei hinein und gab Fersengeld.

↑ Am 9. November notiert Einstein in seinem Notizbuch: «[Kolleg] fiel aus wegen Revolution.» Zwei Tage später berichtet er seiner Schwester und dem Schwager Paul Winteler begeistert vom Umsturz in Berlin. Postkarte vom 11. November 1918.

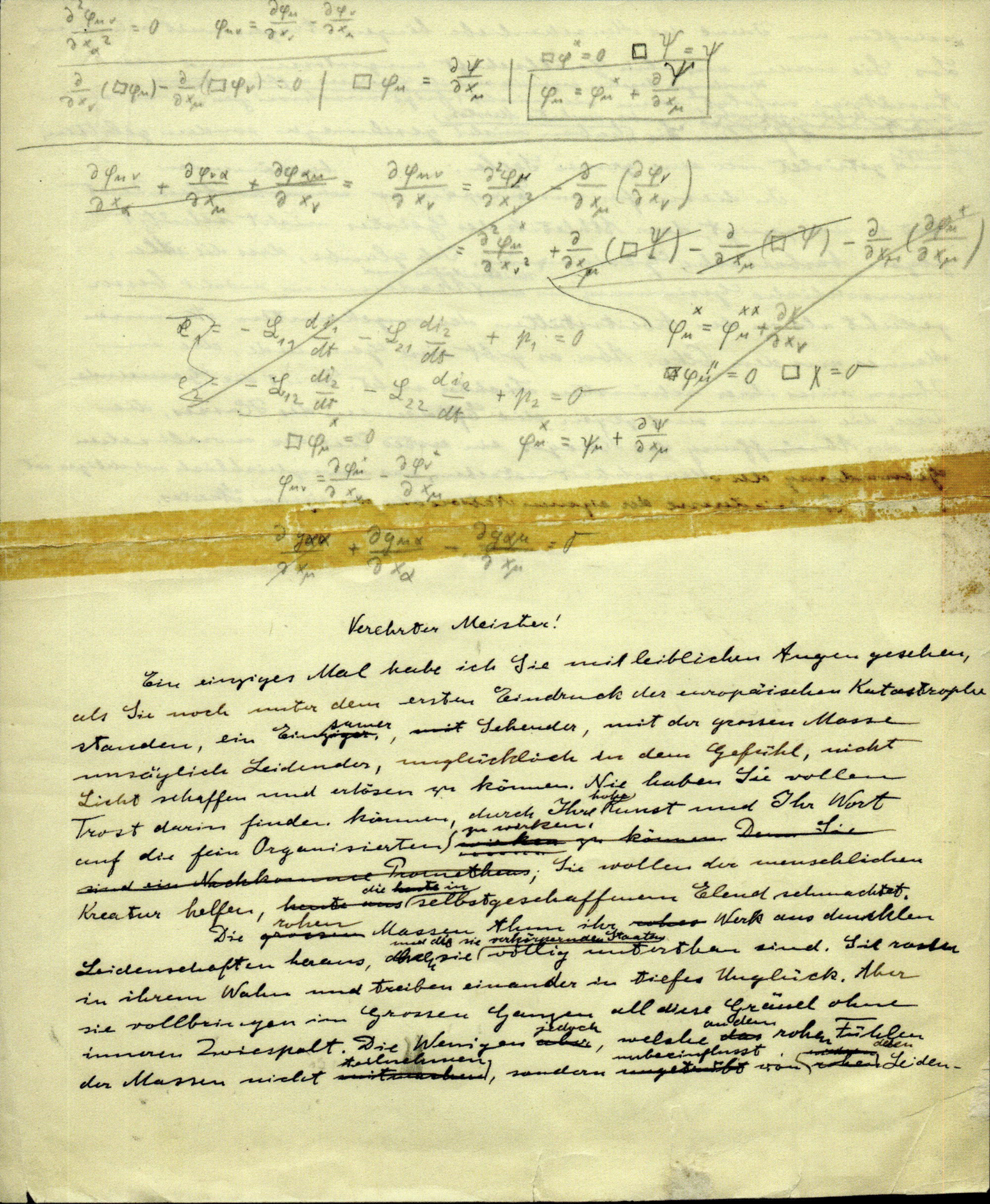

↑→ Entwurf zu einem Beitrag für das «Liber Amicorum» zum Geburtstag des Schriftstellers Romain Rolland, mit dem Einstein das leidenschaftliche Engagement schaften am Ideal der Menschenliebe hängen, tragen weit schwereres Los. Sie werden aus ihrer Gesellschaft ausgestossen und wie Aussätzige verfolgt, wenn sie nicht feige verschweigen, was sie sehen und fühlen. Sie aber, verehrter Meister, haben nicht geschwiegen sondern gelitten, gekämpft und getröstet wie eine grosse Seele.

In dieser für uns Europäer so beschämenden Zeit hat es sich gezeigt, dass Athletik des Geistes nicht schützt gegen barbarische Gesinnung. Ich glaube, dass die edle, menschliche Gesinnung in den Universitäten und Akademien nicht besser gedeiht als in den Arbeitsstätten des ungekannten stummen Mannes aus dem Volke. Aber es gibt eine Gemeinde, die in Ihnen eines ihrer schönsten Lichter sieht. Es ist die Gemeinde derer, die immun sind gegen die Epidemien des Hasses, die in der Abschaffung des Krieges ein erstes Ziel der moralischen Gesundung der Menschheit erstreben, das unvergleichlich wichtiger ist als das Sonderinteresse der eigenen Nation oder des eigenen Staates.

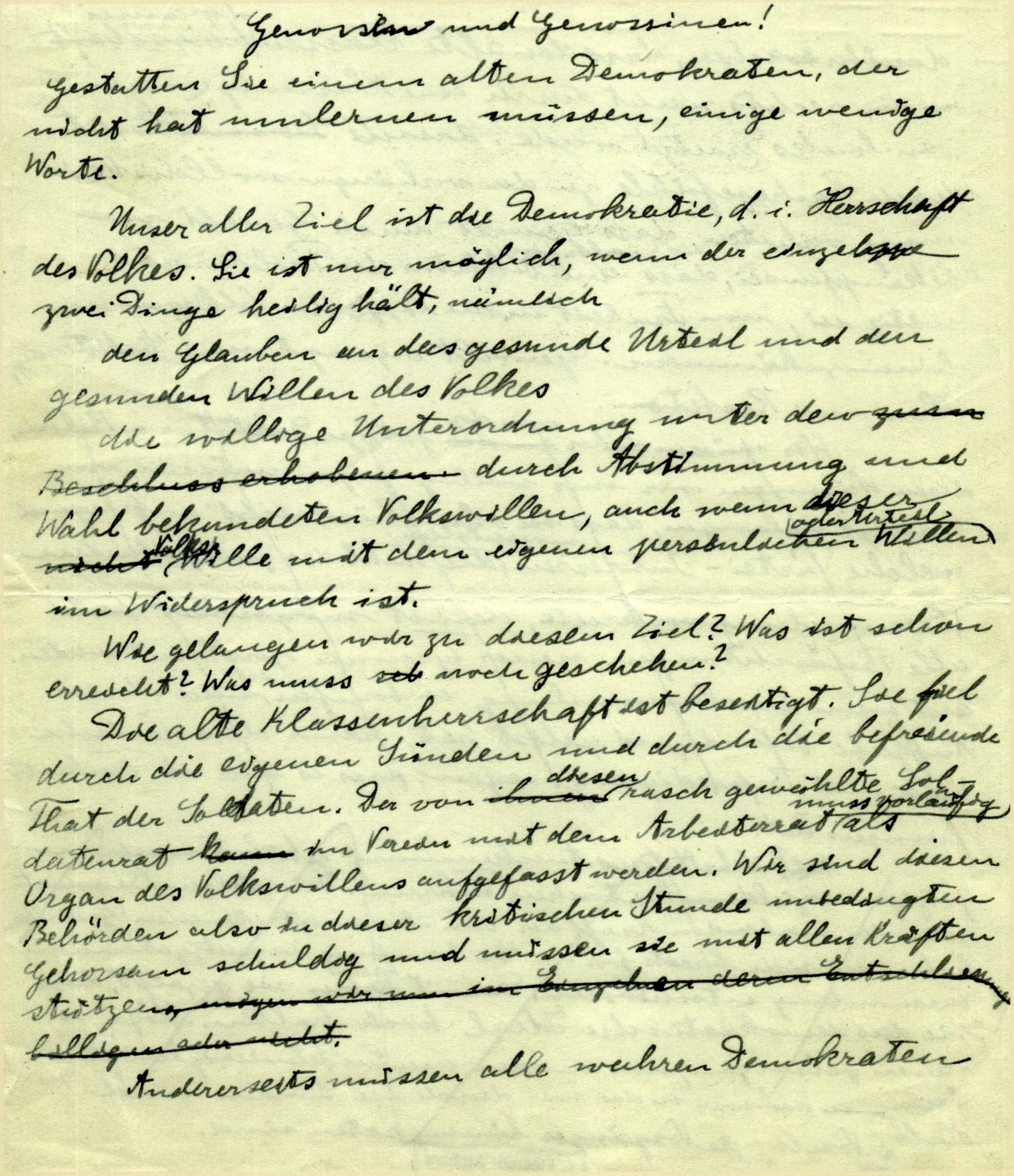

Genossen und Genossinnen!

Gestatten Sie einem alten Demokraten, der nicht hat umlernen müssen, einige wenige Worte.

Unser aller Ziel ist die Demokratie, d. i. Herrschaft des Volkes. Sie ist nur möglich, wenn der einzelne zwei Dinge heilig hält, nämlich

den Glauben an das gesunde Urteil und den gesunden Willen des Volkes

die willige Unterordnung unter den ~~zum Beschluss erhobenen~~ durch Abstimmung und Wahl bekundeten Volkswillen, auch wenn dieser ~~nicht~~ oder Urteil Volkswille mit dem eigenen persönlichen Willen im Widerspruch ist.

Wie gelangen wir zu diesem Ziel? Was ist schon erreicht? Was muss ~~ich~~ noch geschehen?

Die alte Klassenherrschaft ist beseitigt. Sie fiel durch die eigenen Sünden und durch die befreiende That der Soldaten. Der von ~~ihnen~~ diesen rasch gewählte Soldatenrat ~~kann~~ muss vorläufig im Verein mit dem Arbeiterrat als Organ des Volkswillens aufgefasst werden. Wir sind diesen Behörden also in dieser kritischen Stunde unbedingten Gehorsam schuldig und müssen sie mit allen Kräften stützen~~, mögen wir nun im Einzelnen deren Entschlüsse billigen oder nicht~~.

Andererseits müssen alle wahren Demokraten

↑↗ Der Revolutionäre Studentenrat hatte im Herbst 1918 den Rektor und die Dekane der Berliner Universität abgesetzt und einige von ihnen eingesperrt. Diese Rede hatte Einstein für seine Intervention beim Revolutionären Studentenrat zu Gunsten der Berliner Professoren vorbereitet. Ob er sie gehalten hat, ist nicht überliefert. November 1918.

darüber wachen, dass die alte Klassen~~herrschaft~~ Tyrannei ~~x~~ von rechts nicht durch eine Klassentyrannei von links ersetzt werde. Lasst ~~Sie sich~~ Euch nicht durch Rachegefühle zu der verhängnisvollen Meinung verleiten, dass Gewalt durch Gewalt zu bekämpfen sei, dass eine vorläufige Diktatur des Proletariats nötig sei, um Freiheit in die Köpfe der Volksgenossen hineinzuhämmern. Gewalt erzeugt nur Erbitterung, Hass und Reaktion.

Erinnerst Du Dich noch daran, dass wir vor etwas unter 25 Jahren zusammen in einem Tram nach dem Reichstagsgebäude fuhren, überzeugt, dass wir wirksam helfen könnten, aus den Kerlen dort ehrliche Demokraten zu machen? Wie naiv wir doch gewesen sind als Männer von 40 Jahren. Ich kann nur lachen, wenn ich daran denke. Wir empfanden beide nicht, wie viel mehr im Rückenmark sitzt als im Grosshirn und wie viel fester es sitzt. Daran muss man jetzt denken, wenn wir die tragischen Fehler von dazumal nicht wiederholen sollen. Wir dürfen uns nicht wundern, wenn die scientists keine Ausnahmen bilden (in

↑ Aus einem Brief an Max Born, 7. September 1944. – Mit Einstein hatten sich Born und der Psychologe Max Wertheimer 1918 um die Freilassung der Kollegen bemüht.

↑ Albert Einstein und der bengalische Dichter und Philosoph Rabindranath Tagore, Berlin 1930. – Einstein und Tagore trafen einander mehrere Male zwischen 1926 und 1930. Sie unterhielten sich über philosophische Themen ebenso wie über den Unterschied zwischen östlicher und westlicher Musik.

«Möchten die Völker rechtzeitig sehen, wieviel sie von ihrer nationalen Selbstbestimmung opfern müssen, um dem Kampf aller gegen alle zu entgehen!»

← Aus «Drei Briefe an Friedensfreunde», veröffentlicht in «Mein Weltbild», 1934.

↑ «Einstein ergreift das Schwert». Einstein wandte sich vom radikalen Pazifismus ab, sobald er die Bedrohung der Welt durch einen von den Nazis entfesselten Krieg erkannt hatte. Viele Friedensfreunde wollten ihm auf diesem Weg nicht folgen. Karikatur von Charles Raymond Macauley, veröffentlicht in «The Brooklyn Eagle», 1933.

«Meine Abneigung gegen Militär und Krieg ist ebensogross [wie] die Ihre. Bis [Anfang der 1930er Jahre] habe ich mich für Verweigerung des Militärdienstes eingesetzt. Als aber der Faschismus aufkam, erkannte ich, dass dieser Standpunkt nicht aufrecht zu erhalten war, wenn nicht die Macht in der ganzen Welt in die Hände von den schlimmsten Feinden der Menschheit geraten soll. Gegen organisierte Macht gibt es nur organisierte Macht.»

→ Aus einem Brief an Robert Fowlkes, 14. Juli 1941.

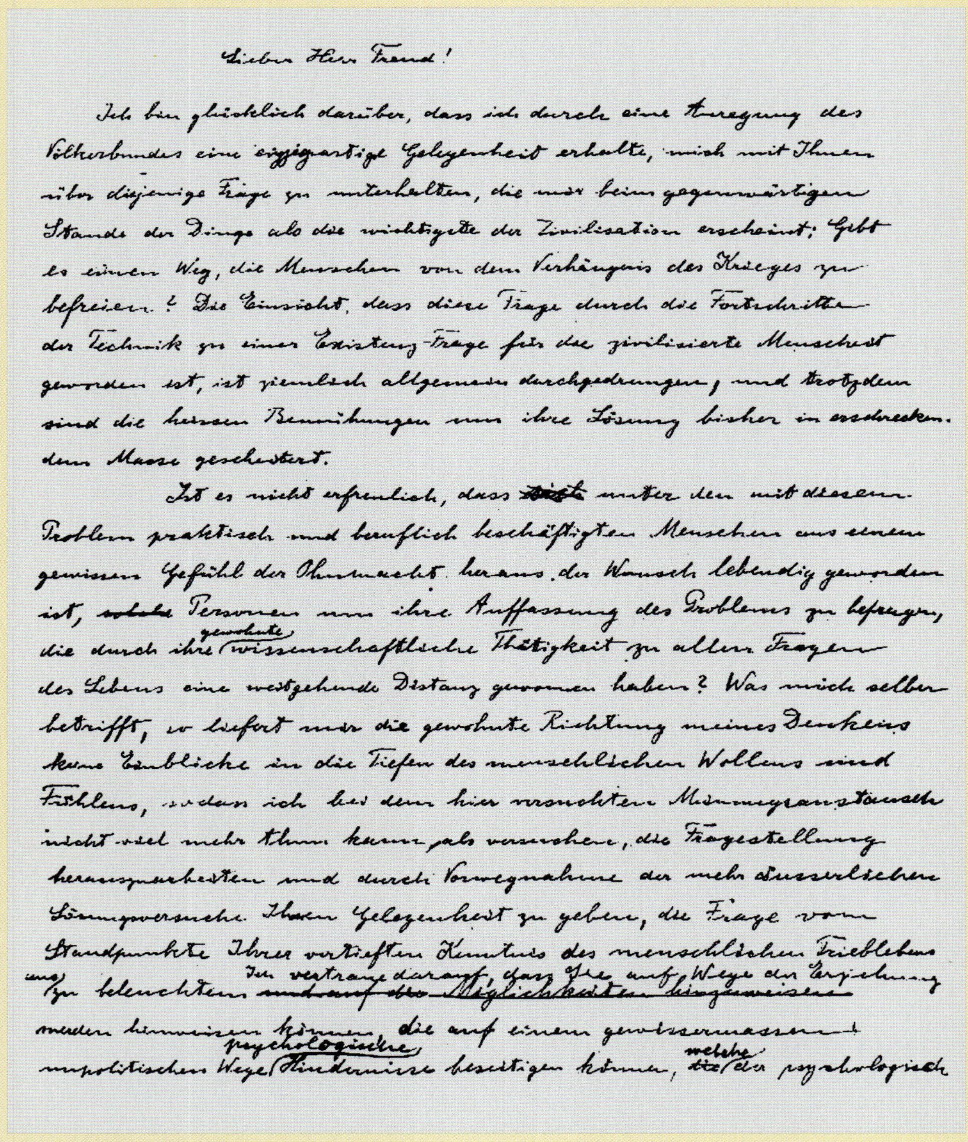

Lieber Herr Freud!

Ich bin glücklich darüber, dass ich durch eine Anregung des Völkerbundes eine einzigartige Gelegenheit erhalte, mich mit Ihnen über diejenige Frage zu unterhalten, die mir beim gegenwärtigen Stande der Dinge als die wichtigste der Zivilisation erscheint: Gibt es einen Weg, die Menschen von dem Verhängnis des Krieges zu befreien? Die Einsicht, dass diese Frage durch die Fortschritte der Technik zu einer Existenz-Frage für die zivilisierte Menschheit geworden ist, ist ziemlich allgemein durchgedrungen, und trotzdem sind die heissen Bemühungen um ihre Lösung bisher in erschreckendem Masse gescheitert.

Ist es nicht erfreulich, dass ~~dies~~ unter den mit diesem Problem praktisch und beruflich beschäftigten Menschen aus einem gewissen Gefühl der Ohnmacht heraus der Wunsch lebendig geworden ist, ~~solche~~ Personen um ihre Auffassung des Problems zu befragen, die durch ihre gewohnte wissenschaftliche Thätigkeit zu allen Fragen des Lebens eine weitgehende Distanz gewonnen haben? Was mich selber betrifft, so liefert mir die gewohnte Richtung meines Denkens keine Einblicke in die Tiefen des menschlichen Wollens und Fühlens, sodass ich bei dem hier versuchten Meinungsaustausch nicht viel mehr thun kann, als versuchen, die Fragestellung herauszuarbeiten und durch Vorwegnahme der mehr äusserlichen Lösungsversuche Ihnen Gelegenheit zu geben, die Frage vom Standpunkte Ihrer vertieften Kenntnis des menschlichen Trieblebens zu beleuchten. ~~und auf die Möglichkeiten hinzuweisen~~ Ich vertraue darauf, dass Sie auf Wege der Erziehung werden hinweisen können, die auf einem gewissermassen unpolitischen Wege psychologische Hindernisse beseitigen können, welche der psychologisch

↑→ Aus dem Brief an Sigmund Freud, 30. Juli 1932.

Dieser Briefwechsel zwischen Einstein und Freud wurde 1933 vom Internationalen Institut für geistige Zusammenarbeit in Paris unter den Titeln «Warum Krieg?», «Why War?» und «Pourquoi la guerre?» in mehreren Sprachen veröffentlicht. Er setzt sich mit den Ursachen des Krieges auseinander und sucht nach Wegen zur Vermeidung weiterer Kriege.

«Wie ist es möglich, dass [eine] Minderheit die Masse des Volkes ihren Gelüsten dienstbar machen kann, die durch einen Krieg nur zu leiden und zu verlieren hat? [...] Hier scheint die nächstliegende Antwort zu sein: Die Minderheit der jeweils Herrschenden hat vor allem die Schule, die Presse und meistens auch die religiösen Organisationen in ihrer Hand. Durch diese Mittel beherrscht und leitet sie die Gefühle der grossen Masse und macht diese zu ihrem willenlosen Werkzeuge.»

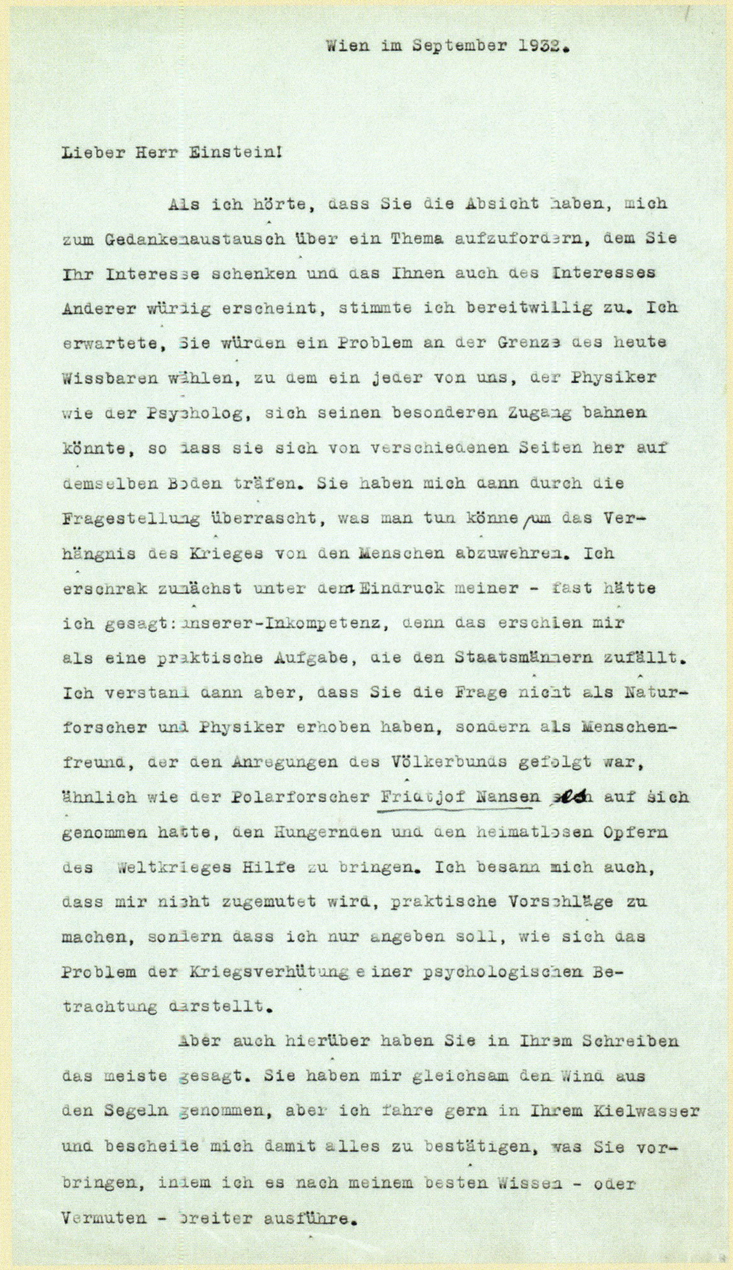

Wien im September 1932.

Lieber Herr Einstein!

Als ich hörte, dass Sie die Absicht haben, mich zum Gedankenaustausch über ein Thema aufzufordern, dem Sie Ihr Interesse schenken und das Ihnen auch des Interesses Anderer würdig erscheint, stimmte ich bereitwillig zu. Ich erwartete, Sie würden ein Problem an der Grenze des heute Wissbaren wählen, zu dem ein jeder von uns, der Physiker wie der Psycholog, sich seinen besonderen Zugang bahnen könnte, so dass sie sich von verschiedenen Seiten her auf demselben Boden träfen. Sie haben mich dann durch die Fragestellung überrascht, was man tun könne, um das Verhängnis des Krieges von den Menschen abzuwehren. Ich erschrak zunächst unter dem Eindruck meiner - fast hätte ich gesagt: unserer-Inkompetenz, denn das erschien mir als eine praktische Aufgabe, die den Staatsmännern zufällt. Ich verstand dann aber, dass Sie die Frage nicht als Naturforscher und Physiker erhoben haben, sondern als Menschenfreund, der den Anregungen des Völkerbunds gefolgt war, ähnlich wie der Polarforscher Fridtjof Nansen es auf sich genommen hatte, den Hungernden und den heimatlosen Opfern des Weltkrieges Hilfe zu bringen. Ich besann mich auch, dass mir nicht zugemutet wird, praktische Vorschläge zu machen, sondern dass ich nur angeben soll, wie sich das Problem der Kriegsverhütung einer psychologischen Betrachtung darstellt.

Aber auch hierüber haben Sie in Ihrem Schreiben das meiste gesagt. Sie haben mir gleichsam den Wind aus den Segeln genommen, aber ich fahre gern in Ihrem Kielwasser und bescheide mich damit alles zu bestätigen, was Sie vorbringen, indem ich es nach meinem besten Wissen - oder Vermuten - breiter ausführe.

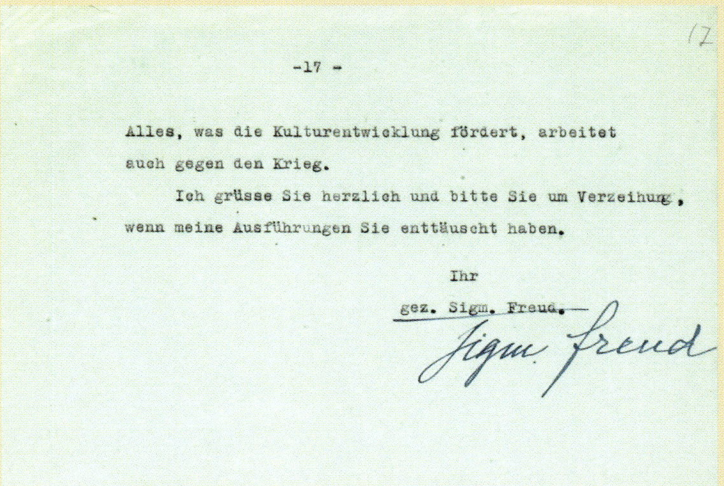

-17 -

Alles, was die Kulturentwicklung fördert, arbeitet auch gegen den Krieg.

Ich grüsse Sie herzlich und bitte Sie um Verzeihung, wenn meine Ausführungen Sie enttäuscht haben.

Ihr

gez. Sigm. Freud.

Sigm. Freud

↑→ Anfang und Schluss der Antwort von Sigmund Freud, September 1932.

«Den psychischen Einstellungen, die uns der Kulturprozess aufnötigt, widerspricht nun der Krieg in der grellsten Weise; darum müssen wir uns gegen ihn empören, wir vertragen ihn einfach nicht mehr, es ist nicht bloss eine intellektuelle und affektive Ablehnung, es ist, bei uns Pazifisten, eine konstitutionelle Intoleranz, eine Idiosynkrasie gleichsam in äusserster Vergrösserung. Und zwar scheint es, dass die ästhetischen Erniedrigungen des Krieges nicht viel weniger Anteil an unserer Auflehnung haben als seine Grausamkeiten.
Wie lange müssen wir nun warten, bis auch die Anderen Pazifisten werden?
[...] Alles, was die Kulturentwicklung fördert, arbeitet auch gegen den Krieg.»

EINSTEIN UND DIE BOMBE

Vielen Zeitgenossen gilt Einstein als der «Vater der Atombombe», und die berühmte Gleichung $E = mc^2$ wird von manchem Laien für eine Anleitung zum Bau von Nuklearwaffen gehalten. Die historische Wahrheit sieht anders aus.

Tatsächlich gibt es nur einen entfernten Zusammenhang zwischen Einsteins Gleichung und der Entwicklung der Bombe, an deren Herstellung im amerikanischen Los Alamos Einstein nicht beteiligt war.

Als Einstein das Gesetz der Äquivalenz von Masse und Energie formulierte, hatte er damit die theoretische Möglichkeit beschrieben, geringe Mengen an Materie in grosse Mengen Energie zu verwandeln. Eine praktische Umsetzung dieses physikalischen Prinzips war aber zu diesem Zeitpunkt weder vorgesehen noch vorstellbar.

Noch in den 1930er Jahren vertrat Einstein die Ansicht, es sei ebenso aussichtslos, Energie aus dem Atom gewinnen zu wollen, wie «im Dunkeln auf Vögel [zu] schiessen in einer Gegend, wo es nur wenige Vögel gibt». Nicht lange danach gelang einem deutschen Physikerteam die erste Kernspaltung. Damit zeichnete sich die Gefahr ab, dass die Nationalsozialisten im Zuge ihrer Aufrüstung auch den Bau einer Atombombe vorantreiben könnten.

Alarmiert von diesen Nachrichten unterzeichnete Einstein 1939 einen Brief an Präsident Roosevelt mit der Aufforderung, ein Nuklear-Forschungsprogramm in Gang zu setzen. Aber dieser Appell zeigte nicht die gewünschte Wirkung. Erst der entscheidende Durchbruch britischer Forscher hinsichtlich der Konstruktion einer Atombombe veranlasste die Amerikaner 1941 zur Entwicklung eines eigenständigen Nuklearprogramms. Von diesem Forschungsprojekt, dem «Manhattan Project», das unter strenger Geheimhaltung stattfand, war Einstein ausgeschlossen. Wegen seines politischen Standpunktes galt er nämlich als Sicherheitsrisiko. Zwar hatten Kollegen ihm gegenüber im Lauf der Zeit einiges über die Fortschritte des Unternehmens durchsickern lassen. Von der Explosion der Atombombe über Hiroshima erfuhr er schliesslich, wie die übrige Welt, durch die öffentliche Bekanntmachung am 6. August 1945.

↓ Aus einem Brief an A. Muste, 23. Januar 1950.

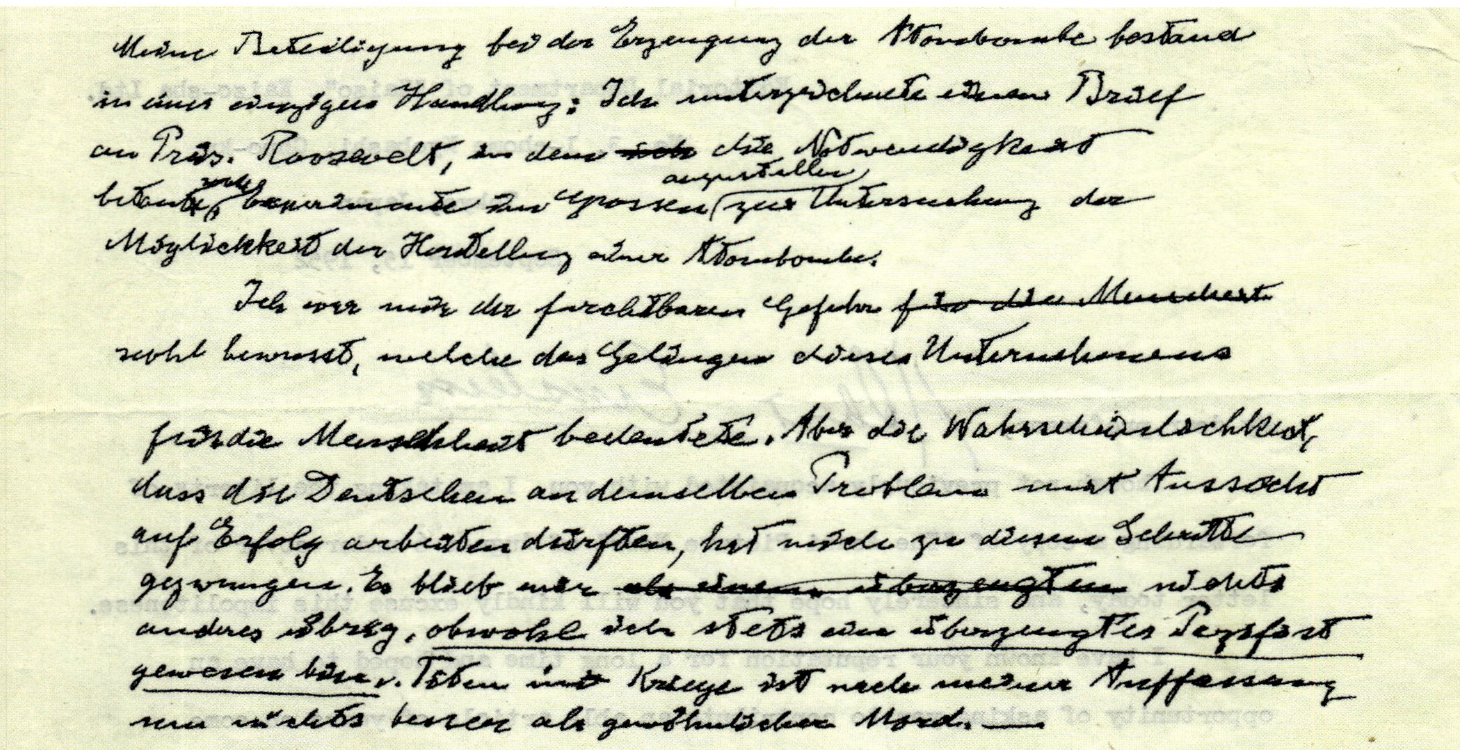
Meine Beteiligung bei der Erzeugung der Atombombe bestand in einer einzigen Handlung: Ich unterzeichnete einen Brief an Präs. Roosevelt, in dem die Notwendigkeit betont wurde, Experimente im Grossen anzustellen zur Untersuchung der Möglichkeit der Herstellung einer Atombombe.

Ich war mir der furchtbaren Gefahr wohl bewusst, welche das Gelingen dieses Unternehmens für die Menschheit bedeutete. Aber die Wahrscheinlichkeit, dass die Deutschen an demselben Problem mit Aussicht auf Erfolg arbeiten dürften, hat mich zu diesem Schritte gezwungen. Es blieb mir nichts anderes übrig, obwohl ich stets ein überzeugter Pazifist gewesen bin. Töten im Kriege ist nach meiner Auffassung um nichts besser als gewöhnlicher Mord.

↑ Auf der Veranda seines Hauses in Princeton in den späten 1930er Jahren.

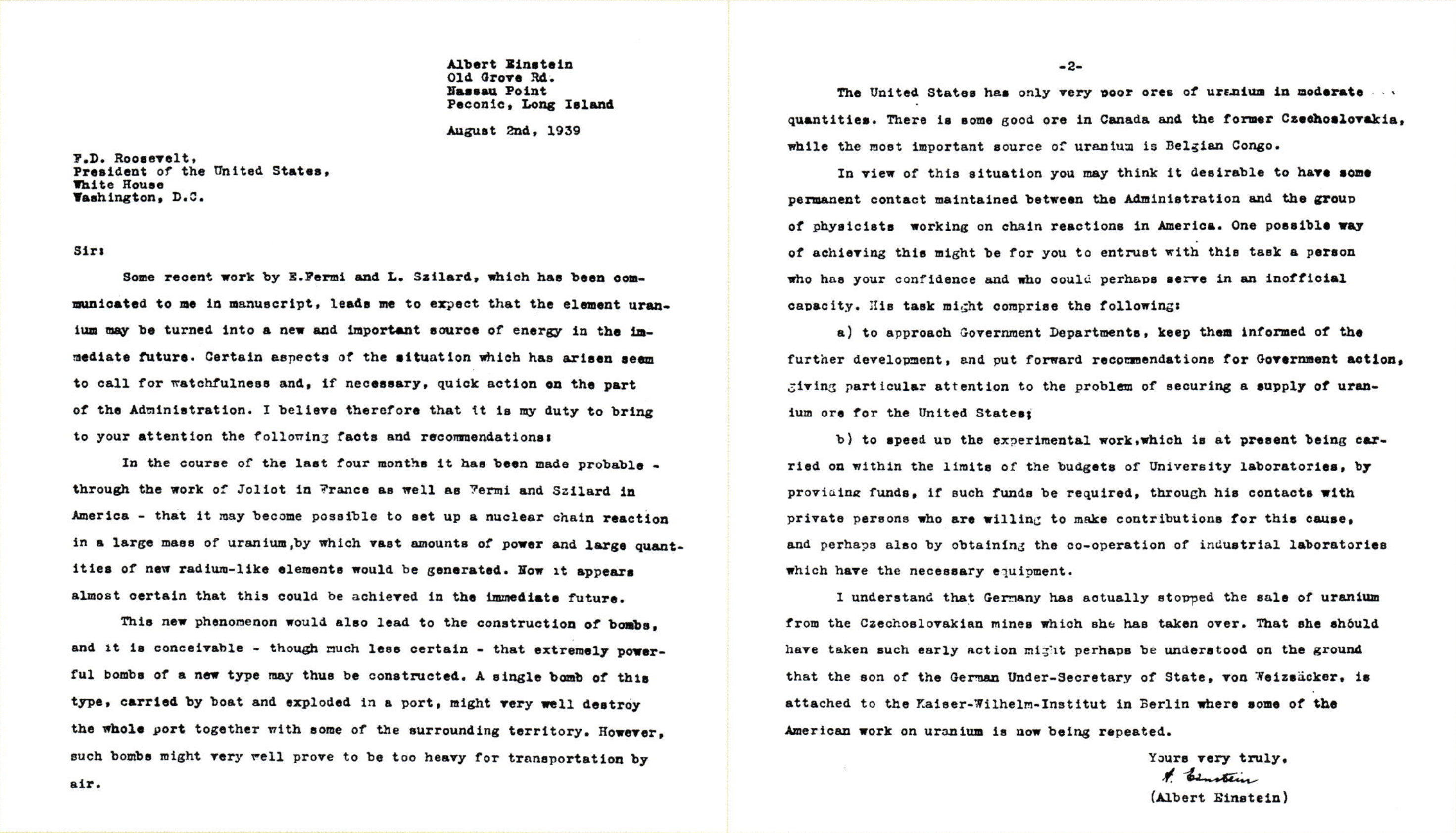

Albert Einstein
Old Grove Rd.
Nassau Point
Peconic, Long Island

August 2nd, 1939

F.D. Roosevelt,
President of the United States,
White House
Washington, D.C.

Sir:

Some recent work by E.Fermi and L. Szilard, which has been communicated to me in manuscript, leads me to expect that the element uranium may be turned into a new and important source of energy in the immediate future. Certain aspects of the situation which has arisen seem to call for watchfulness and, if necessary, quick action on the part of the Administration. I believe therefore that it is my duty to bring to your attention the following facts and recommendations:

In the course of the last four months it has been made probable - through the work of Joliot in France as well as Fermi and Szilard in America - that it may become possible to set up a nuclear chain reaction in a large mass of uranium,by which vast amounts of power and large quantities of new radium-like elements would be generated. Now it appears almost certain that this could be achieved in the immediate future.

This new phenomenon would also lead to the construction of bombs, and it is conceivable - though much less certain - that extremely powerful bombs of a new type may thus be constructed. A single bomb of this type, carried by boat and exploded in a port, might very well destroy the whole port together with some of the surrounding territory. However, such bombs might very well prove to be too heavy for transportation by air.

-2-

The United States has only very poor ores of uranium in moderate quantities. There is some good ore in Canada and the former Czechoslovakia, while the most important source of uranium is Belgian Congo.

In view of this situation you may think it desirable to have some permanent contact maintained between the Administration and the group of physicists working on chain reactions in America. One possible way of achieving this might be for you to entrust with this task a person who has your confidence and who could perhaps serve in an inofficial capacity. His task might comprise the following:

a) to approach Government Departments, keep them informed of the further development, and put forward recommendations for Government action, giving particular attention to the problem of securing a supply of uranium ore for the United States;

b) to speed up the experimental work,which is at present being carried on within the limits of the budgets of University laboratories, by providing funds, if such funds be required, through his contacts with private persons who are willing to make contributions for this cause, and perhaps also by obtaining the co-operation of industrial laboratories which have the necessary equipment.

I understand that Germany has actually stopped the sale of uranium from the Czechoslovakian mines which she has taken over. That she should have taken such early action might perhaps be understood on the ground that the son of the German Under-Secretary of State, von Weizsäcker, is attached to the Kaiser-Wilhelm-Institut in Berlin where some of the American work on uranium is now being repeated.

Yours very truly,
A. Einstein
(Albert Einstein)

↑ Dieser Brief sollte den Präsidenten der Vereinigten Staaten von Amerika, Franklin D. Roosevelt, darauf aufmerksam machen, dass das nationalsozialistische Deutschland Massnahmen ergriffen hatte, die vielleicht als Hinweis auf die Konstruktion deutscher Atombomben verstanden werden konnten. Einstein hielt es deshalb für seine Pflicht, Roosevelt zu einer raschen Entscheidung für ein regierungseigenes amerikanisches Nuklear-Forschungsprogramm zu bewegen. Der Brief vom 2. August 1939 erreichte den amerikanischen Präsidenten erst mit zweimonatiger Verzögerung.

«Sehr geehrter Herr!
Einige mir im Manuskript vorliegende neue Arbeiten von E. Fermi und L. Szilard lassen mich annehmen, dass das Element Uran in absehbarer Zeit in eine neue wichtige Energiequelle verwandelt werden könnte. […]
Im Lauf der letzten vier Monate wurde […] die Möglichkeit geschaffen, in einer grossen Uranmasse atomare Kettenreaktionen zu erzeugen, wodurch gewaltige Energiemengen […] ausgelöst würden.
Das neue Phänomen würde auch zum Bau von Bomben führen, und es ist denkbar – obwohl weniger sicher –, dass auf diesem Wege neuartige Bomben von höchster Detonationsgewalt hergestellt werden können. Eine einzige Bombe dieser Art, auf einem Schiff befördert oder in einem Hafen explodiert, könnte unter Umständen den ganzen Hafen und Teile der umliegenden Gebiete völlig vernichten. Möglicherweise würden solche Bomben infolge ihres Gewichts den Transport auf dem Luftweg ausschliessen. […]
Im Hinblick auf diese Situation mögen Sie es für wünschenswert erachten, dass ein ständiger Kontakt zwischen der Regierung und der Gruppe von Physikern in Amerika hergestellt wird, die an dem Zustandekommen der Kettenreaktion arbeiten. […]
Hochachtungsvoll
Albert Einstein»

→ Aus dem Brief an Franklin D. Roosevelt, 2. August 1939.

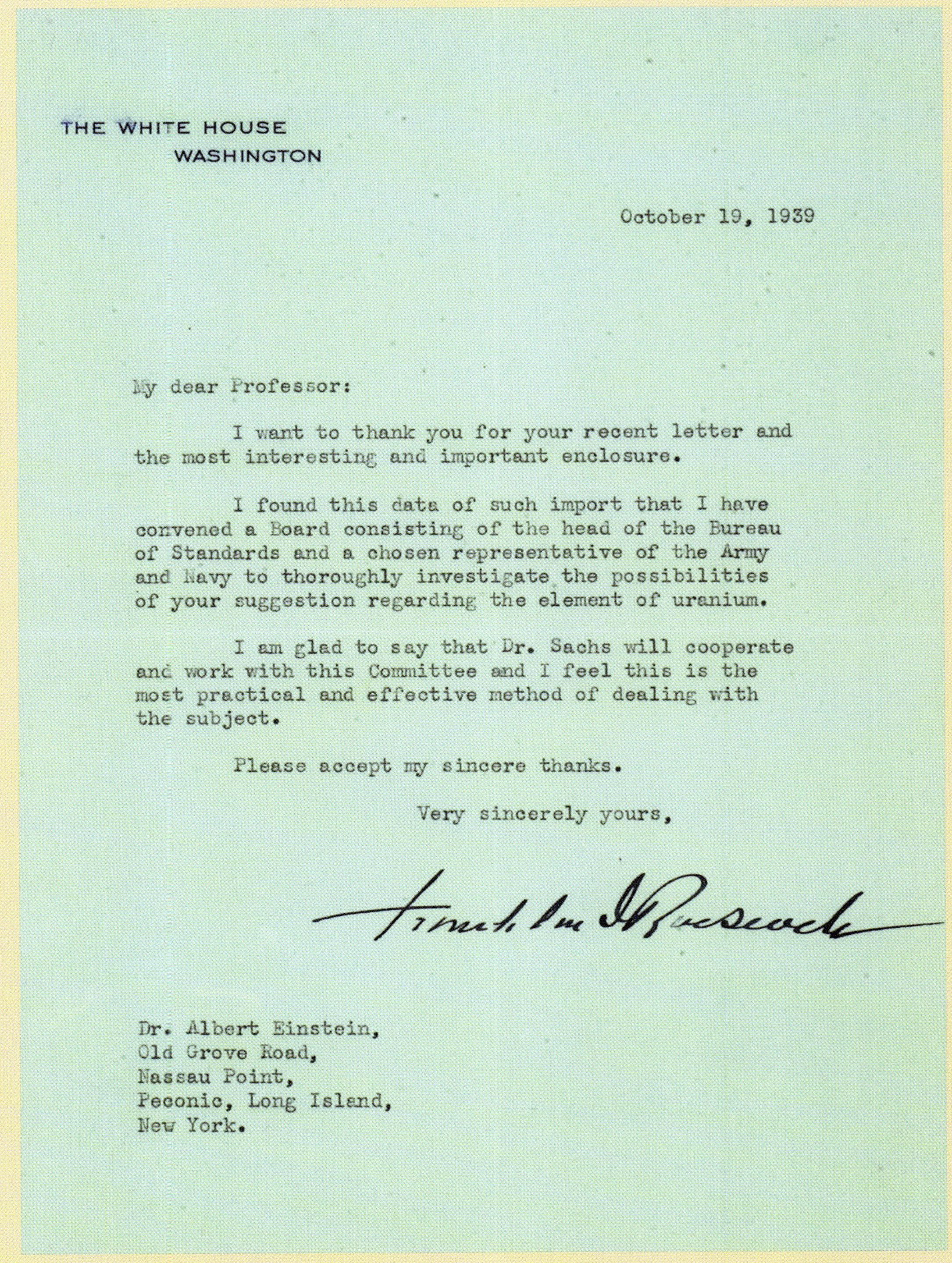

THE WHITE HOUSE
WASHINGTON

October 19, 1939

My dear Professor:

I want to thank you for your recent letter and the most interesting and important enclosure.

I found this data of such import that I have convened a Board consisting of the head of the Bureau of Standards and a chosen representative of the Army and Navy to thoroughly investigate the possibilities of your suggestion regarding the element of uranium.

I am glad to say that Dr. Sachs will cooperate and work with this Committee and I feel this is the most practical and effective method of dealing with the subject.

Please accept my sincere thanks.

Very sincerely yours,

Dr. Albert Einstein,
Old Grove Road,
Nassau Point,
Peconic, Long Island,
New York.

«Lieber Herr Professor! […] Ich fand [Ihre] Mitteilungen so bedeutungsvoll, dass ich einen Ausschuss ins Leben gerufen habe, bestehend aus dem Chef des Bureau of Standards und Vertretern des Heeres und der Flotte, um die von Ihnen angedeuteten, das Element Uran betreffenden Möglichkeiten gründlich zu prüfen. […]»

↑ Aus Franklin D. Roosevelts Antwort auf Einsteins Brief vom 2. August 1939, 19. Oktober 1939.

DIE ATOMARE BEDROHUNG

Mit dem Beginn des Atomzeitalters war Einstein sich der immensen Gefahr bewusst geworden, die von Kernwaffen für die Menschheit ausgeht. Statt durch abschreckende Wirkung Sicherheit zu schaffen, könnten sie zum Untergang der gesamten Zivilisation führen. Im letzten Jahrzehnt seines Lebens war er unermüdlich in seinem Einsatz für wirksame internationale Zusammenarbeit zur Verhinderung aller Kriege.

Einstein schlug die Bildung einer Weltregierung vor, die Rüstungskontrollen durchsetzen und eine internationale Friedensstreitmacht aufstellen sollte. Angesichts eines möglicherweise drohenden Atomkriegs schienen ihm die Wissenschaftler in besonderem Mass gefordert, ihre Mitbürger über die bisher weithin unbekannten Gefahren der Kernkraft aufzuklären. 1946 übernahm Einstein den Vorsitz des «Notstandskomitees der Atomforscher», dessen vorrangige Aufgabe es war, Gelder für ein breit angelegtes Aufklärungsprogramm über Atomenergie bereitzustellen.

Einstein missbilligte die Politik des Kalten Krieges sowohl der USA wie auch der UdSSR, die auf beiden Seiten Angst und Misstrauen schürte. Er setzte auf die vertrauensbildende Kraft der Zusammenarbeit zwischen den Wissenschaftlern beider Länder und förderte sie nach Kräften.

Eine von Einsteins letzten politischen Handlungen war die Unterzeichnung des von dem Philosophen Bertrand Russell verfassten Russell-Einstein-Manifests. Mit diesem Aufruf warnte eine Gruppe international angesehener Gelehrter vor den schrecklichen Folgen eines Atomkrieges und rief zum Verzicht auf jegliche Atomwaffen auf.
Auf das Russell-Einstein-Manifest gehen die noch heute jährlich stattfindenden Pugwash-Konferenzen zurück, ein einflussreiches Forum zur Diskussion der nuklearen Bedrohung, der globalen Sicherheit und der Verantwortung der Naturwissenschaftler.

→↑ Albert Einstein während des Fernsehinterviews am 10. Februar 1950. – Thema der Sendung war die Wasserstoffbombe. Einstein warnte vor den Gefahren weiterer atomarer Aufrüstung und plädierte für ein friedliches Zusammenleben der Nationen unter der Aufsicht einer Weltregierung.

↑ 10. Februar 1950: Albert Einstein in seinem Haus in Princeton mit Elliot Roosevelt während der Filmaufnahmen für Eleanor Roosevelts Fernsehsendung «Today with Mrs. Roosevelt», die am 12. Februar 1950 ausgestrahlt wurde.

→ Einsteins Dankrede nach der Verleihung des «One World Award» in der Carnegie Hall, New York, 27. April 1948.

«In dieser Zeit schicksalsschwerer Entscheidungen müssen wir unseren Mitbürgern vor allem eine Tatsache einprägen: Sobald der Glaube an die Allmacht physischer Gewalt das Leben einer Nation beherrscht, emanzipiert sich diese Kraft, wird zum Selbstzweck und wird mächtiger als jene Männer, die sie als Werkzeug benützen wollten. Militarisierung bedeutet nicht nur unmittelbare Kriegsdrohung, sondern auch langsame, stetige Unterhöhlung des demokratischen Geistes und der Menschenwürde in unserem Lande. Es stimmt nicht, wenn gesagt wird, auswärtige Ereignisse zwängen uns zur Rüstung; diese Unwahrheit müssen wir mit aller Kraft bekämpfen. In Wirklichkeit ruft unsere eigene Aufrüstung in anderen Ländern jene Situation hervor, mit der die Anhänger unserer Rüstung ihr Programm zu begründen suchen.»

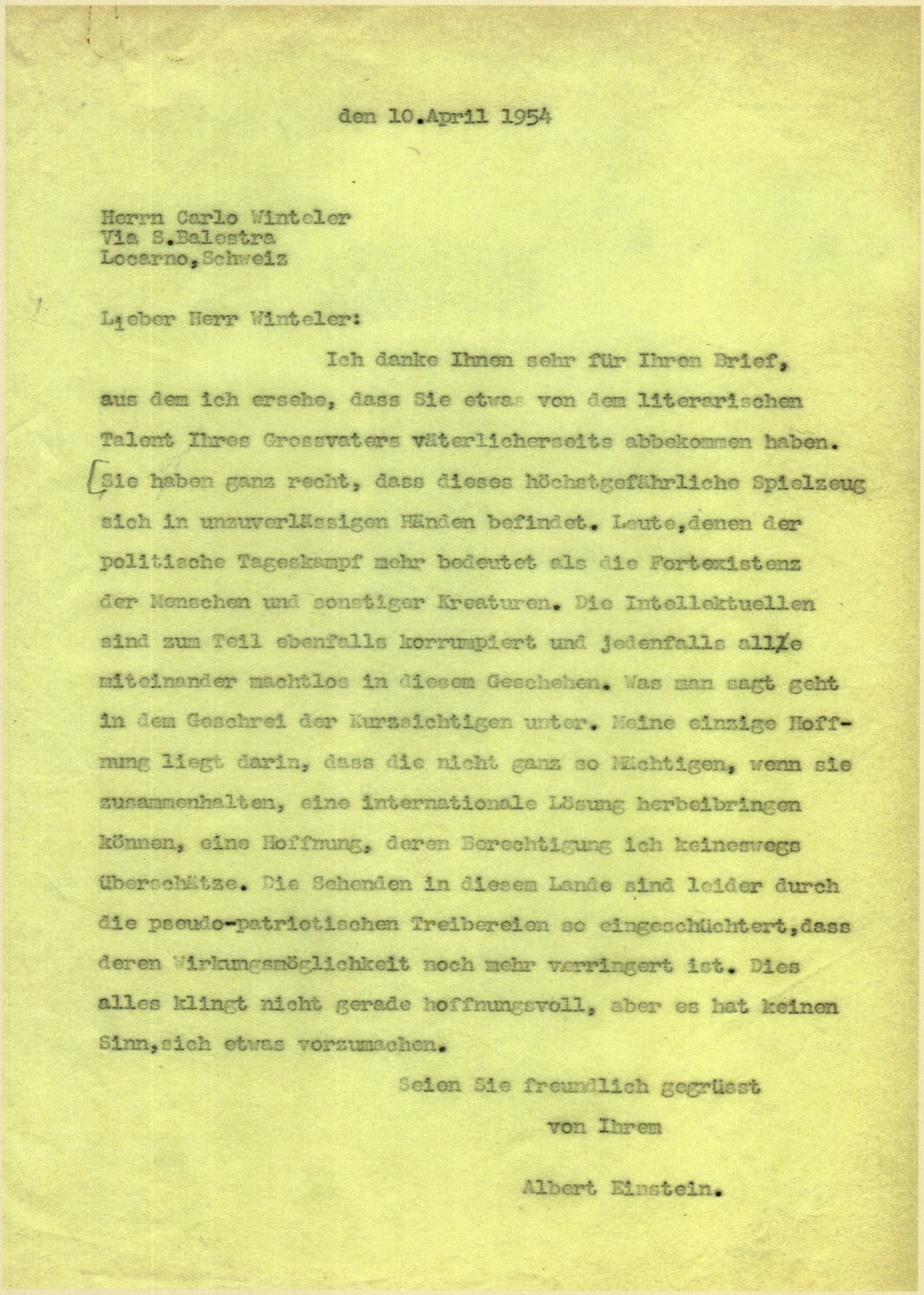

den 10.April 1954

Herrn Carlo Winteler
Via S.Balestra
Locarno,Schweiz

Lieber Herr Winteler:

Ich danke Ihnen sehr für Ihren Brief, aus dem ich ersehe, dass Sie etwas von dem literarischen Talent Ihres Grossvaters väterlicherseits abbekommen haben. Sie haben ganz recht, dass dieses höchstgefährliche Spielzeug sich in unzuverlässigen Händen befindet. Leute,denen der politische Tageskampf mehr bedeutet als die Fortexistenz der Menschen und sonstiger Kreaturen. Die Intellektuellen sind zum Teil ebenfalls korrumpiert und jedenfalls alle miteinander machtlos in diesem Geschehen. Was man sagt geht in dem Geschrei der Kurzsichtigen unter. Meine einzige Hoffnung liegt darin, dass die nicht ganz so Mächtigen, wenn sie zusammenhalten, eine internationale Lösung herbeibringen können, eine Hoffnung, deren Berechtigung ich keineswegs überschätze. Die Sehenden in diesem Lande sind leider durch die pseudo-patriotischen Treibereien so eingeschüchtert,dass deren Wirkungsmöglichkeit noch mehr verringert ist. Dies alles klingt nicht gerade hoffnungsvoll, aber es hat keinen Sinn,sich etwas vorzumachen.

Seien Sie freundlich gegrüsst
von Ihrem

Albert Einstein.

↑ Einsteins Antwortschreiben an Carlo Winteler, 10. April 1954.

Im Frühjahr 1954 war bekannt geworden, dass die radioaktiven Niederschläge aus einem amerikanischen Wasserstoffbomben-Test 23 japanische Fischer im Südpazifik gesundheitlich geschädigt hatten. Unter dem Eindruck dieser Nachricht entstand ein Brief an Einstein, in dem sich der Absender sehr besorgt über den Gang des Weltgeschehens äusserte. Der Brief kam von Carlo Winteler, einem Enkel von Jost Winteler, bei dem Einstein sein Aarauer Jahr verbracht und dessen politisches Denken grossen Einfluss auf Einsteins spätere politische Haltung gehabt hatte.

ENGAGEMENT FÜR DIE BÜRGERLICHEN FREIHEITSRECHTE

Das allgemeine Klima des Kalten Krieges, das sich nach Beendigung des Zweiten Weltkriegs in den Vereinigten Staaten ausgebreitet hatte, beunruhigte Einstein zutiefst. Sein breites Engagement gegen die Beschneidung der Freiheitsrechte spiegelt sich auch in der Akte, die das FBI über ihn anlegte.

Das politische Klima in den USA erlaubte es Senator McCarthy, die Jagd auf Linke und Liberale zu eröffnen. Eines der einschneidendsten Instrumente des Kalten Krieges in den USA war der Untersuchungsausschuss für «unamerikanische Umtriebe». Diejenigen, die vor den Ausschuss gerufen worden waren, betrachteten Einstein als ein moralisches Vorbild und spürten von ihm Mitgefühl und Verständnis. Einstein empfahl den Beschuldigten öffentlich, Mahatma Gandhis Prinzip des gewaltlosen Widerstands zu folgen und die Zusammenarbeit mit dem Untersuchungsausschuss zu verweigern.

In ähnlicher Weise zeigte sich Einstein besorgt um das Schicksal der ethnischen Minderheiten in den Vereinigten Staaten und bot auch der noch jungen schwarzen Bürgerrechtsbewegung seine Unterstützung an.

25 Jahre nach Einsteins Tod wurde bekannt, dass er selbst von den US-Behörden überwacht worden war. In einer umfangreichen Akte hatte das FBI von 1932 bis zu Einsteins Tod Informationen über sämtliche politischen Aktivitäten des Wissenschaftlers festgehalten.

↓ Albert Einstein mit Henry Wallace, dem Präsidentschaftskandidaten der Progressive Party, dem Journalisten Frank Kingdon und dem Sänger und Bürgerrechtler Paul Robeson, 1948.

↑ Am 3. Mai 1946 erhielt Einstein einen Ehrendoktortitel von der Lincoln University, Pennsylvania, einer Universität für Farbige.

→ In den frühen 1930er Jahren war Einstein auch in den Vereinigten Staaten nicht jedem willkommen. Hier protestieren Anhängerinnen einer patriotischen Frauenorganisation, die «Töchter der amerikanischen Revolution», gegen Einsteins Einreise in die Vereinigten Staaten:

«Gehen Sie wieder dahin, wo Sie hergekommen sind, Mr. Einstein. Arbeitslose Astrologen haben wir hier selber genug.»

1953 wurde der amerikanische Lehrer William Frauenglass aufgefordert, vor dem Untersuchungsausschuss für unamerikanische Umtriebe auszusagen. Er bat Albert Einstein um Rat.

Ich danke Ihnen für Ihre Aufklärungen. Mit dem „remote field" meinte ich die theoretischen Grundlagen der Physik. –

Das Problem, vor welches sich die Intelligenz dieses Landes gestellt sieht, ist ein sehr ernstes. Es ist den reaktionären Politikern gelungen, durch Vorspiegelung einer äussern Gefahr das Publikum gegen alle intellektuellen Bemühungen misstrauisch zu machen. Auf der Basis dieses Erfolges sind sie daran, die freie Lehre zu unterdrücken und die nicht Gefügsamen aus allen Stellungen zu verdrängen, d. h. auszuhungern.

Was soll die Minderheit der Intellektuellen thun gegen das Übel? Ich sehe offen gestanden nur den revolutionären Weg der Non-cooperation im Sinne Gandhi's. Jeder Intellektuelle, der vor einen der committee's vorgeladen wird, müsste jede Aussage verweigern, d. h. bereit sein, sich einsperren und wirtschaftlich ruinieren zu lassen, kurz, seine persönlichen Interessen den kulturellen Interessen des Landes zu opfern.

Wenn genügend Personen finden, die diesen harten Weg zu gehen bereit sind, wird ihnen Erfolg beschieden sein. Wenn nicht, dann verdienen die Intellektuellen dieses Landes nichts Besseres als die Sklaverei, die ihnen zugedacht ist.

— A. Einstein

Diese Verweigerung dürfte aber nicht gegründet werden auf den bekannten Trick der möglichen Selbstinkriminierung sondern darauf, dass es eines unbescholtenen Bürgers unwürdig ist, sich solcher Inquisition zu unterziehen, und dass diese Art der Inquisition gegen den Geist der Verfassung verstosse.

P. S. Dieser Brief ist nicht als „vertraulich" zu behandeln.

EINSTEIN'S AXIOM

Dear Mr. Frauenglass:

Thank you for your communication. By "remote field" I referred to the theoretical foundations of physics.

The problem with which the intellectuals of this country are confronted is very serious. The reactionary politicians have managed to instill suspicion of all intellectual efforts into the public by dangling before their eyes a danger from without. Having succeeded so far they are now proceeding to suppress the freedom of teaching and to deprive of their positions all those who do not prove submissive, i. e., to starve them.

What ought the minority of intellectuals to do against this evil? Frankly, I can see only the revolutionary way of non-cooperation in the sense of Gandhi's. Every intellectual who is called before one of the committees ought to refuse to testify, i. e., he must be prepared for jail and economic ruin, in short, for the sacrifice of his personal welfare in the interest of the cultural welfare of his country.

This refusal to testify must be based on the assertion that it is shameful for a blameless citizen to submit to such an inquisition and that this kind of inquisition violates the spirit of the Constitution.

If enough people are ready to take this grave step they will be successful. If not, then the intellectuals of this country deserve nothing better than the slavery which is intended for them.

Sincerely yours,
A. Einstein.

P. S. This letter need not be considered "confidential."

↑ Einsteins Antwort, die nicht als vertraulich zu betrachten war, wurde am 12. Juni 1953 veröffentlicht.

↑↓ Entwurf für Einsteins Antwort an William Frauenglass, 16. Mai 1953.

«Jeder Intellektuelle, der vor einen der Untersuchungsausschüsse zitiert wird, müsste jede Aussage verweigern, d. h. bereit sein, sich einsperren und wirtschaftlich ruinieren zu lassen, kurz, seine persönlichen Interessen den kulturellen Interessen des Landes zu opfern. Diese Verweigerung dürfte aber nicht gegründet werden auf den bekannten Trick der möglichen Selbstinkriminierung, sondern darauf, dass es eines unbescholtenen Bürgers unwürdig ist, sich solcher Inquisition zu unterziehen, und dass diese Art Inquisition gegen den Geist der Verfassung verstosse.»

→ Im Frühjahr 1954 war der Physiker Robert J. Oppenheimer aufgrund unklarer Beschuldigungen als «grosses Sicherheitsrisiko» von jeder weiteren Arbeit an der U.S. Atomic Energy Commission ausgeschlossen worden. Einstein hat sich zum Fall Oppenheimer deutlich geäussert:

«Der schwerste Schlag gegen die Gesellschaft ist der systematische, breit angelegte Versuch, Vertrauen und Optimismus der Menschen zunichte zu machen.»

If Einstein Were Young Again, He Says, He'd Become a Plumber

Dr. Albert Einstein has declared that, if he had his career to fashion all over again, "I would not try to become a scientist or scholar or teacher."

In a letter to the editor to be published tomorrow in The Reporter magazine, the famous physicist said he would become a plumber or a peddler to seek the independence that these vocations afford.

The letter was written in response to a request from The Reporter for Dr. Einstein's comments on a recent series in the magazine by Theodore H. White, "U. S. Science: The Troubled Quest." The series said that centers of intellectual life were troubled by recent Federal actions concerning scientists.

Dr. Einstein has been an outspoken critic of these actions. When Dr. J. Robert Oppenheimer was denied security clearance by the Atomic Energy Commission, Dr. Einstein said: "The systematic, widespread attempt to destroy mutual trust and confidence constitutees the severest possible blow against society."

Early this year he advised witnesses to refuse to testify on their activities before the legislative committee headed by Senator Joseph R. McCarthy, Republican of Wisconsin.

The text of Dr. Einstein's letter:

"To the Editor:

"You have asked me what I thought about your articles concerning the situation of the scientists in America. Instead of trying to analyze the problem, I may express my feeling in a short remark: If I would be a young man again and had to decide how to make my living, I would not try to become a scientist or scholar or teacher. I would rather choose to be a plumber or a peddler

Continued on Page 37, Column 6

↑ Diese Antwort wurde in zahlreichen Zeitungen wiedergegeben und kommentiert und trug Einstein eine Flut sowohl zustimmender als auch ablehnender Briefe und Telegramme ein.

EINSTEIN DECRIES SCIENCE AS CAREER

41-706

Continued From Page 1

in the hope to find that modest degree of independence still available under present circumstances."

In Princeton, Dr. Einstein's secretary declined to elaborate on this comment.

In publishing the letter, Max Ascoli, the editor of The Reporter, said that it was an honor but "hardly a pleasure to publish this letter from Albert Einstein." The comment will be freely used by enemies of the United States, he said.

But he added that the freedom to protest, which Dr. Einstein used in making his comment, can still be afforded here. Our country must maintain a good record on this score, not just a better record than do the totalitarian nations, Mr. Ascoli said in an editorial comment.

Im Herbst bat der Chefredakteur der Zeitschrift «Der Reporter» Einstein um eine Stellungnahme zu einer Artikelserie über die aktuelle Situation im Wissenschafts- und Bildungssektor. Einstein antwortete am 13. Oktober 1954:

«Wäre ich noch einmal ein junger Mensch und stünde ich erneut vor der Entscheidung über den besten Weg, meinen Lebensunterhalt zu verdienen, so würde ich nicht ein Wissenschaftler, Gelehrter oder Pädagoge, sondern eher ein Klempner oder Hausierer werden wollen in der Hoffnung, mir damit jenes bescheidene Mass von Unabhängigkeit zu sichern, das unter den heutigen Verhältnissen noch erreichbar ist.»

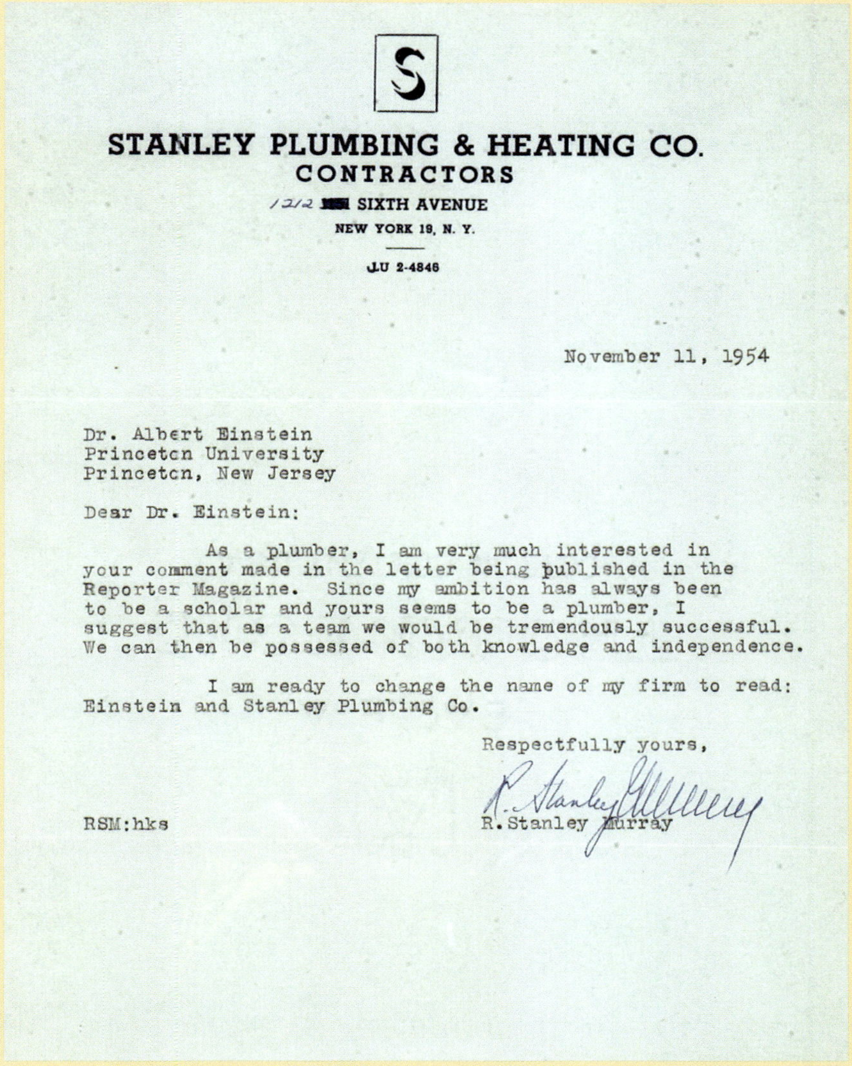

STANLEY PLUMBING & HEATING CO.
CONTRACTORS
1212 [redacted] SIXTH AVENUE
NEW YORK 19, N. Y.
JU 2-4846

November 11, 1954

Dr. Albert Einstein
Princeton University
Princeton, New Jersey

Dear Dr. Einstein:

As a plumber, I am very much interested in your comment made in the letter being published in the Reporter Magazine. Since my ambition has always been to be a scholar and yours seems to be a plumber, I suggest that as a team we would be tremendously successful. We can then be possessed of both knowledge and independence.

I am ready to change the name of my firm to read: Einstein and Stanley Plumbing Co.

Respectfully yours,

R.Stanley Murray

RSM:hks

← Eine der vielen witzigen Reaktionen auf Einsteins Erklärung, unter den herrschenden Verhältnissen eher den Beruf eines Klempners als den eines Wissenschaftlers zu wählen:

«Lieber Doktor Einstein:
Da ich ein Klempner bin, hat mich Ihr Brief in der Zeitschrift «Reporter» direkt angesprochen.
Weil es schon immer mein Ehrgeiz war, ein Wissenschaftler zu sein und es Ihrer zu sein scheint, Klempner zu sein, vermute ich, dass wir als Partner kolossal erfolgreich wären.
Wir würden dann sowohl über Wissen als auch über Unabhängigkeit verfügen.
Ich wäre bereit, den Namen meiner Firma zu ändern in: Einstein und Stanley Klempnerei.
Hochachtungsvoll
R. Stanley Murray»

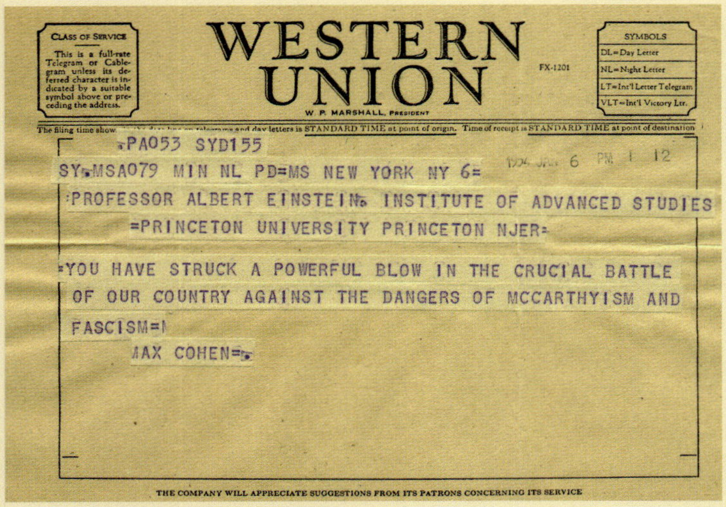

WESTERN UNION

PA053 SYD155

SY MSA079 MIN NL PD=MS NEW YORK NY 6=

PROFESSOR ALBERT EINSTEIN INSTITUTE OF ADVANCED STUDIES =PRINCETON UNIVERSITY PRINCETON NJER=

YOU HAVE STRUCK A POWERFUL BLOW IN THE CRUCIAL BATTLE OF OUR COUNTRY AGAINST THE DANGERS OF MCCARTHYISM AND FASCISM=!

MAX COHEN=

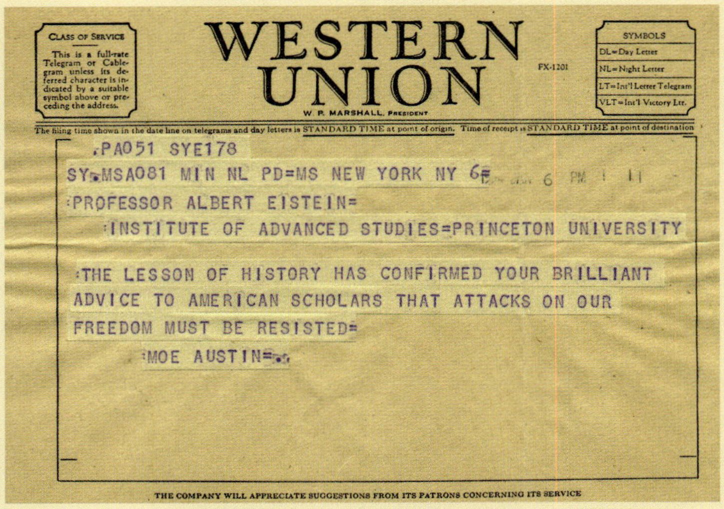

WESTERN UNION

PA051 SYE178

SY MSA081 MIN NL PD=MS NEW YORK NY 6=

PROFESSOR ALBERT EISTEIN= INSTITUTE OF ADVANCED STUDIES=PRINCETON UNIVERSITY

THE LESSON OF HISTORY HAS CONFIRMED YOUR BRILLIANT ADVICE TO AMERICAN SCHOLARS THAT ATTACKS ON OUR FREEDOM MUST BE RESISTED=

MOE AUSTIN=

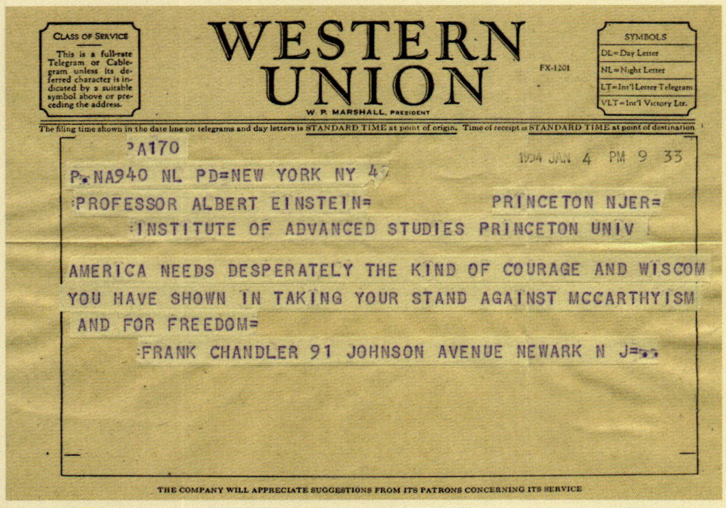

WESTERN UNION

PA170

P NA940 NL PD=NEW YORK NY 4

PROFESSOR ALBERT EINSTEIN= PRINCETON NJER= INSTITUTE OF ADVANCED STUDIES PRINCETON UNIV

AMERICA NEEDS DESPERATELY THE KIND OF COURAGE AND WISCOM YOU HAVE SHOWN IN TAKING YOUR STAND AGAINST MCCARTHYISM AND FOR FREEDOM=

FRANK CHANDLER 91 JOHNSON AVENUE NEWARK N J=

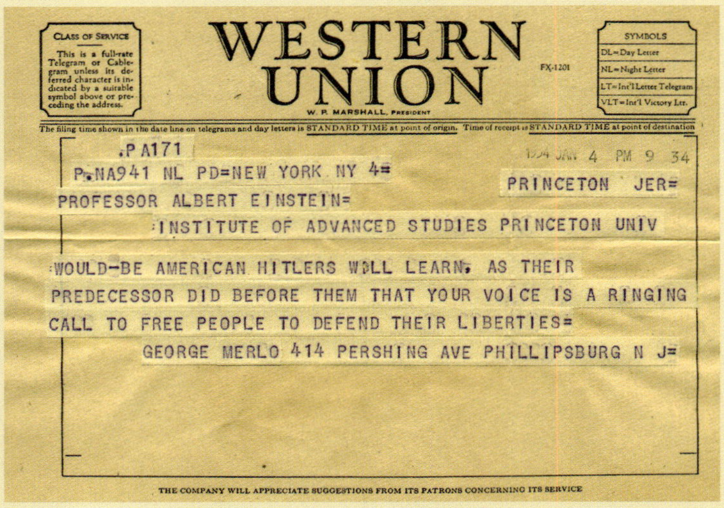

WESTERN UNION

PA171

P NA941 NL PD=NEW YORK NY 4=

PROFESSOR ALBERT EINSTEIN= PRINCETON JER= INSTITUTE OF ADVANCED STUDIES PRINCETON UNIV

WOULD-BE AMERICAN HITLERS WILL LEARN AS THEIR PREDECESSOR DID BEFORE THEM THAT YOUR VOICE IS A RINGING CALL TO FREE PEOPLE TO DEFEND THEIR LIBERTIES=

GEORGE MERLO 414 PERSHING AVE PHILLIPSBURG N J=

↑ Für seine Kritik an den Einschränkungen der bürgerlichen Freiheitsrechte erhielt Einstein viele zustimmende Telegramme und Briefe.

→ Eine freundliche Umschreibung der Stimmung im Amerika der McCarthy-Zeit. Aus einem Brief an Carl Seelig, 14. April 1954.

«Hier ist es gegenwärtig etwas grimmig, wenn auch drollig von drüben aus gesehen. Es gab wohl nie eine Nation, die so viel Reichtum und so viel Angst hat. Es ist eine nicht so harmlose Kombination. Man kann nur hoffen, dass der ganze Katzenjammer nicht zu viel Unheil im Gefolge hat.»

EINSTEINS HALTUNG ZU WIRTSCHAFTLICHEN UND SOZIALEN FRAGEN

Mit der gleichen Vehemenz, mit der Einstein in der politischen Diskussion als Kriegsgegner auftrat, war er in sozialen und wirtschaftlichen Fragen Sozialist.

Einstein hielt den Sozialismus für imstande, die räuberische Phase der Menschheitsentwicklung mit ihrem Hang zu Eroberungen, zur Unterwerfung und zur Ausbeutung des Einzelnen wie auch ganzer Völker endgültig zu überwinden.

Er sah, dass die kapitalistische Wirtschaftsform eine Gesellschaft anfällig macht für zyklische Wirtschaftskrisen mit verhängnisvollen sozialen Folgen. Deshalb befürwortete er eine gemässigte Planwirtschaft, in der die Auswüchse sowohl des Kapitalismus als auch des Sowjetkommunismus unter Kontrolle gehalten werden könnten.

Mit seinem Wunschziel von einer friedlichen und gerechten Gesellschaft eng verbunden war das Ideal eines einheitlichen und für alle gleichen Bildungssystems, aus dem jene schöpferisch und selbständig denkenden und urteilenden Persönlichkeiten hervorgehen würden, auf die keine Gesellschaft verzichten kann.

↑ Albert Einstein und seine Sekretärin Helen Dukas in Einsteins Arbeitszimmer, Princeton, 2. Oktober 1940.

Warum Sozialismus?

Ist es richtig, wenn ein Nicht-Fachmann auf ökonomischen und sozialen Gebiete sich über das Thema Sozialismus äussert? Ich glaube dies aus ~~zwei~~ verschiedenen Gründen bejahen zu dürfen.

Betrachten wir die Frage zuerst vom Standpunkte der wissenschaftlichen Erkenntnis! Gibt es da einen wesentlichen Unterschied zwischen der Astronomie und economics? Beide Wissenschaften gehen darauf aus, allgemeine Gesetzlichkeiten einer umgrenzten Gattung von Phänomenen herauszufinden, um den Zusammenhang der Phänomene möglichst begreiflich zu machen. Abgesehen jedoch davon, dass die Gesetzlichkeiten der Oekonomie dadurch kompliziert sind, dass das empirisch gegebene Phänomen von gar vielen Faktoren abhängt, deren Bedeutungen schwer gegen einander abzuwägen sind, sind die verfügbaren Erfahrungen – soweit sie sich auf die sogenannte zivilisierte Menschheit beziehen – bekanntlich durch nicht-ökonomische Ursachen weitgehend bedingt und beschränkt: die grösseren Staatengebilde sind meist durch Eroberung entstanden. Das erobernde Volk wird zur privilegierten Klasse, auf legalistischer und ökonomischer Basis. Sie etabliert für sich das Bodenmonopol und liefert die Priesterschaft, welche auf dem Erziehungswege die Klassen-Spaltung stabilisiert und das System der Wertungen erzeugt, durch welches ~~nun~~ die Menschen weitgehend unbewusst in ihrem sozialen Verhalten geleitet werden. Die geschichtliche Überlieferung aber ist sozusagen von gestern, und wir haben noch nirgends jenen Zustand wirklich überwunden, der im Sinne Th. Veblens als die „prädatorische Phase der Menschheits-Entwicklung" bezeichnet werden kann. Dieser Phase ~~sind~~ gehören die ~~bisher~~ beobachtbaren Thatsachen der Oekonomie an – eine schmale Basis für die Aufstellung allgemeiner Gesetze! Da nun ~~der~~ Sozialismus geradezu als die Bemühung aufzufassen ist, die prädatorische Phase der ~~Menschen~~ Entwicklung ~~auf dem~~ zu überwinden, so kann ihm die ökonomische Wissenschaft in ihrer heutigen Gestalt nicht viel helfen.

Ferner: Sozialismus hat es mit einem sozial-ethischen Ziele zu thun. Die Wissenschaft kann aber keine Ziele schaffen oder gar in den Menschen lebendig machen, sondern nur besten Falles Mittel zur Erreichung von Zielen liefern. Ziele aber werden von ethischen Persönlichkeiten aufgestellt und – wenn sie lebensfähig sind – von den Vielen aufgenommen, die, obgleich in der Mehrzahl halbunbewusst, die langsame Entwicklung der Gesellschaft bestimmen. Also keine Überschätzung der Wissenschaft und ihrer Methoden, wenn es sich um menschliche Probleme handelt!

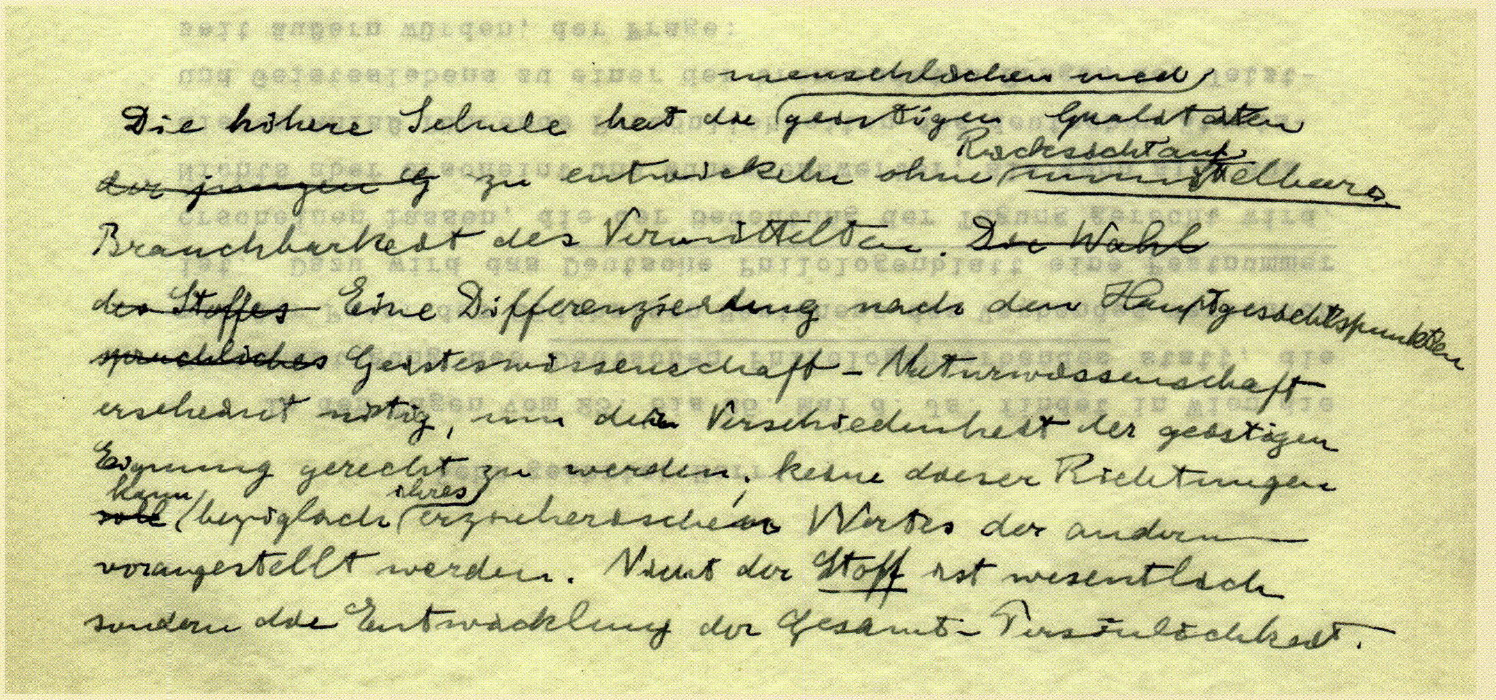
Die höhere Schule hat die menschlichen und geistigen Qualitäten ~~der jungen~~ zu entwickeln ohne Rücksicht auf ~~unmittelbare~~ Brauchbarkeit des Vermittelten. ~~Die Wahl des Stoffes~~ Eine Differenzierung nach den Hauptgesichtspunkten ~~sprachliches~~ Geisteswissenschaft – Naturwissenschaft erscheint nötig, um der Verschiedenheit der geistigen Eignung gerecht zu werden. Keine dieser Richtungen ~~soll~~ kann/ bezüglich ihres erzieherischen Wertes der andern vorangestellt werden. Nicht der Stoff ist wesentlich sondern die Entwicklung der Gesamt-Persönlichkeit.

↑ Beitrag für die Festschrift des Deutschen Philologenverbandes, April 1929.

→ Aus «Erziehung zu selbständigem Denken», 1952.

«Überbetonung des kompetitiven Systems und frühzeitiges Spezialisieren unter dem Gesichtspunkt der unmittelbaren Nützlichkeit töten den Geist, von dem alles kulturelle Leben und damit schliesslich auch die Blüte der Spezialwissenschaften abhängig ist. – Zum Wesen einer wertvollen Erziehung gehört es […], dass das selbständige kritische Denken im jungen Menschen entwickelt wird, eine Entwicklung, die weitgehend durch Überbürdung mit Stoff gefährdet wird […]. Überbürdung führt notwendig zu Oberflächlichkeit und Kulturlosigkeit. Das Lehren soll so sein, dass das Dargebotene als wertvolles Geschenk und nicht als saure Pflicht empfunden wird.»

← «Warum Sozialismus?» Dieser Artikel wurde in englischer Übersetzung im Mai 1949 in der «Monthly Review» veröffentlicht und erlebte anschliessend zahlreiche Nachdrucke. Einstein legt darin seine Kritik sowohl am kapitalistischen als auch am sowjetkommunistischen Wirtschaftssystem dar und tritt für einen ethischen Sozialismus ein.

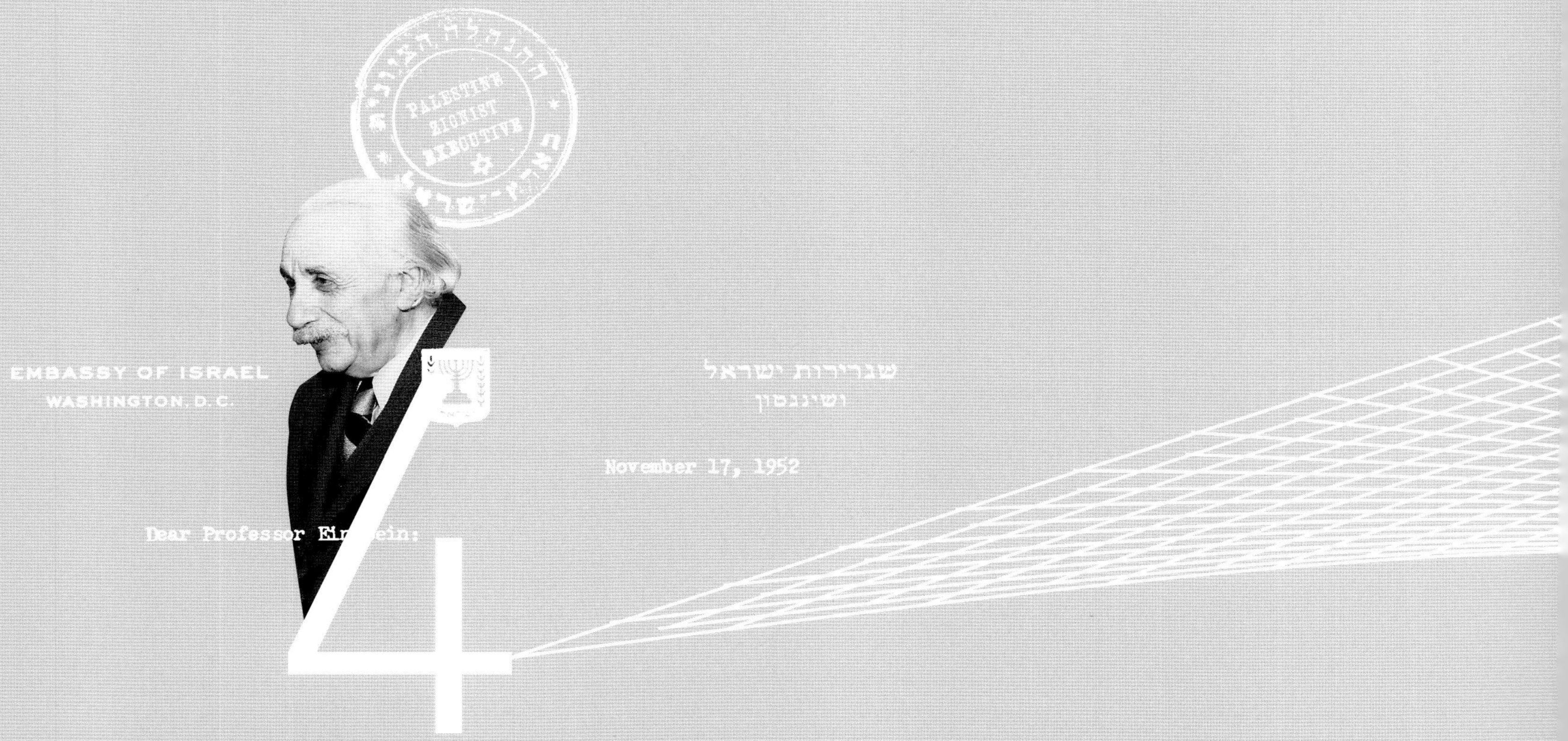
PALESTINE ZIONIST EXECUTIVE
EMBASSY OF ISRAEL
WASHINGTON, D. C.
שגרירות ישראל
ושינגטון
November 17, 1952
Dear Professor Einstein:
4

JÜDISCHES SELBSTVERSTÄNDNIS

«Streben nach Erkenntnis um ihrer selbst willen, an Fanatismus grenzende Liebe zur Gerechtigkeit und Streben nach persönlicher Selbständigkeit – das sind die Motive der Tradition des jüdischen Volkes, die mich meine Zugehörigkeit zu ihm als ein Geschenk des Himmels empfinden lassen.»

Aus «Jüdische Ideale», 1925.

DER JUDE EINSTEIN

Einstein war in eine assimilierte deutsch-jüdische Familie hinein geboren und wurde sich früh seiner jüdischen Identität bewusst. Zeit seines Lebens fühlte er sich dem jüdischen Volk eng verbunden.

Allerdings galt diese Verbundenheit nicht der institutionalisierten Religion, sondern einer Schicksalsgemeinschaft, in der die gemeinsame Geschichte und Kultur und die daraus erwachsenen gemeinsamen ethischen Werte den Bezugsrahmen bildeten.

Zu den wichtigsten Idealen des Judentums zählte Einstein das Streben nach Erkenntnis und nach sozialer Gerechtigkeit. Wie Spinoza wollte er sich keinen persönlichen Gott vorstellen, der die Handlungen seiner Geschöpfe direkt beeinflusst. Die göttliche Vernunft offenbarte sich ihm in der Harmonie der Naturgesetze.

↓ Textskizze mit unbekannten Adressaten, 1934. – Einstein legt dar, was es in seinen Augen heisst, Jude zu sein.

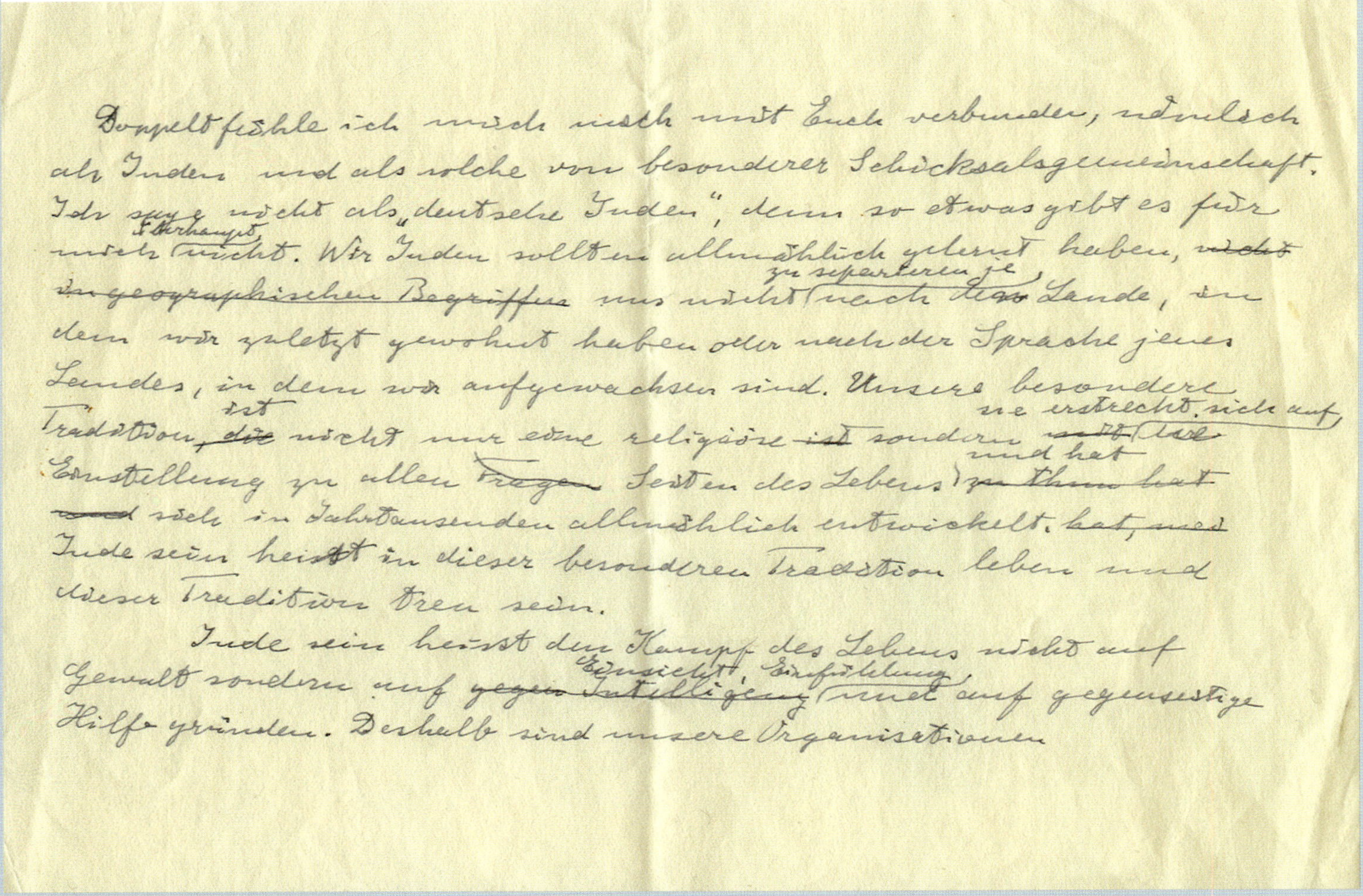

Doppelt fühle ich mich mit Euch verbunden, nämlich als Juden und als solche von besonderer Schicksalsgemeinschaft. Ich ~~sage~~ nicht als „deutsche Juden", denn so etwas gibt es für mich ~~nicht~~ überhaupt nicht. Wir Juden sollten allmählich gelernt haben, ~~nicht~~ ~~in geographischen Begriffen~~ uns nicht zu separieren je nach ~~dem~~ Lande, in dem wir zuletzt gewohnt haben oder nach der Sprache jenes Landes, in dem wir aufgewachsen sind. Unsere besondere Tradition, ~~die~~ ist nicht nur eine religiöse ~~ist~~ sondern sie erstreckt sich auf ~~auch~~ die Einstellung zu allen ~~Fragen~~ Seiten des Lebens und hat ~~zu ihnen hat~~ ~~und~~ sich in Jahrtausenden allmählich entwickelt. ~~hat, und~~ Jude sein heisst in dieser besonderen Tradition leben und dieser Tradition treu sein.

Jude sein heisst den Kampf des Lebens nicht auf Gewalt sondern auf ~~gegen Intelligenz~~ Einsicht, Einfühlung ~~und~~ auf gegenseitige Hilfe gründen. Deshalb sind unsere Organisationen

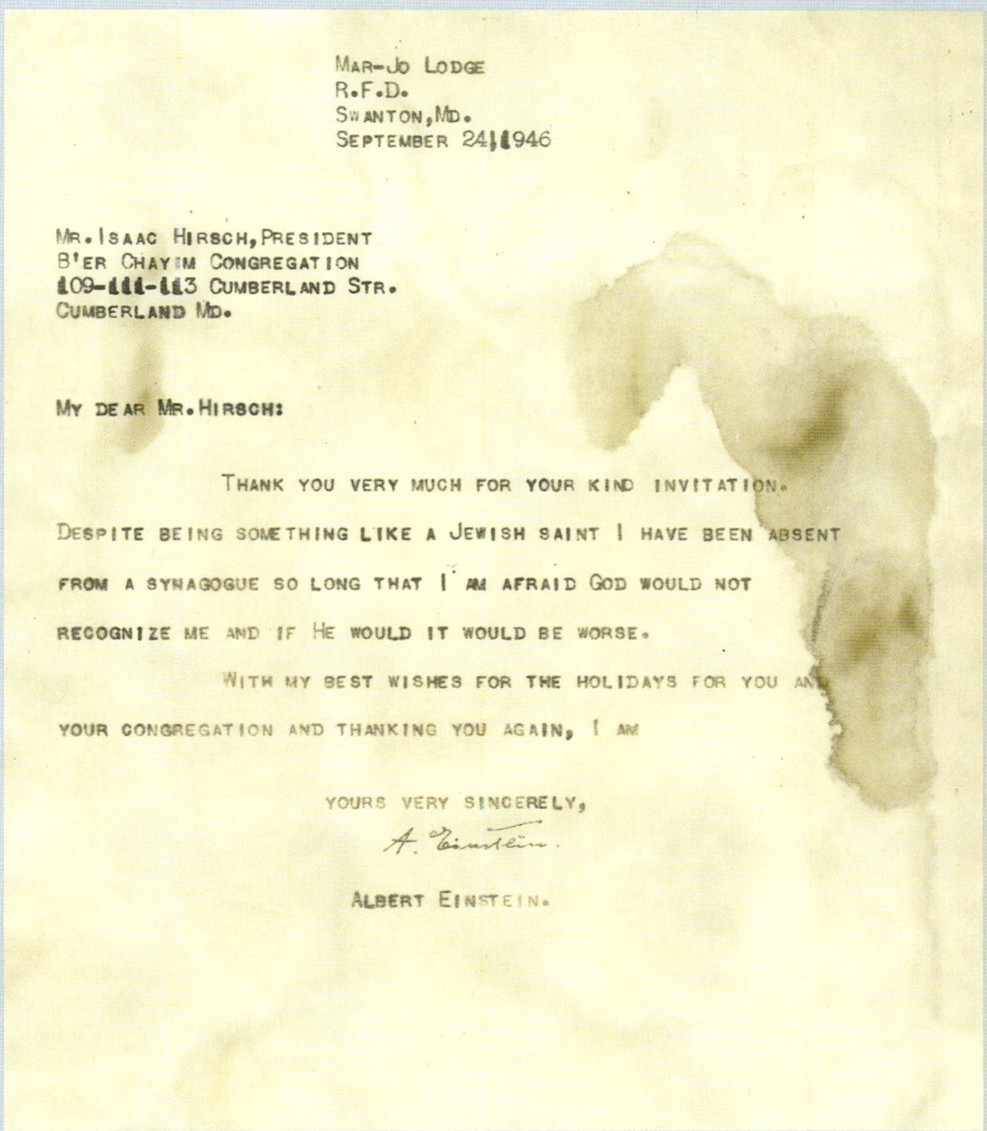

Mar-Jo Lodge
R.F.D.
Swanton, Md.
September 24,1946

Mr. Isaac Hirsch, President
B'er Chayim Congregation
109-111-113 Cumberland Str.
Cumberland Md.

My dear Mr. Hirsch:

Thank you very much for your kind invitation. Despite being something like a Jewish saint I have been absent from a synagogue so long that I am afraid God would not recognize me and if He would it would be worse.

With my best wishes for the holidays for you and your congregation and thanking you again, I am

Yours very sincerely,

A. Einstein.

Albert Einstein.

«Mein lieber
Herr Hirsch,
vielen Dank für Ihre
freundliche Einladung.
Obgleich ich so etwas
wie ein jüdischer
Heiliger bin, habe ich
seit so langer Zeit keine
Synagoge mehr besucht,
dass ich fürchten muss,
Gott würde mich nicht
mehr erkennen.
Wenn er es aber täte,
wäre es wohl schlimmer.
Ich sende Ihnen
und Ihrer Gemeinde
die besten Wünsche für
die Feiertage und danke
Ihnen noch einmal.
Hochachtungsvoll
A. Einstein»

↑ Antwort auf eine Einladung zum Besuch der Synagoge, 24. September 1946.

→ Aus dem Entwurf zu einem Brief an V. T. Aaltonen, 7. Mai 1952.

«Nicht nur habe ich keinen Glauben an einen persönlichen Gott, sondern solcher Glaube erscheint mir geradezu kindlich. Andererseits scheint es mir, dass das blosse Nicht-Glauben an einen persönlichen Gott noch lange keine Philosophie ist. – Die menschliche Situation ist so, dass wir gerade noch Geist genug haben, um mühsam Weniges von der Harmonie der strukturellen Zusammenhänge der Welt zu erfassen. Ernsthaftes Bemühen in dieser Richtung erfüllt den Menschen mit einer Demut, die zum mindesten verwandt ist mit einem religiösen Gefühl. – Sie können mich also als religiösen Ungläubigen betrachten.»

↑ Albert Einstein mit dem bekannten Schauspieler des jiddischen Theaters Maurice Schwartz und dessen Truppe nach einer Aufführung des Stücks «Yoshe Kalb», Princeton 1934.

→ «Christentum und Judentum». Diese Erklärung erschien in der rumänischen Zeitschrift für jüdische Belange «Renasterea Noastra» im Januar 1933.

Christentum und Judentum

Wenn man das Judentum der Propheten und das Christentum wie es Jesus Christus gelehrt hat, von allen Zuthaten der Späteren, insbesondere der ~~Christen~~ Priester loslöst, so bleibt eine Lehre übrig, welche die Menschheit von allen sozialen Krankheiten zu heilen imstande wäre.

Dem wohlmeinenden Menschen erwächst die Pflicht, in seinem Kreise unentwegt zu versuchen, diese Lehre der reinen Menschlichkeit lebendig zu machen, so gut er es vermag.

Wenn er dies ehrlich versucht ~~vollbringt~~, ohne von den Zeitgenossen verstossen und vernichtet zu werden, so darf er sich und seine Gemeinschaft glücklich preisen.

Princeton N.J., den 3.April 1935

Herrn Gerald M.Donahue
9105 Colonial Road
Brooklyn-New York

Sehr geehrter Herr:

Im letzten Grunde ist jeder ein Mensch, gleichgültig ob Amerikaner, Deutscher, Jew or Gentile. Wenn es möglich wäre, mit diesem allein würdigen Standpunkt auszukommen, wäre ich ein glücklicher Mensch. Ich finde es traurig, dass im heutigen praktischen Leben Trennungen nach Staatszugehörigkeit und kultureller Tradition eine so erhebliche Rolle spielen. Da dies nun aber einmal unabänderlich ist, darf man sich der Wirklichkeit gegenüber nicht verschliessen.

Was nun die eine alte Traditionsgemeinschaft bildende Judenheit anbelangt, so lehrt deren Leidensgeschichte, dass - mit den Augen des Historikers gesehn - das Jude-Sein sich in stärkerem Masse ausgewirkt hat als die Zugehörigkeit zu politischen Gemeinschaften. Wenn zum Beispiel die deutschen Juden aus Deutschland vertrieben werden, so hören sie auf, Deutsche zu sein, ändern ihre Sprache und ihre politische Zugehörigkeit, aber sie bleiben Juden. Warum dies so ist, ist gewiss eine schwierige Frage; ich sehe den Grund in der Hauptsache nicht in Merkmalen der Rasse, sondern in fest eingewurzelten Traditionen, die sich keineswegs auf das Religiöse beschränken. An dieser Tatsache wird dadurch nichts geändert, dass Juden als Bürger bestimmter Staaten in deren Kriegen zum Opfer fallen.

Mit ausgezeichneter Hochachtung

→ «Antisemitismus». Unter dem Titel «Why Do They Hate the Jews?» erschien dieser Artikel am 26. November 1938 in der Zeitschrift «Collier's Weekly». Anschaulich beschreibt Einstein die Triebfeder des politischen Antisemitismus und die Mechanismen rassistischer Hetze in Geschichte und Gegenwart. Ausserdem erläutert er die Bedeutung jüdischer sozialer Tradition für die Entwicklung weiter Teile der Menschheit und bekräftigt seinen Glauben an diese Werte.

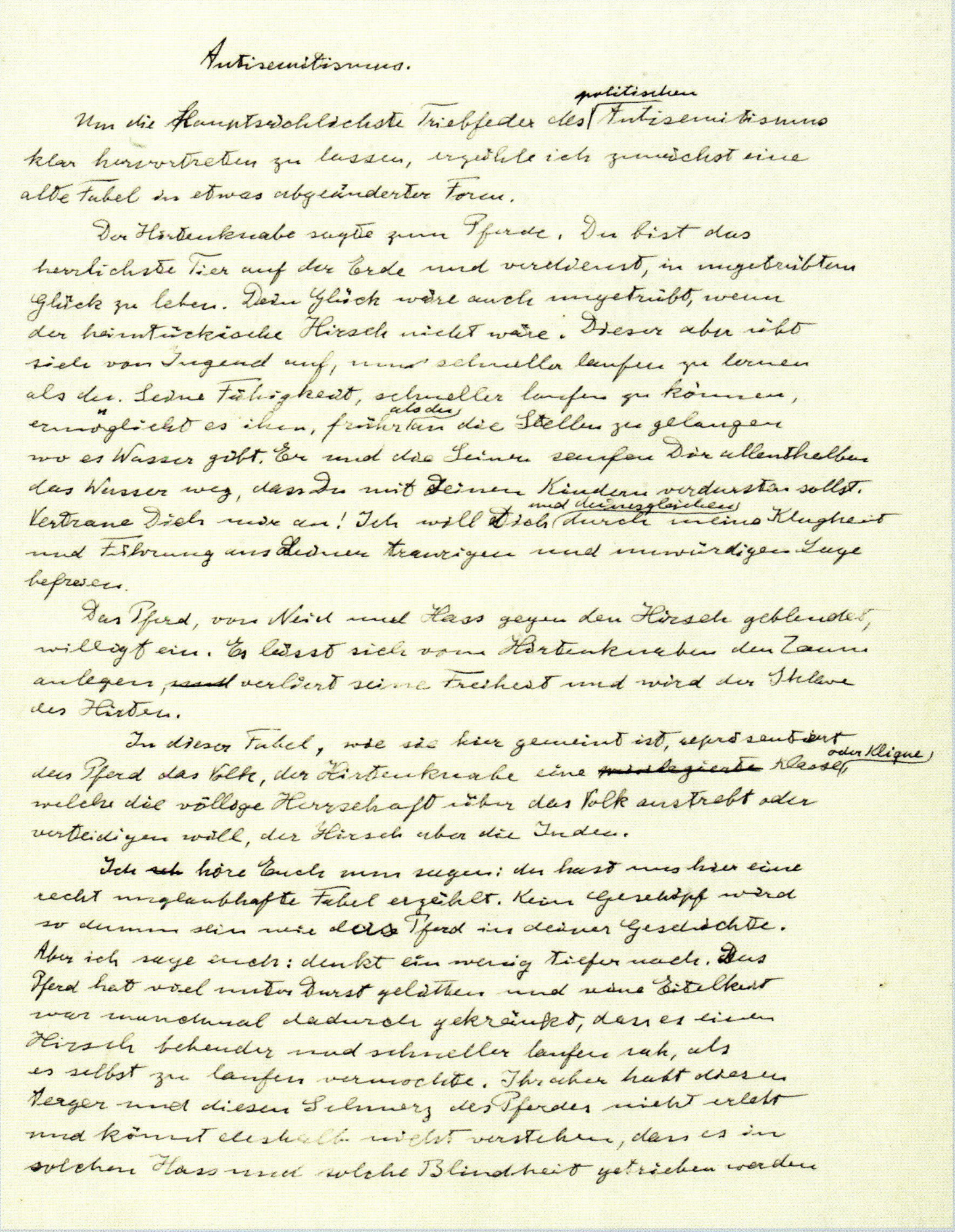

Antisemitismus.

Um die hauptsächlichste Triebfeder des politischen Antisemitismus klar hervortreten zu lassen, erzähle ich zunächst eine alte Fabel in etwas abgeänderter Form.

Der Hirtenknabe sagte zum Pferde: Du bist das herrlichste Tier auf der Erde und verdienst, in ungetrübtem Glück zu leben. Dein Glück wäre auch ungetrübt, wenn der heimtückische Hirsch nicht wäre. Dieser aber übt sich von Jugend auf, um schneller laufen zu lernen als du. Seine Fähigkeit, schneller laufen zu können, ermöglicht es ihm, früher als du an die Stellen zu gelangen wo es Wasser gibt. Er und die Seinen saufen dir allenthalben das Wasser weg, dass du mit deinen Kindern verdursten sollst. Vertraue dich mir an! Ich will dich und deinesgleichen durch meine Klugheit und Führung aus deiner traurigen und unwürdigen Lage befreien.

Das Pferd, von Neid und Hass gegen den Hirsch geblendet, willigt ein. Es lässt sich vom Hirtenknaben den Zaum anlegen, ~~und~~ verliert seine Freiheit und wird der Sklave des Hirten.

In dieser Fabel, wie sie hier gemeint ist, repräsentiert das Pferd das Volk, der Hirtenknabe eine ~~privilegierte~~ Klasse oder Klique, welche die völlige Herrschaft über das Volk anstrebt oder verteidigen will, der Hirsch aber die Juden.

Ich ~~seh~~ höre Euch nun sagen: du hast uns hier eine recht unglaubhafte Fabel erzählt. Kein Geschöpf wird so dumm sein wie das Pferd in deiner Geschichte. Aber ich sage euch: denkt ein wenig tiefer nach. Das Pferd hat viel unter Durst gelitten und seine Eitelkeit war manchmal dadurch gekränkt, dass es einen Hirsch behender und schneller laufen sah, als es selbst zu laufen vermochte. Ihr aber habt diesen Ärger und diesen Schmerz des Pferdes nicht erlebt und könnt deshalb nicht verstehen, dass es in solchen Hass und solche Blindheit getrieben werden

← Der Amerikaner Gerald M. Donahue hatte die Ansicht vertreten, dass auch Juden in erster Linie Bürger ihrer Länder seien. Einstein legt in seiner Antwort vom 3. April 1935 seinen davon abweichenden Standpunkt dar.

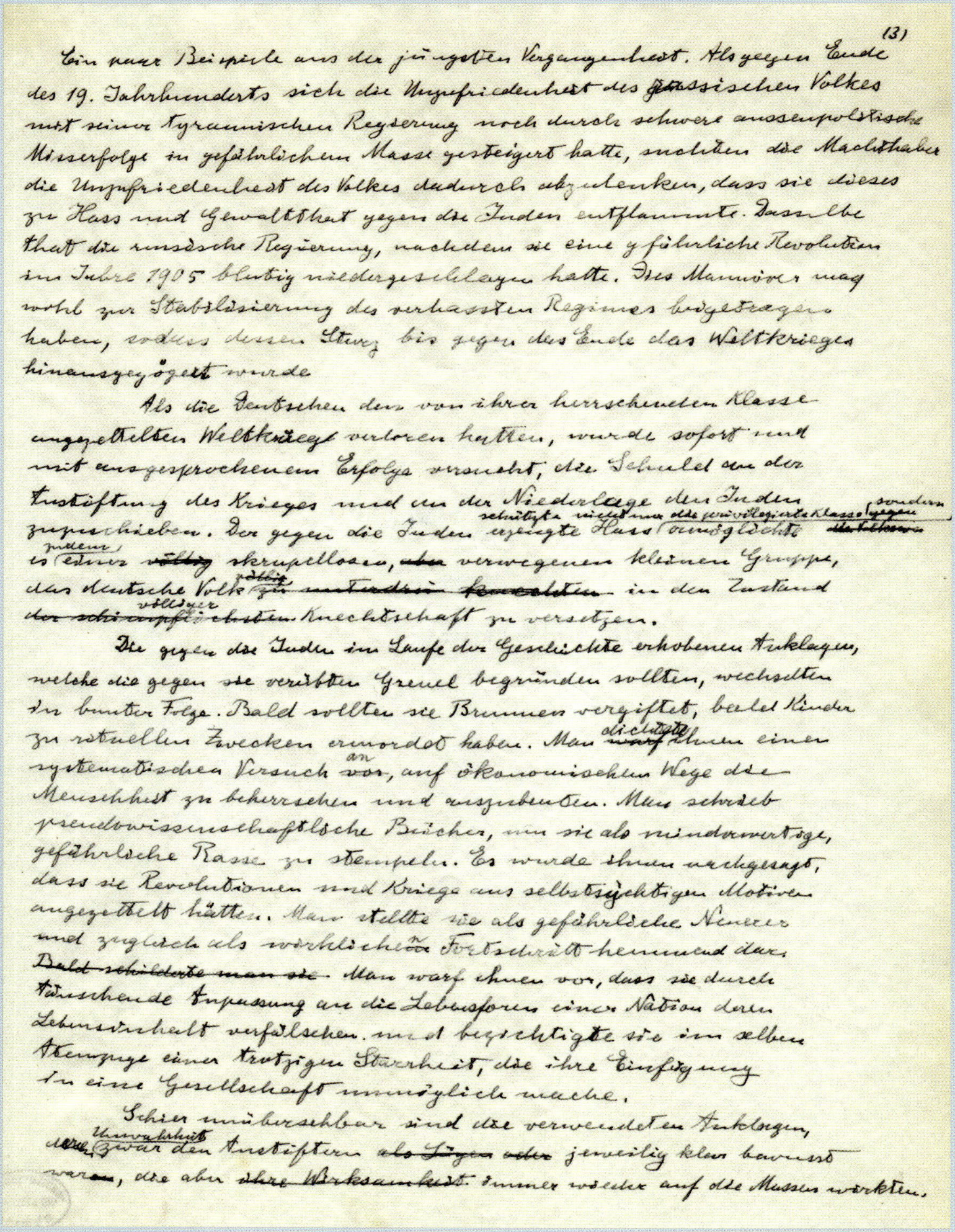

(3)

Ein paar Beispiele aus der jüngsten Vergangenheit. Als gegen Ende des 19. Jahrhunderts sich die Unzufriedenheit des russischen Volkes mit seiner tyrannischen Regierung noch durch schwere aussenpolitische Misserfolge in gefährlichem Masse gesteigert hatte, suchten die Machthaber die Unzufriedenheit des Volkes dadurch abzulenken, dass sie dieses zu Hass und Gewaltthat gegen die Juden entflammte. Dasselbe that die russische Regierung, nachdem sie eine gefährliche Revolution im Jahre 1905 blutig niedergeschlagen hatte. Dies Manöver mag wohl zur Stabilisierung des verhassten Regimes beigetragen haben, sodass dessen Sturz bis gegen das Ende des Weltkrieges hinausgezögert wurde.

Als die Deutschen den von ihrer herrschenden Klasse angezettelten Weltkrieg verloren hatten, wurde sofort und mit ausgesprochenem Erfolge versucht, die Schuld an der Anstiftung des Krieges und an der Niederlage den Juden zuzuschieben. Der gegen die Juden erzeugte Hass schützte nicht nur die privilegierte Klasse, sondern ermöglichte es einer kleinen, skrupellosen, verwegenen Gruppe, das deutsche Volk völlig in den Zustand völliger Knechtschaft zu versetzen.

Die gegen die Juden im Laufe der Geschichte erhobenen Anklagen, welche die gegen sie verübten Greuel begründen sollten, wechselten in bunter Folge. Bald sollten sie Brunnen vergiftet, bald Kinder zu rituellen Zwecken ermordet haben. Man dichtete ihnen einen systematischen Versuch an, auf ökonomischem Wege die Menschheit zu beherrschen und auszubeuten. Man schrieb pseudowissenschaftliche Bücher, um sie als minderwertige, gefährliche Rasse zu stempeln. Es wurde ihnen nachgesagt, dass sie Revolutionen und Kriege aus selbstsüchtigen Motiven angezettelt hätten. Man stellte sie als gefährliche Neuerer und zugleich als wirklichen Fortschritt hemmend dar. Man warf ihnen vor, dass sie durch täuschende Anpassung an die Lebensform einer Nation deren Lebensinhalt verfälschen, und bezichtigte sie im selben Atemzuge einer trotzigen Starrheit, die ihre Einfügung in eine Gesellschaft unmöglich mache.

Schier unübersehbar sind die verwendeten Anklagen, deren Unwahrheit zwar den Anstiftern jeweilig klar bewusst war, die aber immer wieder auf die Massen wirkten.

↑→ Aus dem Artikel, der unter dem Titel «Why Do They Hate the Jews?» 1938 erschienen war (siehe vorhergehende Seite).

Eine analoge Schwierigkeit stellt sich immer ein, wenn man das Wesen irgend einer Volksgruppe zu erklären versucht. Was soll z. B. ein Amerikaner antworten, wenn man ihn fragt, was eigentlich ein „Republikaner" (im Gegensatz zum „Demokraten") sei. Die Antwort, es sei eine Person, die sich zur republikanischen Partei bekennt, dürfte wenig befriedigen. In Wahrheit kann der Fragesteller nur dadurch befriedigt werden, dass man ihm die wesentlichen Ziele und Interessen auseinandersetzt, welche diese Partei vertritt. So ist es bei jeder sozialen Gruppe, also auch bei der Judenheit.

Was die Juden verbindet und seit Jahrtausenden verbunden hat, ist in erster Linie ein demokratisches Ideal der sozialen Gerechtigkeit und die Idee der Pflicht zu gegenseitigen Hilfe und Duldsamkeit aller Menschen untereinander. Dies soziale Ideal durchdringt schon die ältesten religiösen Schriften der Juden und hat über das Christentum und die mohammedanische Religion mächtig und wohltätig auf die soziale Gestaltung eines grossen Teiles der Menschheit eingewirkt. Es sei hier auch der Einführung des wöchentlichen Ruhetages gedacht, einer unermesslichen Wohltat für alle Menschen. Persönlichkeiten wie Moses, Jesus, Spinoza, Karl Marx, so verschieden sie auch sein mögen, sie alle lebten und opferten sich für das Ideal der sozialen Gerechtigkeit und wurden auf diesen dornenvollen Weg durch die Tradition ihrer Väter geführt. Die einzigartigen Leistungen der Juden auf dem Gebiete der Wohltätigkeit entstammen derselben Quelle.

Der zweite charakteristische Zug der jüdischen Tradition ist die hohe Wertschätzung jeder Art intellektuellen Strebens und geistiger Arbeit. Dieser hohen Wertung der Erkenntnis allein ist es nach meiner Überzeugung zuzuschreiben, dass Juden an den Fortschritten der Erkenntnis im weitesten Sinne des Wortes in einem Masse mitgewirkt haben, dass im Hinblick auf ihre verhältnismässig geringe Zahl und auf die bedeutenden äusseren Hemmungen, die ihnen stets und allenthalben im Wege standen, die Anerkennung aller ehrlichen Menschen verdient. Nach meiner

EINSTEIN UND DER JÜDISCHE NATIONALISMUS

Unter dem Eindruck des wachsenden Antisemitismus entwickelte Einstein ein entschiedenes, aber differenzierendes und kritisches Zugehörigkeitsgefühl zum Judentum. In der Frage nach einem jüdischen Staat in Palästina leitete sein Widerwille gegen Nationalstaaten sein Urteil.

Vor seinem Umzug nach Berlin im Jahr 1914 hatte Einstein kein offenkundiges Interesse an jüdischen Fragen gezeigt. Es war die Konfrontation mit dem deutschen Antisemitismus, die ihm den Status der Juden innerhalb der deutschen Gesellschaft in einem neuem Licht erscheinen liess. Dieser Antisemitismus richtete sich in der Zeit des Ersten Weltkriegs und den folgenden Jahren hauptsächlich und vordergründig gegen die zugewanderten Ostjuden, die in Berlin eine nicht zu übersehende, fremdartig erscheinende Minorität darstellten, und noch nicht im gleichen Mass gegen die assimilierten deutsch-jüdischen Bürger.

Wie viele andere deutsch-jüdische Intellektuelle gelangte Einstein zur Überzeugung, dass eine vollständige Assimilation abzulehnen sei. Stattdessen müsse das jüdische Selbstbewusstsein durch eine Art kultureller Wiedergeburt wiederhergestellt werden. Trotz seines grundsätzlichen Widerwillens gegen jeglichen Nationalismus konnte er sich mit einem jüdischen Nationalismus befreunden, der sich als eine kulturelle, nicht-politische Bewegung verstand, etwa so, wie ihn der Publizist und Zionist Achad Haam definierte. Deshalb sprachen die kulturellen Aspekte des deutschen Zionismus Einstein besonders an. Zu der «tapferen und tüchtigen Minderheit derer, die sich selbst Zionisten nennen,» zählte er sich selbst allerdings nicht, und die zionistische Führung respektierte seine Zurückhaltung.

Die «Heimstatt für Juden in Palästina», die die Balfour-Erklärung zu errichten versprach, schien Einstein in erster Linie Berechtigung zu besitzen als ein geistiges Zentrum, als eine Mustergesellschaft. Zwar unterstützte er die Kolonisationsbemühungen in der Überzeugung, dass hier ein Zufluchtsort für die verfolgten osteuropäischen Juden geschaffen würde. Aber er betrachtete die Besiedlung Palästinas in erster Linie als ein Instrument, das den gesellschaftlichen Zusammenhalt der Juden in den westlichen Ländern fördern und ihre kulturelle Identität stärken würde.

In Einsteins Augen war es weder moralisch zu rechtfertigen noch überhaupt praktisch möglich, die Ziele des Zionismus ohne Mitwirkung der arabischen Bevölkerung Palästinas zu verwirklichen. Deshalb sprach er sich nachdrücklich dafür aus, den Konflikt zwischen Arabern und Juden in Palästina gemeinsam und einvernehmlich beizulegen. Bis zum Sommer 1947 trat er für eine binationale Lösung in Palästina ein. Aber angesichts der Kämpfe, die nach dem Teilungsbeschluss der Vereinten Nationen ausgebrochen waren, erschien ihm die Teilung des Landes in einen jüdischen und einen arabischen Staat schliesslich doch eine praktikable Massnahme.

Der junge Staat Israel fand Einsteins wohlwollende Unterstützung; dessen politischer Führung stand er allerdings weiterhin höchst kritisch gegenüber. Er warnte vor den Gefahren eines engstirnigen Nationalismus, der jedem Nationalstaat innewohne; in der Art und Weise, wie der jüdische Staat mit seiner arabischen Minorität umgehen werde, sah er den Prüfstein für Israels moralische Integrität.

↑ Einstein wendet sich an die jüdische Studentenkonferenz in Deutschland, 27. Februar 1924.

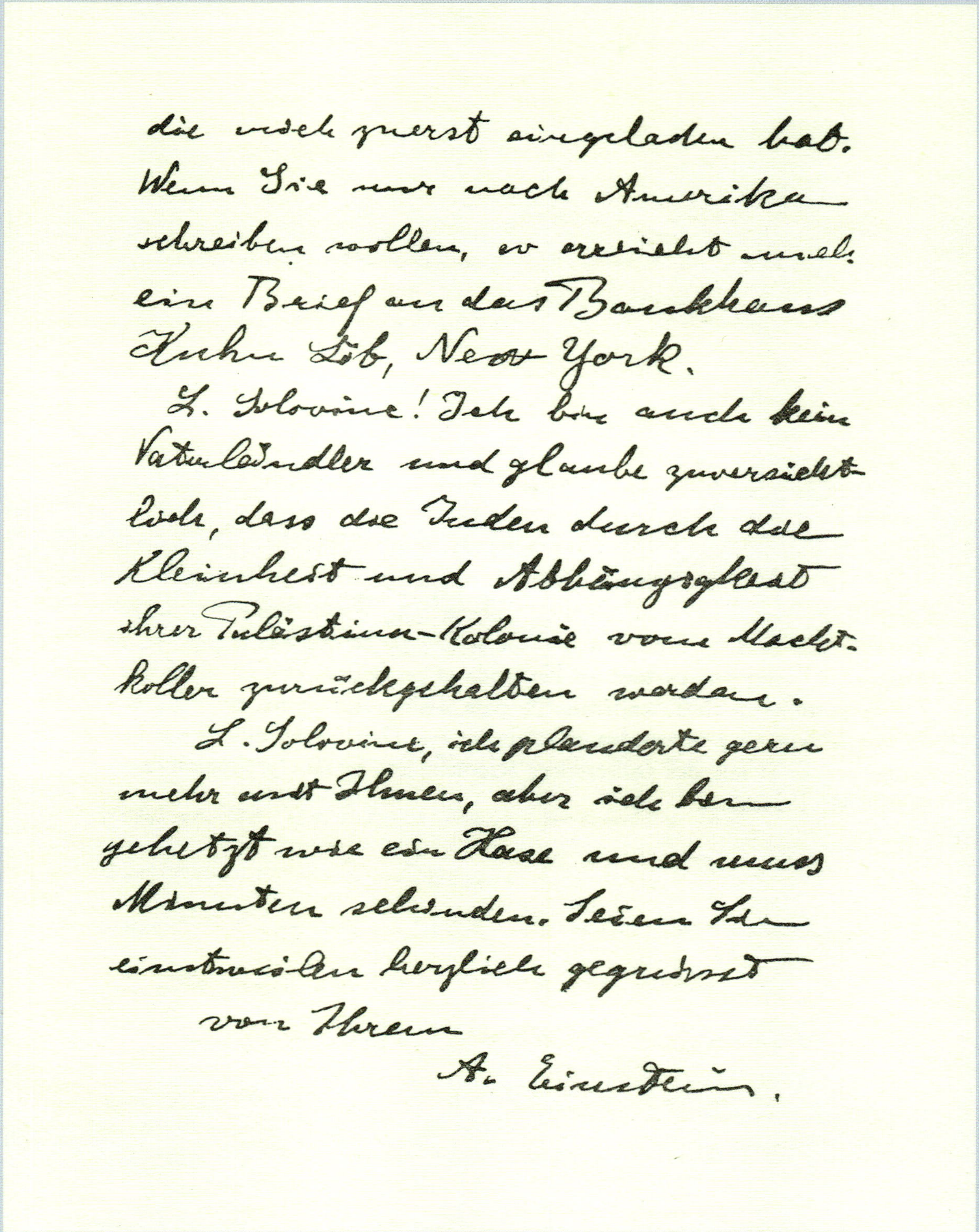

die mich zuerst eingeladen hat.
Wenn Sie nur nach Amerika
schreiben wollen, so erreicht mich
ein Brief an das Bankhaus
Kuhn Löb, New York.
L. Solovine! Ich bin auch kein
Vaterländler und glaube zuversicht-
lich, dass die Juden durch die
Kleinheit und Abhängigkeit
ihrer Palästina-Kolonie vom Macht-
koller zurückgehalten werden.
L. Solovine, ich plauderte gern
mehr mit Ihnen, aber ich bin
gehetzt wie ein Hase und muss
Minuten schinden. Seien Sie
einstweilen herzlich gegrüsst
von Ihrem
A. Einstein.

↑ Aus einem Brief an Maurice Solovine, den Freund aus der «Akademie Olympia», 16. März 1921.

1921

Meine D. u. H.!

Palästina ~~bedeutet~~ ist für uns Juden keine ~~Koloni~~ blosse Wohltätigkeits- oder Kolonial-Angelegenheit sondern ein Problem von zentraler Wichtigkeit für das jüdische Volk. Palästina ist ~~nicht eine~~ in erster Linie Refugium für Ostjuden sondern die Verkörperung des wiedererwachenden nationalen Gemeinschaftsgefühls aller Juden. Ist es zeitgemäss und notwendig, dies Gemeinschaftsgefühl zu erwecken und zu stärken? Auf diese Frage glaube ich nicht nur aus meinem spontanen Gefühl heraus sondern aus Vernunftsgründen mit einem unbedingten „ja" antworten zu müssen.

Lasst Sie uns einen kurzen Blick werfen auf die Entwicklung ~~gang~~ der deutschen Juden in den letzten hundert Jahren. Vor ~~hundert Jah~~ einem Jahrhundert noch lebten unsere Vorfahren mit wenigen Ausnahmen im Ghetto. Sie waren arm, politisch entrechtet, von den Nichtjuden durch einen Wall von religiösen Traditionen ~~und~~ weltlichen Lebensformen und gesetzliche Beschränkungen getrennt, in ihrer geistigen Entwicklung auf die eigene Litteratur beschränkt, nur relativ schwach beeinflusst durch den gewaltigen Aufschwung, den das europäische Geistesleben seit der Renaissance ~~genommen~~ erfahren hatte. Aber eines hatten diese wenig beachteten, bescheiden lebenden Menschen vor uns voraus: Jeder von ihnen gehörte mit allen Fasern seines Herzens einer Gemeinschaft an, in der er ganz aufging, in der er sich als vollwertiges Glied fühlte, ~~konnte~~ die nichts von ihm forderte, was seiner natürlichen Denkweise widerstrebte. Unsere damaligen Vorfahren waren körperlich und geistig ziemlich verkümmert aber in sozialer Beziehung in einem beneidenswerten seelischen Gleichgewicht. ×

Dann kam die Emanzipation. Sie bot dem Individuum plötzlich ungeahnte Entwicklungsmöglichkeiten. Die einzelnen Individuen erlangten rasch Stellungen in höheren wirtschaftlichen und sozialen Schichten der Gesellschaft. Sie sogen gierig die herrlichen Errungenschaften in sich auf, die Kunst und Wissenschaft des Abendlandes geschaffen hatten. Sie beteiligten sich mit glühender Leidenschaft an dieser Entwicklung, indem sie selbst bleibende Werte schufen. Dabei nahmen sie die äusseren Daseinsformen der nichtjüdischen Welt an, wandten sich in steigendem Masse von ihren religiösen und sozialen Überlieferungen ~~und~~ ab, ~~indem sie~~ nahmen nichtjüdische Sitten, Formen und Denkweise an. Es schien, als lösten sie sich restlos

↑ Albert Einstein und Chaim Weizmann (1874–1952), ab 1948 erster Präsident des Staates Israel, New York, April 1921.

← Aus einer Ansprache an amerikanische Zionisten im April 1921. Einstein betont hier die Wichtigkeit einer geistigen und kulturellen Erneuerung des jüdischen Volkes.

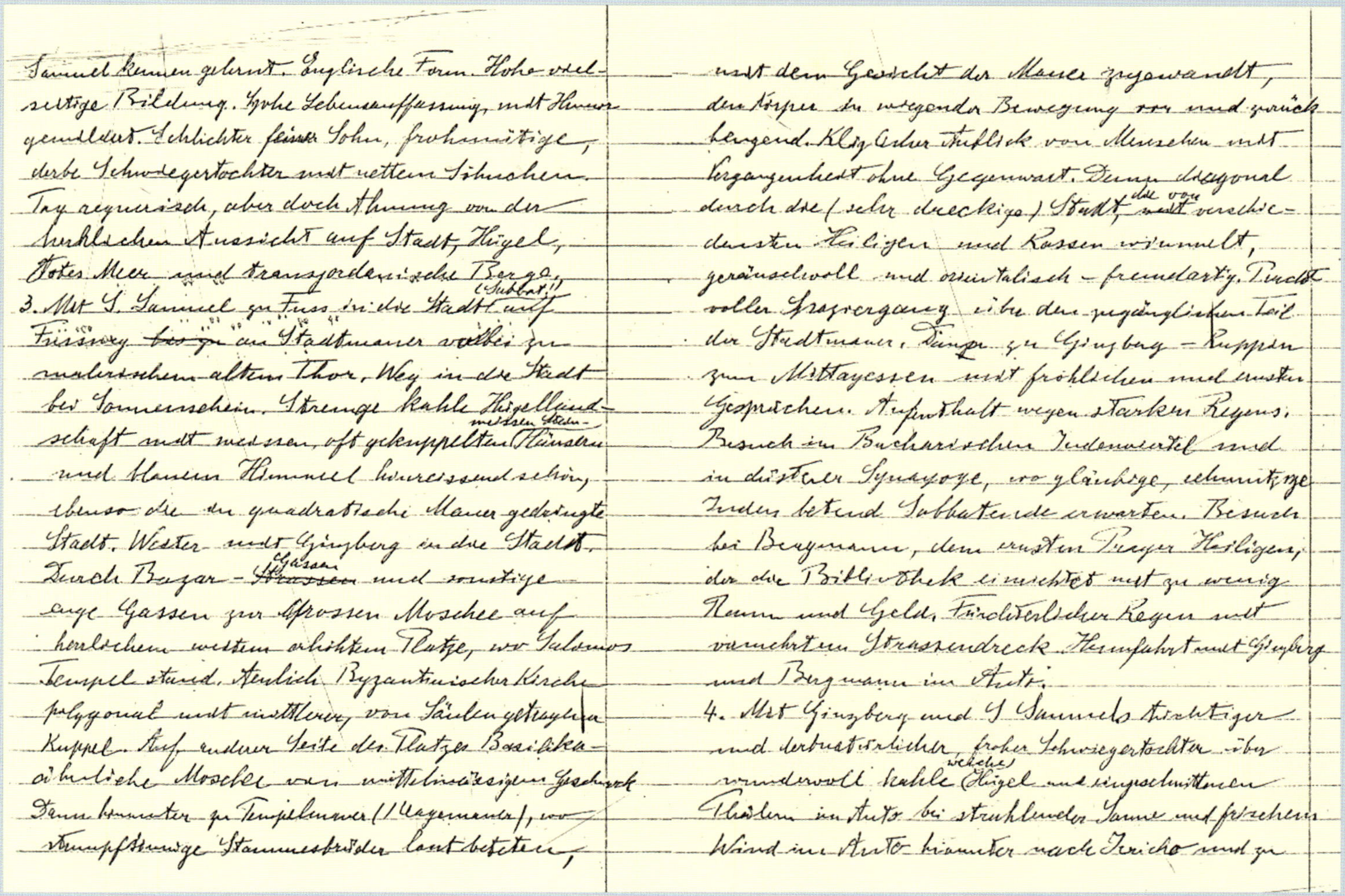

Samuel kennen gelernt. Englische Form. Hohe vielseitige Bildung. Hohe Lebensauffassung, mit Humor gemildert. Schlichter feiner Sohn, frohmütige, derbe Schwiegertochter mit nettem Söhnchen. Tag regnerisch, aber doch Ahnung von der herrlichen Aussicht auf Stadt, Hügel, Totes Meer und transjordanische Berge.
3. Mit S. Samuel zu Fuss in die Stadt (Sabbat) auf Fussweg an Stadtmauer vorbei zu malerischem alten Thor. Weg in die Stadt bei Sonnenschein. Strenge kahle Hügellandschaft mit weissen, oft gekuppelten weissen Steinbauten und blauem Himmel hinreissend schön, ebenso die in quadratische Mauer gedrängte Stadt. Weiter mit Ginzberg in die Stadt. Durch Bazar-Gassen und sonstige enge Gassen zur grossen Moschee auf herrlichem weitem erhöhtem Platze, wo Salomos Tempel stand. Ähnlich byzantinischer Kirche polygonal mit mittlerer, von Säulen getragener Kuppel. Auf anderer Seite des Platzes Basilika-ähnliche Moschee von mittelmässigem Geschmack. Dann hinunter zu Tempelmauer (Klagemauer), wo stumpfsinnige Stammesbrüder laut beten, mit dem Gesicht der Mauer zugewandt, den Körper in wiegender Bewegung vor und zurück beugend. Kläglicher Anblick von Menschen mit Vergangenheit ohne Gegenwart. Dann diagonal durch die (sehr dreckige) Stadt, die von verschiedensten Heiligen und Rassen wimmelt, geräuschvoll und orientalisch-fremdartig. Prachtvoller Spaziergang über den zugänglichen Teil der Stadtmauer. Dann zu Ginzberg – Ruppin zum Mittagessen mit fröhlichen und ernsten Gesprächen. Aufenthalt wegen starken Regens. Besuch im Bucharischen Judenviertel und in düsterer Synagoge, wo gläubige, schmutzige Juden betend Sabbatende erwarten. Besuch bei Bergmann, dem ernsten Prager Heiligen, der die Bibliothek einrichtet mit zu wenig Raum und Geld. Fürchterlicher Regen mit vermehrtem Strassendreck. Heimfahrt mit Ginzberg und Bergmann im Auto.
4. Mit Ginzberg und S. Samuels tüchtiger und derbnatürlicher, froher Schwiegertochter über wundervoll kahle Hügel mit welche eingeschnittenen Tälern im Auto bei strahlender Sonne und frischem Wind im Auto hinunter nach Jericho und zu

↑ Eindrücke aus Jerusalem. Zwei Seiten aus Einsteins Reisetagebuch, 2.–4. Februar 1923.

← Am 6. Februar 1923 waren Einstein und seine Frau Gäste des britischen Hochkommissars Herbert Samuel in dessen Residenz im Auguste-Viktoria-Hospital auf dem Ölberg. Das Foto zeigt Albert und Elsa Einstein zusammen mit Herbert Samuel, Lady Samuel, Norman Bentwich, Mr. und Mrs. Richmond und Geistlichen der Ecole Biblique.

↑ Am 8. Februar 1923 wurden Einstein und seine Frau Elsa von den Stadtverordneten von Tel Aviv empfangen, wo man Einstein zum Ehrenbürger ernannte. Die Aufnahme zeigt in der vorderen Reihe Albert und Elsa Einstein mit dem Bürgermeister Meir Dizengoff und A. L. Esterman. Dahinter sieht man u.a. Avraham Mibashan, Yehuda Grazovsky, Bezalel Jaffe, Ahad Ha'am, Yosef Zeidner, Theodor Zlocisti, David Ijmojic, Shmuel Tulkovsky und Benzion Mossinson.

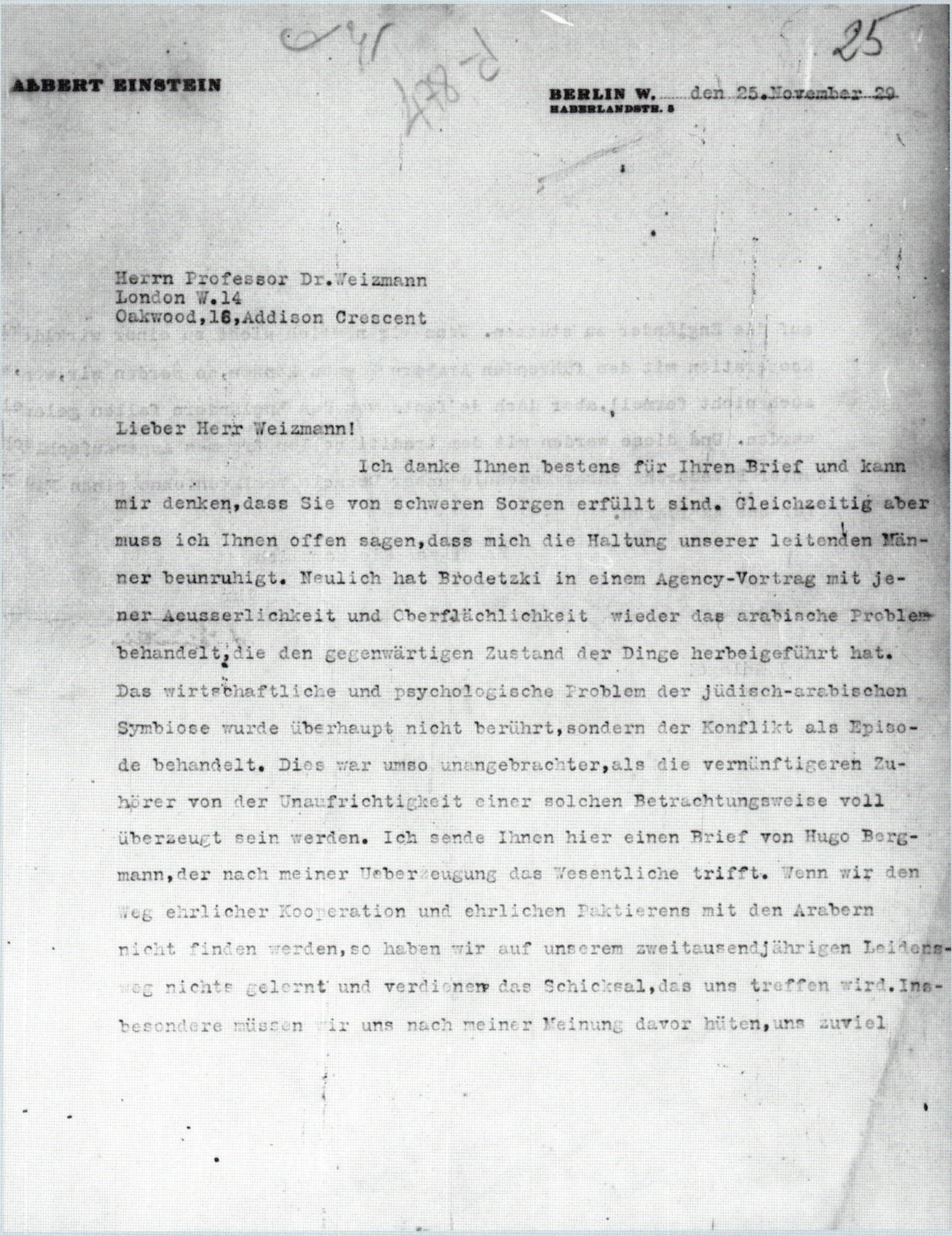

ALBERT EINSTEIN

BERLIN W. den 25. November 29
HABERLANDSTR. 5

Herrn Professor Dr. Weizmann
London W.14
Oakwood,16,Addison Crescent

Lieber Herr Weizmann!

Ich danke Ihnen bestens für Ihren Brief und kann mir denken,dass Sie von schweren Sorgen erfüllt sind. Gleichzeitig aber muss ich Ihnen offen sagen,dass mich die Haltung unserer leitenden Männer beunruhigt. Neulich hat Brodetzki in einem Agency-Vortrag mit jener Aeusserlichkeit und Oberflächlichkeit wieder das arabische Problem behandelt,die den gegenwärtigen Zustand der Dinge herbeigeführt hat. Das wirtschaftliche und psychologische Problem der jüdisch-arabischen Symbiose wurde überhaupt nicht berührt,sondern der Konflikt als Episode behandelt. Dies war umso unangebrachter,als die vernünftigeren Zuhörer von der Unaufrichtigkeit einer solchen Betrachtungsweise voll überzeugt sein werden. Ich sende Ihnen hier einen Brief von Hugo Bergmann,der nach meiner Ueberzeugung das Wesentliche trifft. Wenn wir den Weg ehrlicher Kooperation und ehrlichen Paktierens mit den Arabern nicht finden werden,so haben wir auf unserem zweitausendjährigen Leidensweg nichts gelernt und verdienen das Schicksal,das uns treffen wird. Insbesondere müssen wir uns nach meiner Meinung davor hüten,uns zuviel

↑ Wie in vielen anderen Stellungnahmen vertritt Einstein auch in diesem Brief an Chaim Weizmann vom 25. November 1929 die Ansicht, dass ohne eine Aussöhnung mit der arabischen Bevölkerung des Landes die zionistische Besiedelung von Palästina keinen Erfolg haben werde.

2. Abs 28.1.30 25. Jan. 1930

An die Redaction des "Falastin"

Sehr geehrte Redaction,

Meine Aufmerksamkeit wurde auf einen Artikel "Relativität und Propaganda" gelenkt, den Sie in Ihrer englischen Ausgabe vom 19. Oktober veröffentlicht haben. Ich will davon absehen, dass Sie in diesem Artikel neben manchem Schmeichelhaften auch manches Unschmeichelhafte über mich sagen, und ich will auch Ihre verletzenden Bemerkungen über den Charakter des jüdischen Volkes nicht zu schwer nehmen. Leider ist es ja eine Gewohnheit streitender Völker geworden, das andere Volk ungebührlich herabzusetzen.

Auf das Vergangene will ich hier nicht eingehen. Was ich darüber zu sagen habe, habe ich in meinem Brief an den "Manchester Guardian" gesagt, mit dem Sie sich in Ihrem Artikel beschäftigen. Aber Ihr Artikel gibt mir Anlass, ein paar Worte über die Zukunft zu sagen, wie ich sie sehe. Sie bezweifeln meine Worte, dass die Juden mit der arabischen Bevölkerung Palästinas nur freundliche Beziehungen zu haben wünschen. Wer wie ich seit Jahrzehnten die Ueberzeugung vertritt, dass die zukünftige Menschheit auf einer innigen Gemeinschaft der Nationen aufgebaut sein muss und dass der aggressive Nationalismus überwunden werden muss, der kann auch die Zukunft Palästinas nur in der Form einer friedlichen Kooperation der beiden dort beheimateten Völker sehen. Darum hätte ich erwartet, dass das grosse arabische Volk die jüdische Notwendigkeit, in der alten Heimat des Judentums sein nationales Heim wieder aufzubauen, besser würdigt und dass gemeinsam Mittel und Wege gefunden werden, um eine ausgedehnte jüdische Siedlung im Lande zu ermöglichen. Ich bin überzeugt, dass durch das liebevolle Interesse, das die gesamte Juden-

↑→ An Azmi El-Nashashibi, den Herausgeber des «Falastin», einer arabischen Zeitung in Palästina, um den 20. Dezember 1929 (Abschrift vom 25./28.1.1930).

heit dem Lande Palästina zuwendet, die ganze Bevölkerung des Landes Nutzen ziehen kann, nicht nur in materieller Beziehung, sondern auch in kultureller und nationaler Beziehung. Ich glaube, dass die arabische nationale Wiedergeburt in dem ganzen grossen Gebiet, das heute von Arabern bewohnt ist, durch die jüdischen Sympathien nur gewinnen kann. Ich würde wünschen dass Mittel und Wege gefunden werden, um sich in voller Freiheit und Offenheit über diese Möglichkeiten auszusprechen, denn ich glaube, dass die zwei grossen semitischen Völker, wie, jedes in seiner Art, zur Kultur der heutigen abendländischen Menschheit Unvergängliches beigetragen haben eine grosse gemeinsame Zukunft haben könnten, und dass sie, statt in unfruchtbarer Feindseligkeit und gegenseitigem Misstrauen einander gegenüberzustehen, sich gegenseitig in ihren nationalen und kulturellen Bestrebungen unterstützen und die Möglichkeit einer sympathievollen Kooperation suchen sollten. Die traurigen Vorfälle vom vergangenen August werden von mir nicht nur darum bedauert, weil sich darin die menschliche Natur in ihren niedrigsten Erscheinungsformen enthüllte, sondern auch darum, weil sie die beiden Völker entfremdet haben und für einige Zeit den Zugang zueinander erschweren, der trotzdem gefunden werden muss.

Ich bin, sehr geehrter Herr, Ihr usw.

~~Kooperation suchen sollten.~~ Ich betrachte es gerade als Aufgabe der politisch nicht aktiven Menschen, bei der Schaffung einer solchen Athmospäre des Vertrauens mitzuwirken.

DIE VERTREIBUNG UND ERMORDUNG DER JUDEN IN EUROPA

Selbst aus Nazi-Deutschland emigriert, verwendete sich Einstein nach Kräften für zahllose jüdische und aus politischen Gründen Verfolgte. Die deutschen Massenverbrechen erschütterten ihn so tief, dass eine Versöhnung mit dem Land seiner Herkunft für ihn undenkbar wurde.

Einstein war unter den denkbar günstigsten Umständen aus Nazi-Deutschland entkommen und in den Vereinigten Staaten mit offenen Armen empfangen worden. Nun betrachtete er es als seine Aufgabe, den weniger glücklichen jüdischen und politischen Flüchtlingen bei der Einwanderung wie auch bei der Suche nach Arbeit und einem neuen Heim behilflich zu sein. Seine Hauptsorge galt dem Schicksal der jüdischen Akademiker, die aus Deutschland und Österreich hatten fliehen müssen. Einstein unterstützte daher die Einrichtung eigener Universitäten, in denen diese Wissenschaftler unterkommen konnten.

Unzählige Bittbriefe erreichten ihn während der Jahre der Naziherrschaft. Sie kamen von näheren und entfernten Verwandten, von Freunden und Bekannten, von Verwandten dieser Freunde und Bekannten, aber auch von ganz Unbekannten. Wer nicht auf irgendeine persönliche Verbindung zu Einstein verweisen konnte, berief sich darauf, aus dem gleichen Ort zu stammen wie einer von Einsteins Vorfahren; viele appellierten an Einsteins Ruf als grossherziger Unterstützer seiner «Stammesbrüder». Sie sandten ergreifende Berichte, Fotos der Rettung suchenden Familienmitglieder, ausführliche Lebensläufe und verzweifelte Appelle. Alle diese Bittsteller waren erfüllt von der Hoffnung, dass Einstein auf die amerikanischen Behörden einen Einfluss ausüben könnte, der dem Grad seiner Berühmtheit entsprach.

Einstein vergab Affidavits, bis die Behörden ihm keine mehr abnahmen; er sandte kleinere und grössere Beträge an Bedürftige, bemühte sich um Vermittlung an Hilfsorganisationen und an mögliche Arbeitgeber und erklärte manchen Hilfesuchenden zum Verwandten, der wohl kaum darauf Anspruch erheben durfte. Insgesamt aber fühlte Einstein sich der unüberschaubaren Menge Hilfsbedürftiger gegenüber eher hilflos.

Als das ganze Ausmass des Völkermords bekannt wurde, war Einstein so tief erschüttert über die Unmenschlichkeit, mit der Menschen gegen ihre Mitmenschen vorgegangen waren, dass er sich zeit seines Lebens nicht mehr mit Deutschland aussöhnen wollte.

↑ Albert Einstein mit dem Reformrabbiner und Zionisten Stephen Wise und dem Schriftsteller Thomas Mann bei der Erstaufführung des Anti-Kriegsfilms «The Fight For Peace», New York, 5. Oktober 1938.

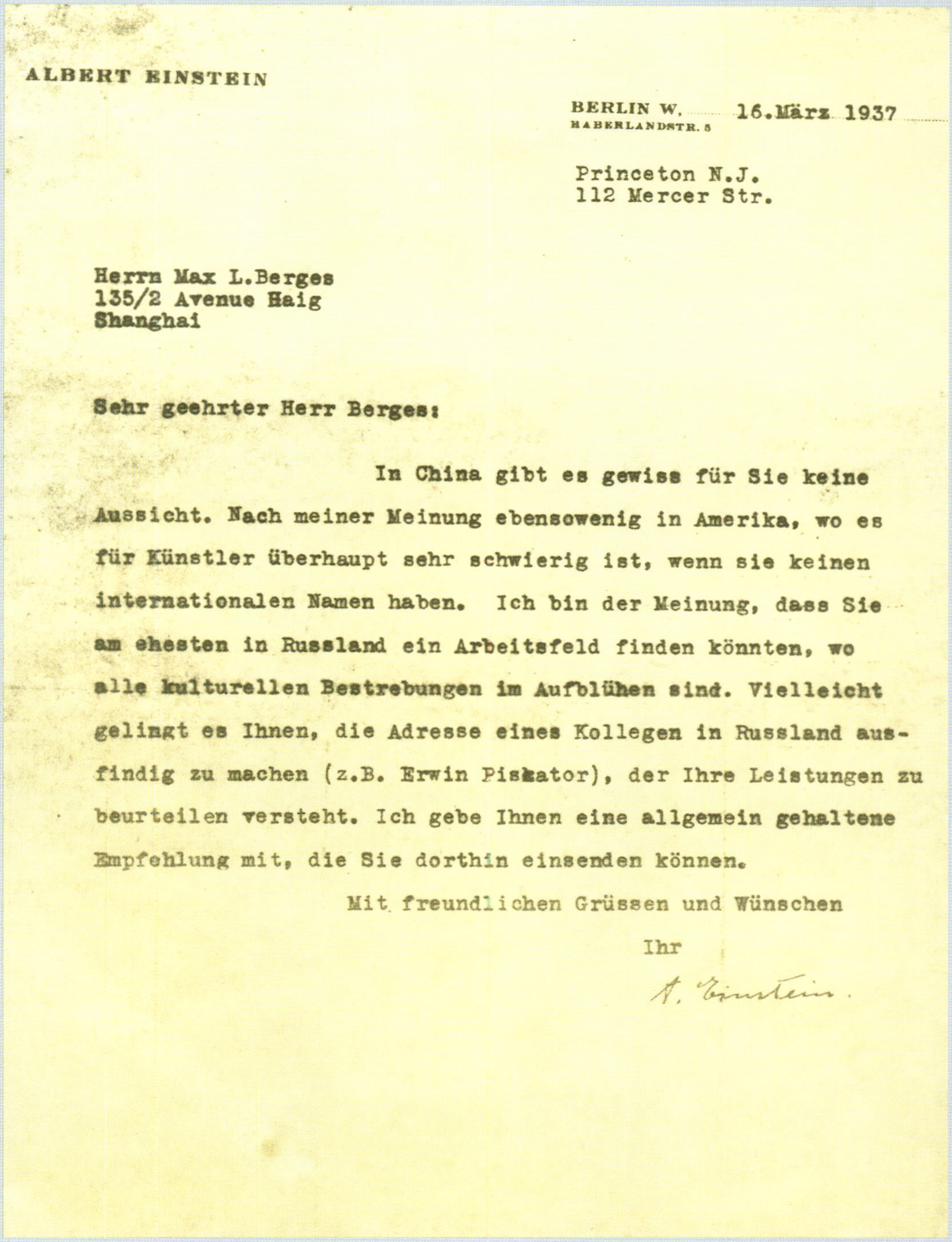

ALBERT EINSTEIN

BERLIN W. 16.März 1937
HABERLANDSTR. 5

Princeton N.J.
112 Mercer Str.

Herrn Max L.Berges
135/2 Avenue Haig
Shanghai

Sehr geehrter Herr Berges:

In China gibt es gewiss für Sie keine Aussicht. Nach meiner Meinung ebensowenig in Amerika, wo es für Künstler überhaupt sehr schwierig ist, wenn sie keinen internationalen Namen haben. Ich bin der Meinung, dass Sie am ehesten in Russland ein Arbeitsfeld finden könnten, wo alle kulturellen Bestrebungen im Aufblühen sind. Vielleicht gelingt es Ihnen, die Adresse eines Kollegen in Russland ausfindig zu machen (z.B. Erwin Piskator), der Ihre Leistungen zu beurteilen versteht. Ich gebe Ihnen eine allgemein gehaltene Empfehlung mit, die Sie dorthin einsenden können.

Mit freundlichen Grüssen und Wünschen

Ihr

A. Einstein.

↑ Brief an den Künstler Max L. Berges, den die Flucht vor der deutschen Verfolgung in den Fernen Osten verschlagen hatte, Princeton, 16. März 1937.

Bis zum Sommer 1938 erreichen Einstein schon so viele Gesuche um Hilfe, dass er Freunden melden muss,

«dass ich ein Vermittlungsbüro für Verfolgte sowie für intellektuelle Sonderlinge habe, und ich kann Ihnen versichern, dass das Geschäft in ungeheurem Schwung ist.»

↑ Aus einem Brief an Tatjana Ehrenfest, 4. August 1938, in dem er die Witwe seines Freundes bittet, sich in Holland um einen solchen «intellektuellen Sonderling» zu kümmern.

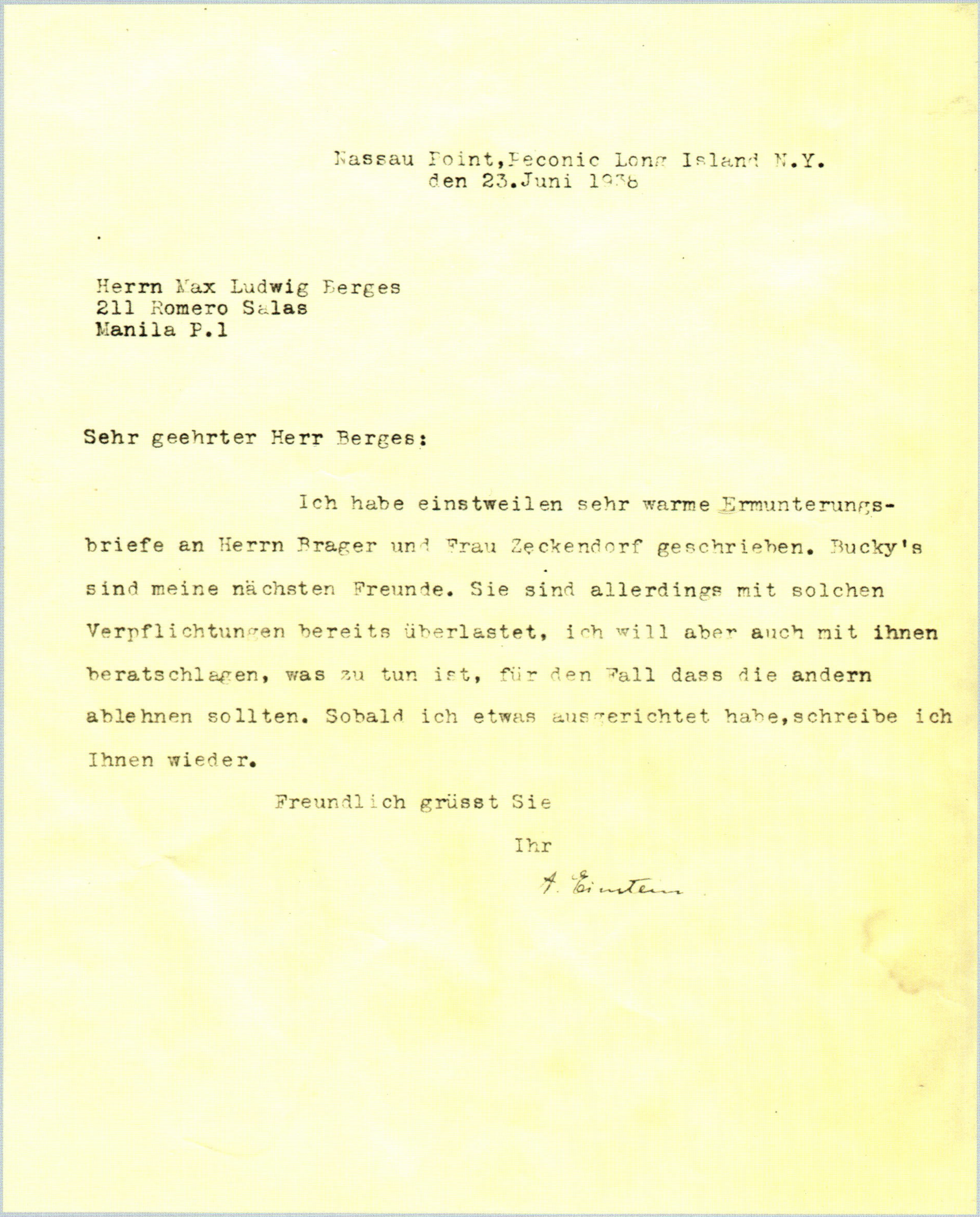

Nassau Point, Peconic Long Island N.Y.
den 23. Juni 1936

Herrn Max Ludwig Berges
211 Romero Salas
Manila P.I

Sehr geehrter Herr Berges:

Ich habe einstweilen sehr warme Ermunterungsbriefe an Herrn Brager und Frau Zeckendorf geschrieben. Bucky's sind meine nächsten Freunde. Sie sind allerdings mit solchen Verpflichtungen bereits überlastet, ich will aber auch mit ihnen beratschlagen, was zu tun ist, für den Fall dass die andern ablehnen sollten. Sobald ich etwas ausgerichtet habe, schreibe ich Ihnen wieder.

Freundlich grüsst Sie

Ihr

A. Einstein

↑→ Wie im Fall des Max L. Berges setzte sich Einstein in ungezählten Fällen für Verfolgte ein und versuchte in jeder ihm möglichen Weise, ihnen bei der Suche nach einem neuen Lebensumfeld behilflich zu sein.

THE INSTITUTE FOR ADVANCED STUDY
SCHOOL OF MATHEMATICS
FINE HALL
PRINCETON, NEW JERSEY

den 9. August 1938

An den Amerikanischen Konsul
M a n i l a Ph.I.

Hochgeehrter Herr Konsul:

Zu meiner grossen Freude erfuhr ich heute, dass das Affidavit für Herrn Max L. Berges nun zur Verfügung steht. Herr Berges ist nicht nur ein begabter Künstler, sondern hat auch in seiner Emigrantenzeit bewiesen, dass er auch unter den schwierigsten Verhältnissen sich und die Seinen zu ernähren imstande ist. Ich halte ihn für einen der Aufnahme in die Vereinigten Staaten besonders würdigen Mann und würde mich sehr freuen, wenn durch die Erteilung eines Visums seinen Irrfahrten ein Ende gesetzt würde.

Mit ausgezeichneter Hochachtung

A. Einstein.

Professor Albert Einstein.

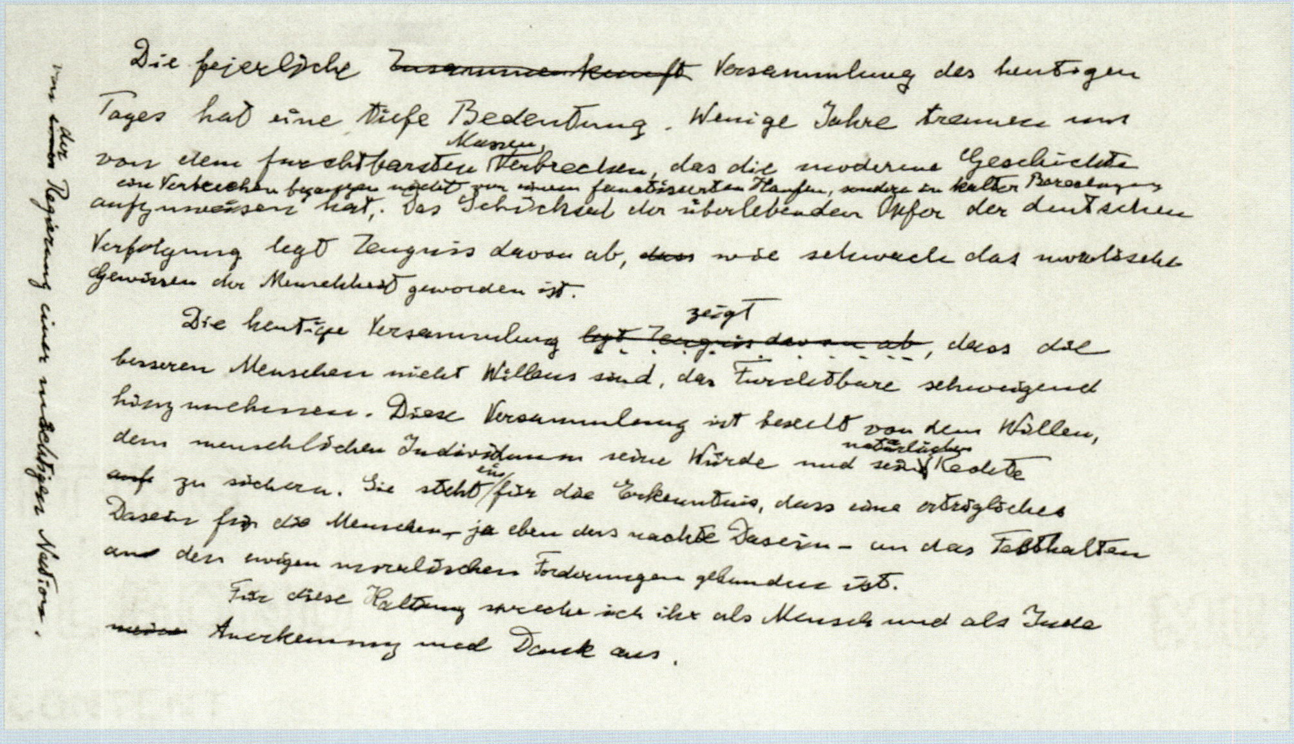

Die feierliche ~~Zusammenkunft~~ Versammlung des heutigen Tages hat eine tiefe Bedeutung. Wenige Jahre trennen uns von dem furchtbarsten Massenverbrechen, das die moderne Geschichte aufzuweisen hat, ein Verbrechen begangen nicht von einem fanatisierten Haufen, sondern in kalter Berechnung von der Regierung einer mächtigen Nation. Das Schicksal der überlebenden Opfer der deutschen Verfolgung legt Zeugnis davon ab, ~~dass~~ wie schwach das moralische Gewissen der Menschheit geworden ist.

Die heutige Versammlung ~~legt Zeugnis davon ab~~ zeigt, dass die besseren Menschen nicht Willens sind, das Furchtbare schweigend hinzunehmen. Diese Versammlung ist beseelt von dem Willen, dem menschlichen Individuum seine Würde und seine natürlichen Rechte ~~auf~~ zu sichern. Sie steht ein für die Erkenntnis, dass ein erträgliches Dasein für die Menschen – ja eben das nackte Dasein – an das Festhalten an den ewigen moralischen Forderungen gebunden ist.

Für diese Haltung spreche ich ihr als Mensch und als Jude ~~meine~~ Anerkennung und Dank aus.

←↑ Botschaft für die Einweihungszeremonie des Riverside Drive Memorial zur Erinnerung an die Opfer der Shoah, New York, 19. Oktober 1947.

«Die feierliche Versammlung des heutigen Tages hat eine tiefe Bedeutung. Wenige Jahre trennen uns von dem furchtbarsten Massenverbrechen, das die moderne Geschichte aufzuweisen hat, ein Verbrechen begangen nicht von einem fanatischen Haufen, sondern in kalter Berechnung von der Regierung einer mächtigen Nation.
Das Schicksal der überlebenden Opfer der deutschen Verfolgung legt Zeugnis davon ab, wie schwach das moralische Gewissen der Menschheit geworden ist.
Die heutige Versammlung zeigt, dass die besseren Menschen nicht Willens sind, das Furchtbare schweigend hinzunehmen. Diese Versammlung ist beseelt von dem Willen, dem menschlichen Individuum seine Würde und seine natürlichen Rechte zu sichern. Sie steht ein für die Erkenntnis, dass ein erträgliches Dasein für die Menschen – ja eben das nackte Dasein – an das Festhalten an den ewigen moralischen Forderungen gebunden ist.
Für diese Haltung spreche ich ihr als Mensch und als Jude Anerkennung und Dank aus.»

↑ Albert Einstein, Princeton, April 1940.

ALBERT EINSTEIN – PRÄSIDENT DES STAATES ISRAEL?

Eine Ehrung besonderer Art wurde Albert Einstein zuteil, als ihm der Staat Israel die Präsidentschaft antrug.

Nach dem Tod von Israels erstem Präsidenten, Chaim Weizmann, im November 1952 nannte man Einstein als einen möglichen Nachfolger. Der Chefredakteur der hebräischen Tageszeitung «Ma'ariv», Azriel Carlebach, setzte sich an die Spitze einer Kampagne, die die israelische Regierung dazu bewegen sollte, Einstein das Amt des Präsidenten anzubieten. Premierminister David Ben-Gurion griff den Vorschlag auf. Allerdings erzählt man sich, dass er seinen Berater, Izchak Navon, gefragt haben soll: «Was werden wir machen, wenn er annimmt? Dann sitzen wir in der Tinte.»

Gerüchte von dem bevorstehenden Antrag waren bis zu Einsteins Familie durchgesickert, die sich damit vergnügte, ein Schattenkabinett aufzustellen. Aber als der israelische Botschafter in den USA, Abba Eban, die offizielle Anfrage überbrachte, war Einsteins Entschluss längst gefasst. So gerührt er über das Angebot auch war, er lehnte es mit aufrichtigem Bedauern ab.

↓ Israels Premierminister David Ben-Gurion besuchte Einstein in Princeton am 13. Mai 1951.

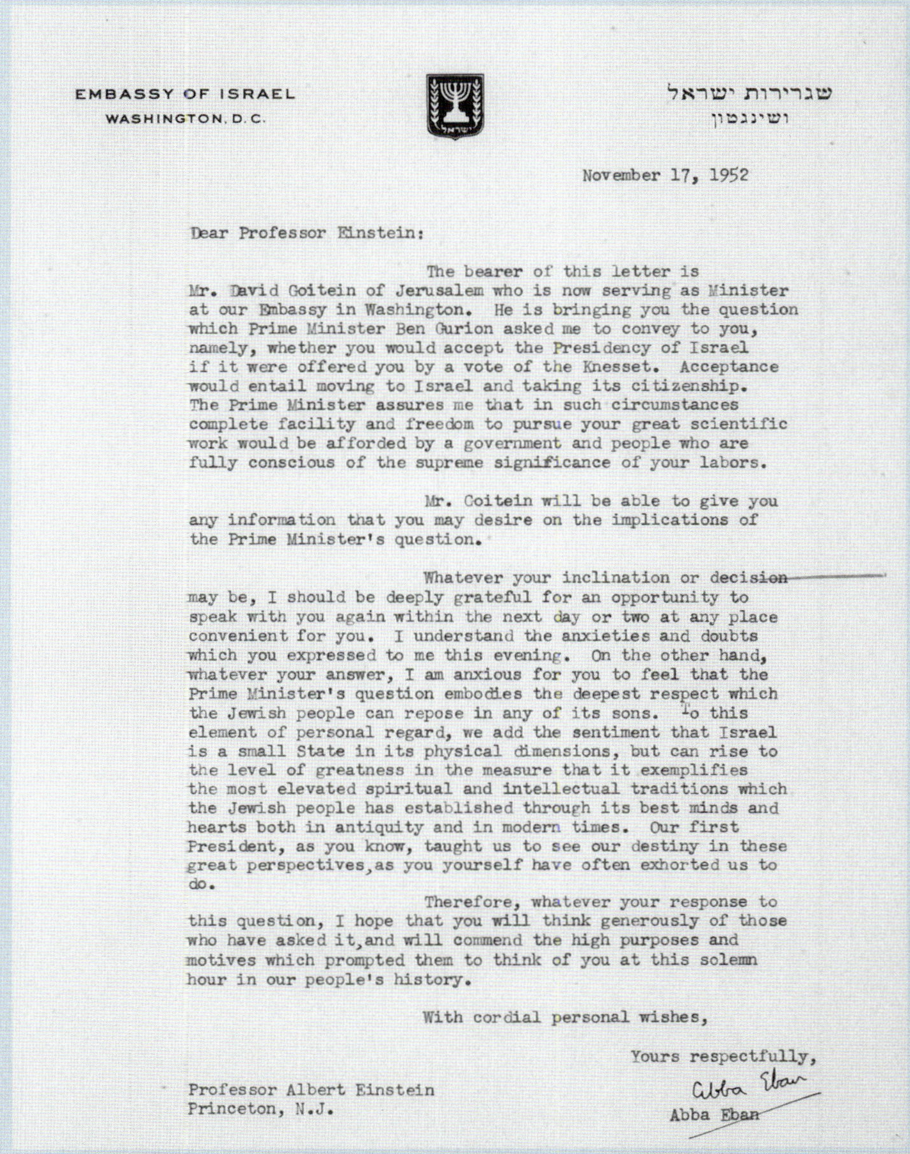
EMBASSY OF ISRAEL
WASHINGTON, D.C.

שגרירות ישראל
וושינגטון

November 17, 1952

Dear Professor Einstein:

The bearer of this letter is Mr. David Goitein of Jerusalem who is now serving as Minister at our Embassy in Washington. He is bringing you the question which Prime Minister Ben Gurion asked me to convey to you, namely, whether you would accept the Presidency of Israel if it were offered you by a vote of the Knesset. Acceptance would entail moving to Israel and taking its citizenship. The Prime Minister assures me that in such circumstances complete facility and freedom to pursue your great scientific work would be afforded by a government and people who are fully conscious of the supreme significance of your labors.

Mr. Coitein will be able to give you any information that you may desire on the implications of the Prime Minister's question.

Whatever your inclination or decision may be, I should be deeply grateful for an opportunity to speak with you again within the next day or two at any place convenient for you. I understand the anxieties and doubts which you expressed to me this evening. On the other hand, whatever your answer, I am anxious for you to feel that the Prime Minister's question embodies the deepest respect which the Jewish people can repose in any of its sons. To this element of personal regard, we add the sentiment that Israel is a small State in its physical dimensions, but can rise to the level of greatness in the measure that it exemplifies the most elevated spiritual and intellectual traditions which the Jewish people has established through its best minds and hearts both in antiquity and in modern times. Our first President, as you know, taught us to see our destiny in these great perspectives, as you yourself have often exhorted us to do.

Therefore, whatever your response to this question, I hope that you will think generously of those who have asked it, and will commend the high purposes and motives which prompted them to think of you at this solemn hour in our people's history.

With cordial personal wishes,

Yours respectfully,
Abba Eban
Abba Eban

Professor Albert Einstein
Princeton, N.J.

↑→ In diesem Brief vom 17. November 1952 trägt der israelische Botschafter in Amerika, Abba Eban, Einstein die Frage des israelischen Parlaments vor, ob er das Präsidentenamt in Israel übernehmen würde.

«Sehr geehrter Herr
Professor Einstein,
Der Überbringer dieses Briefs [...] übermittelt Ihnen die Anfrage, [...] ob Sie den Staatspräsidentenposten Israels annehmen würden, wenn er Ihnen durch Beschluss der Knesset angeboten werden sollte.
[...] Ich verstehe die Sorgen und Zweifel, die Sie heute abend mir gegenüber ausgesprochen haben. Aber wie auch immer Ihre Antwort ausfallen möge, so möchte ich Ihnen von Herzen sagen, dass die Anfrage des Premierministers den tiefsten Respekt bekundet, den das jüdische Volk irgend einem seiner Söhne zollen kann. Dem Ausdruck dieser persönlichen Wertschätzung möchte ich einen überpersönlichen Gedanken hinzufügen: Israel ist in physischer Hinsicht ein kleiner Staat; es kann aber zu wahrer Grösse in dem Masse aufsteigen, als es die höchsten geistigen und intellektuellen Überlieferungen verkörpert, die das jüdische Volk im Altertum wie in der Neuzeit in seinen besten Köpfen und Herzen hervorgebracht hat. [...]»

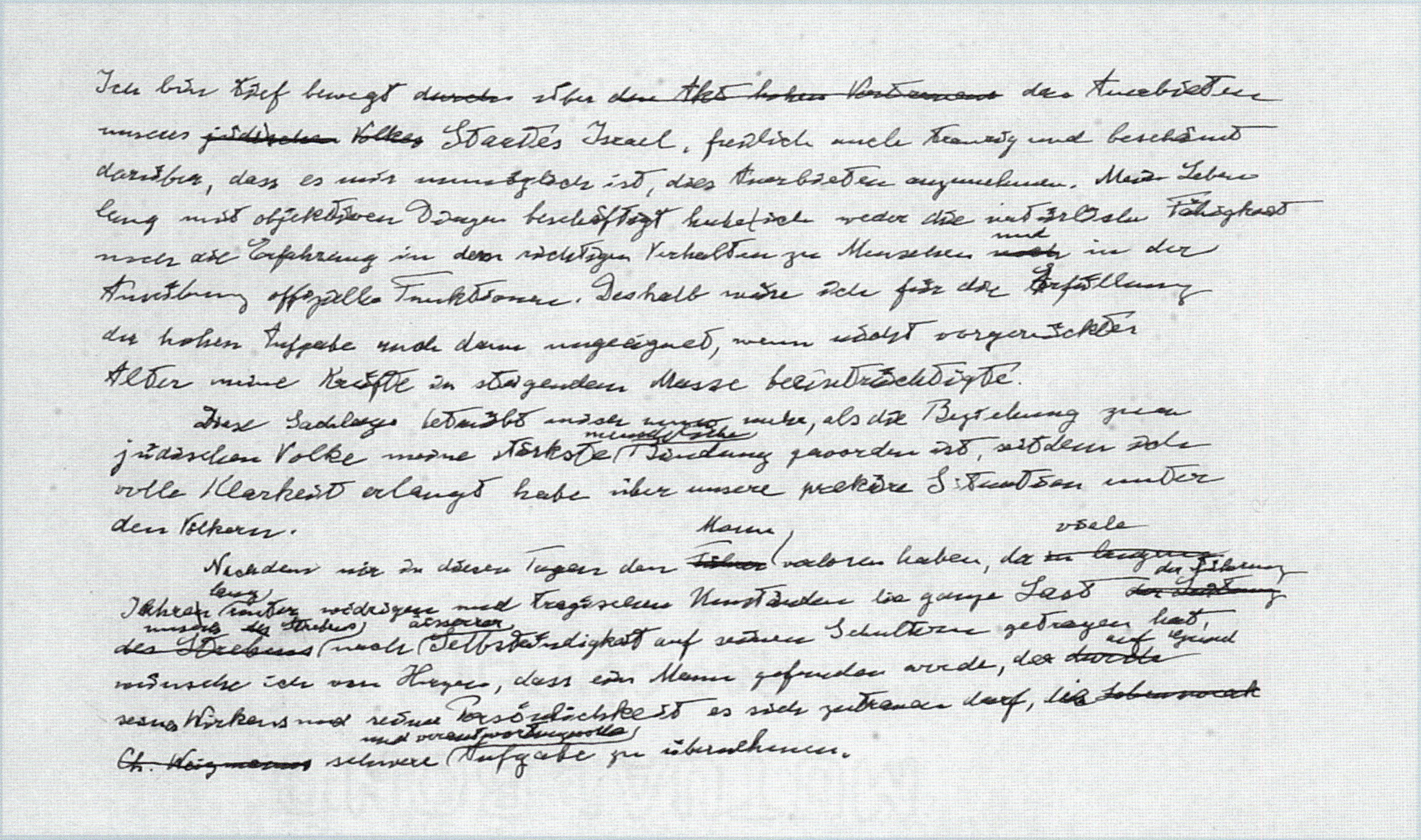
Ich bin tief bewegt über das Anerbieten unseres Staates Israel, freilich auch traurig und beschämt darüber, dass es mir unmöglich ist, dies Anerbieten anzunehmen. Mein Leben lang mit objektiven Dingen beschäftigt habe ich weder die natürliche Fähigkeit noch die Erfahrung im richtigen Verhalten zu Menschen und in der Ausübung offizieller Funktionen. Deshalb wäre ich für die Erfüllung der hohen Aufgabe auch dann ungeeignet, wenn nicht vorgerücktes Alter meine Kräfte in steigendem Masse beeinträchtigte.

Diese Sachlage betrübt mich um so mehr, als die Beziehung zum jüdischen Volke meine stärkste menschliche Bindung geworden ist, seitdem ich volle Klarheit erlangt habe über unsere prekäre Situation unter den Völkern.

Nachdem wir in diesen Tagen den Mann verloren haben, der viele Jahre lang unter widrigen und tragischen Umständen die ganze Last der Führung unseres Strebens nach äusserer Selbständigkeit auf seinen Schultern getragen hat, wünsche ich von Herzen, dass ein Mann gefunden werde, der auf Grund seines Wirkens und seiner Persönlichkeit es sich zutrauen darf, die schwere und verantwortungsvolle Aufgabe zu übernehmen.

←↑ Einsteins Entwurf zur Antwort auf Abba Ebans Brief vom Vortag, 18. November 1952.

«Ich bin tief bewegt über das Anerbieten unseres Staates Israel, freilich auch traurig und beschämt darüber, dass es mir unmöglich ist, dies Anerbieten anzunehmen. Mein Leben lang mit objektiven Dingen beschäftigt, habe ich weder die natürlichen Fähigkeiten noch die Erfahrung im richtigen Verhalten zu Menschen und in der Ausübung offizieller Funktionen. Deshalb wäre ich für die Erfüllung der hohen Aufgabe auch dann ungeeignet, wenn nicht vorgerücktes Alter meine Kräfte in steigendem Masse beeinträchtigte. Diese Sachlage betrübt mich um so mehr, als die Beziehung zum jüdischen Volke meine stärkste menschliche Bindung geworden ist, seitdem ich volle Klarheit erlangt habe über unsere prekäre Situation unter den Völkern. […]»

→ In einem Brief vom 21. November 1952 an den Chefredakteur der Zeitung «Ma'ariv» gibt Einstein Gründe für die Ablehnung des Präsidentenamts an, die er in der offiziellen Antwort nicht angeführt hatte.

den 21.November 1952

Herrn
Dr.Azriel Carlebach, Chef-Redakteur
MAARIV
Tel-Aviv, Israel.

Sehr geehrter Herr Dr.Carlebach:

Ich schreibe Ihnen deutsch, einmal weil es mir leichter ist, ferner weil Sie Ihren Ursprung dadurch genügend manifestiert haben, dass Sie sich als Doktor bezeichnen.

Als einem hausväterischen Kleinbürger hat die Länge Ihres Cabels einen geradezu niederschmetternden Eindruck auf mich gemacht. Es kam aber post festum an, indem ich infolge einer Indiskretion zu frühzeitig gezwungen wurde, zu der Angelegenheit Stellung zu nehmen.

Sie können sich denken, wie schwer es mir wurde, ein so rührendes Angebot, das von den Eigenen kommt, abzulehnen. Aus der J.T.A. sehe ich, dass meine wirkliche Antwort (die vor Eintreffen Ihres Cabels bereits an unsere Botschaft in Washington abgegangen war) dem Wortlaute nach bekannt ist. Das dort Gesagte ist genau der Ausdruck meines Fühlens und Denkens. Es ist kein Zweifel, dass ich der Aufgabe, die mich dort erwartet hätte, nicht gewachsen gewesen wäre, obschon das Amt in der Hauptsache nur dekorativen Character hat. Mein Name allein kann diese Schwächen nicht ausgleichen.

Ich habe auch daran gedacht, was für eine schwierige Situation entstünde, wenn die Regierung, bezw. das Parlament Dinge beschliessen würde, die mich in einen Gewissenskonflikt bringen würden, zumal die moralische Verantwortung nicht durch die Tatsache aufgehoben wird, dass man de facto keinen Einfluss auf die Ereignisse hat. - Ich habe alle Hochachtung vor der grossen Energie, die Sie dieser Sache gewidmet haben und bin dankbar für das Vertrauen, das aus Ihrer Handlungsweise spricht. Ich bin aber auch davon überzeugt, dass ich der grossen Sache einen schlechten Dienst geleistet hätte, wenn ich dem ehrenvollen und verführerischen Rufe gefolgt wäre.

Herzlich grüsst Sie

Ihr

Albert Einstein.

P.S.
Inwieweit es angezeigt ist, von Ihrem Telegram und dieser meiner Antwort öffentlichen Gebrauch zu machen, kann ich von hier aus nicht beurteilen. Ich überlasse die Entscheidung hierüber Ihrem Takt und Ihrer Erfahrung.

DIE HEBRÄISCHE UNIVERSITÄT IN JERUSALEM

Der Hebräischen Universität in Jerusalem fühlte sich Einstein von den Anfängen ihrer Gründung bis zu seinem Tod verpflichtet. Sie bedeutete für ihn den Kern des jüdischen geistigen Zentrums, das er in Palästina entstehen sah.

Seit 1919 nahm er aktiv teil an den Gründungsverhandlungen, und der Hauptzweck seiner ersten Reise in die Vereinigten Staaten im Jahr 1921 war es, Spenden für die Hebräische Universität Jerusalem zu sammeln. Zwei Jahre später lud man ihn ein, die erste Vorlesung am künftigen Standort der Universität auf dem Mount Scopus zu halten. Im selben Jahr gab Einstein die erste Sammlung wissenschaftlicher Aufsätze der Hebräischen Universität heraus.

Seit Beginn der 1920er Jahre spielte Einstein auch eine zentrale Rolle beim Aufbau der Jüdischen National- und Universitätsbibliothek. Zwar bestand seine Hilfe in erster Linie darin, seinen Namen für Spendenaufrufe zur Verfügung zu stellen, doch kümmerte er sich auch persönlich um Schenkungen und überliess der Bibliothek Hunderte seiner eigenen Bücher und Zeitschriften. Zur Eröffnung im Jahr 1925 machte er der Hebräischen Universität das Manuskript seiner Allgemeinen Relativitätstheorie zum Geschenk.

Einige Jahre lang sass Einstein im Kuratorium der Universität und war Vorsitzender ihres Akademischen Rats. Wegen tief reichender Meinungsverschiedenheiten mit dem Kanzler J. L. Magnes trat er 1928 von seinen Ämtern zurück. Die Art und Weise, in der amerikanische Geldgeber in die Belange der Universität eingriffen und das wissenschaftliche Niveau bestimmten, erregte Einsteins Widerspruch. Ihm schwebte eine Universität nach deutschem Modell vor, in der Forschung und Lehre sich die Waage halten und Akademiker die nötigen Entscheidungen treffen. Jahrelang verfolgte Einstein die Entwicklung der Universität nur noch als Aussenstehender. Erst als neue Leitlinien für die Führung vorlagen, die seinen Ansichten besser entsprachen, nahm er 1935 wieder offizielle Beziehungen zur Hebräischen Universität auf.

Während all der Jahrzehnte, in denen er in der einen oder anderen Weise am Aufbau der Hebräischen Universität Anteil nahm, hob er immer wieder deren gesellschaftliche und kulturelle Bedeutung für Palästina, Israel und das gesamte jüdische Volk hervor. Um seiner besonderen Verbundenheit einen dauerhaften Ausdruck zu verleihen, vermachte er dieser Universität schliesslich seinen schriftlichen Nachlass.

↑ Einstein mit Benzion Mossinson, Chaim Weizmann und Menahem Ussishkin bei der Ankunft in den Vereinigten Staaten, 2. April 1921.

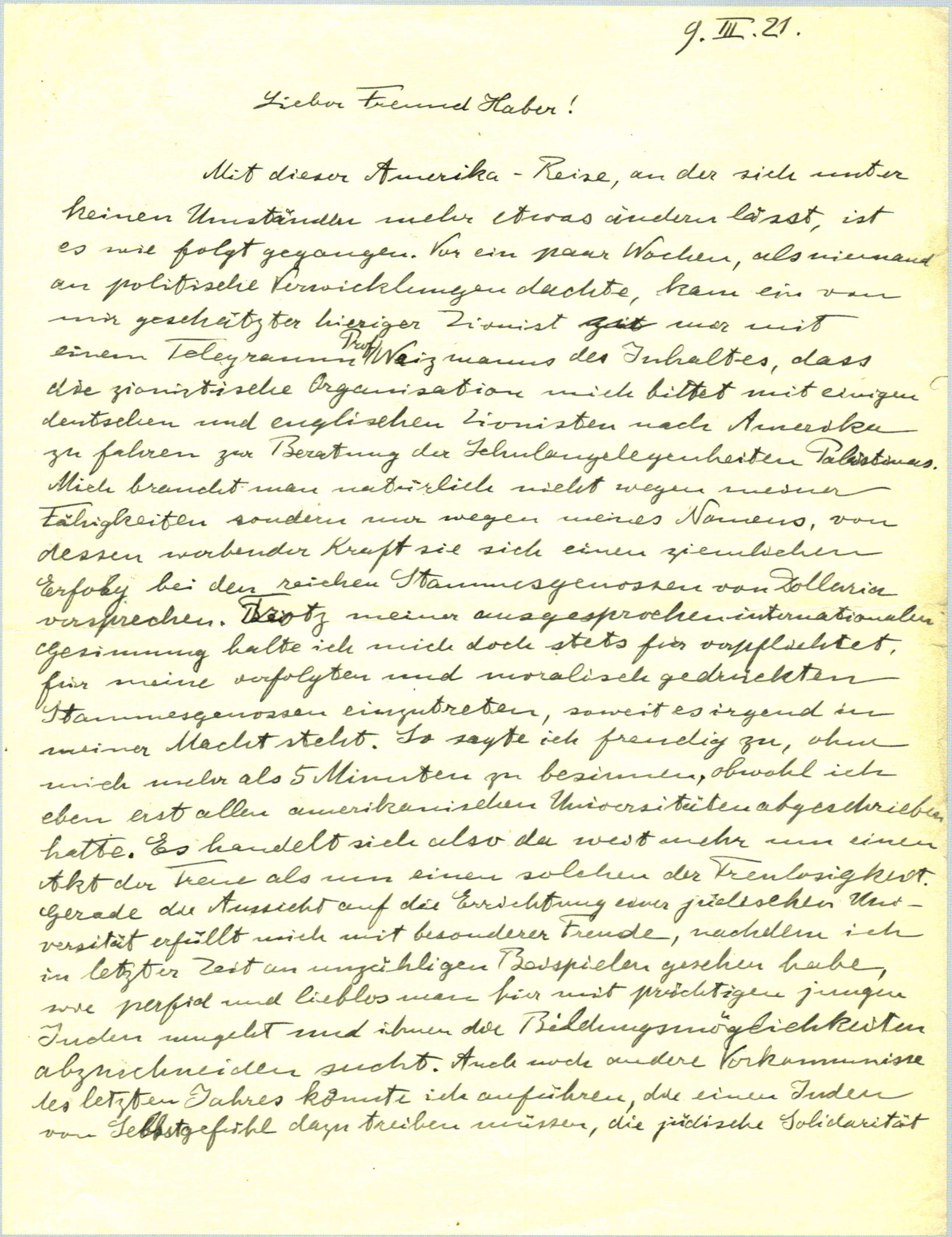

9. III. 21.

Lieber Freund Haber!

Mit dieser Amerika-Reise, an der sich unter keinen Umständen mehr etwas ändern lässt, ist es wie folgt gegangen. Vor ein paar Wochen, als niemand an politische Verwicklungen dachte, kam ein von mir geschätzter hiesiger Zionist ~~git~~ mir mit einem Telegramm Prof. Weizmanns des Inhaltes, dass die zionistische Organisation mich bittet mit einigen deutschen und englischen Zionisten nach Amerika zu fahren zur Beratung der Schulangelegenheiten Palästinas. Mich braucht man natürlich nicht wegen meiner Fähigkeiten sondern nur wegen meines Namens, von dessen werbender Kraft sie sich einen ziemlichen Erfolg bei den reichen Stammesgenossen von Dollarica versprechen. Trotz meiner ausgesprochen internationalen Gesinnung halte ich mich doch stets für verpflichtet, für meine verfolgten und moralisch gedrückten Stammesgenossen einzutreten, soweit es irgend in meiner Macht steht. So sagte ich freudig zu, ohne mich mehr als 5 Minuten zu besinnen, obwohl ich eben erst allen amerikanischen Universitäten abgeschrieben hatte. Es handelt sich also da weit mehr um einen Akt der Treue als um einen solchen der Treulosigkeit. Gerade die Aussicht auf die Errichtung einer jüdischen Universität erfüllt mich mit besonderer Freude, nachdem ich in letzter Zeit an unzähligen Beispielen gesehen habe, wie perfid und lieblos man hier mit prächtigen jungen Juden umgeht und ihnen die Bildungsmöglichkeiten abzuschneiden sucht. Auch noch andere Vorkommnisse des letzten Jahres könnte ich anführen, die einen Juden von Selbstgefühl dazu treiben müssen, die jüdische Solidarität

↑ Aus einem Brief an Fritz Haber, 9. März 1921.

DER AUFBAU PALÄSTINAS UND DAS DEUTSCHE JUDENTUM

REDEN · AUFSÄTZE DOKUMENTE

Herausgegeben vom Keren Hajessod (Jüdisches Palästinawerk) E.V., Berlin W 15, Meinekestraße 10

←↓ Zur Eröffnung der Hebräischen Universität in Jerusalem. Aus «Der Aufbau Palästinas und das deutsche Judentum», hrsg. vom Keren Hajessod, Berlin, o.J. (1925).

PROFESSOR DR. ALBERT EINSTEIN.

Aus einem Artikel erschienen anläßlich der Eröffnung der hebräischen Universität in Jerusalem.

Die Eröffnung unserer hebräischen Universität auf dem Berge Skopus Jerusalem ist ein Ereignis, das uns nicht nur mit berechtigtem Stolze erfüllen, sondern auch zum Nachdenken anregen sollte.

Die Universität ist eine Stätte, an der sich die Universalität des menschlichen Geistes offenbart. Die Forschung und die Wissenschaft kennt als Ziel nur die Wahrheit. Daher ist es natürlich, daß die Institute, welche der Wissenschaft dienen, ein Element der Verbindung der Völker und Menschen sind. Heute leider sind die Universitäten in Europa meist die Pflegestätten nationalistischen Ungeistes und einer verblendeten Intoleranz gegen alles dem eigenen Volk oder der eigenen Rasse Fremde oder Andersartige. Darunter leiden besonders die Juden, nicht nur, weil man sie an der freien Betätigung und an der freien Bildung behindert, sondern auch, weil die meisten Juden diesem Geiste der nationalistischen Enge sich besonders fremd fühlen. Ich möchte an diesem Geburtstag unserer Universität den Wunsch aussprechen, daß unsere Universität stets frei bleiben möge von diesem Übel, daß Lehrer und Studenten stets das Bewußtsein erhalten, daß sie ihrem Volk am besten dienen, wenn sie es mit der Menscheit und mit den höchsten menschlichen Werten, die keine nationalen mehr sind, verbinden.

Der jüdische Nationalismus ist heute eine Notwendigkeit, weil wir nur durch eine Konsolidierung unseres nationalen Lebens die Konflikte beseitigen können, unter denen der Jude heute leidet. Möge bald die Zeit kommen, wo dieser Nationalismus so sehr zu einer Selbstverständlichkeit geworden ist, daß wir nicht mehr nötig haben, ihn besonders zu betonen. Die Verbundenheit mit unserer

— 26 —

Vergangenheit und mit der gegenwärtigen Arbeit unseres Volkes gibt uns die Sicherheit des Auftretens gegenüber der ganzen Welt. Aber gerade unsere Bildungsanstalten müssen als eine ihrer edelsten Aufgaben betrachten, unser Volk frei zu halten von nationalem Eigendünkel und agressiver Unduldsamkeit.

Unsere Universität ist vorläufig ein bescheidenes Unternehmen. Es ist ein ganz richtiges Prinzip, daß man zunächst mit einigen Forschungsinstituten beginnt und die Universität sich organisch entwickeln wird. Ich bin überzeugt, daß diese Entwicklung schnelle Fortschritte machen wird und daß im Laufe der Zeit, sich erst an dieser Stelle mit voller Klarheit erweisen wird, zu welchen Leistungen der jüdische Geist fähig ist.

Eine besondere Aufgabe erwächst der Universität in der geistigen Leitung und Erziehung der werktätigen Schichten unseres Volkes im Lande. Wir wollen in Palästina nicht wieder ein Städtervolk schaffen, das so lebt wie in den Städten Europas und die bürgerliche Vorstellungswelt Europas mitbringt; wir wollen ein arbeitendes Volk, vor allem ein jüdisches Dorf, und wir wollen, daß die Güter der Kultur auch diesen arbeitenden Schichten zugänglich sind, besonders da wir wissen, daß Juden unter allen äußeren Umständen Bildung über alles setzen. Hier obliegt der Universität etwas ganz Neuartiges zu schaffen, um den spezifischen Bedürfnissen des sich entwickelnden Volkslebens in Palästina zu genügen.

Wir wollen alle daran mitarbeiten, daß die Universität ihre Aufgabe erfüllen kann. Möge die Erkenntnis von der Bedeutung dieser Sache sich in den breiten Schichten der Judenheit Bahn brechen! Dann wird unsere Universität sich bald zu einem großen geistigen Zentrum entwickeln, das die ganze kultivierte Menschheit mit Respekt erfüllen wird.

— 27 —

The
PALESTINE ZIONIST EXECUTIVE
Request the pleasure of your
company at a lecture to be given
by Prof.
ALBERT EINSTEIN
on
"The Theory of Relativity"
At the Hebrew University House,
Mount Scopus,
On Wednesdy Feb. 7th at 4.30 p.m.

حضرة الفاضل
الادارة الصهيونية تدعو حضرتكم للحضور
الى المحاضرة التى سيلقيها
« البروفسور البرت آينشتين »
في موضوع :
« شريعة التناسب »
وستلقى المحاضرة يوم الاربعاء ٧ شباط
سنة ١٩٢٣ الساعة ٤ ونصف بعد الظهر
بعمارة الكلية الاسرائيلية على جبل الطور

ההנהלה הציונית בארץ־ישראל
מזמינה את כב׳ להרצאה
של הפרופסור
אלברט אינשטין
על הנשא:
״תורת היחסיות״
ההרצאה תהיה ביום הרביעי בשעה ארבע וחצי אחה״צ
בבית המכללה העברית שעל ״הר הצופים״

PALESTINE ZIONIST EXECUTIVE
ההנהלה הציונית בארץ־ישראל

Einladungskarte in den Landessprachen Hebräisch, Englisch und Arabisch zur ersten Vorlesung an der Hebräischen Universität Jerusalem am 7. Februar 1923. Einstein hielt seinen Vortrag auf Französisch.

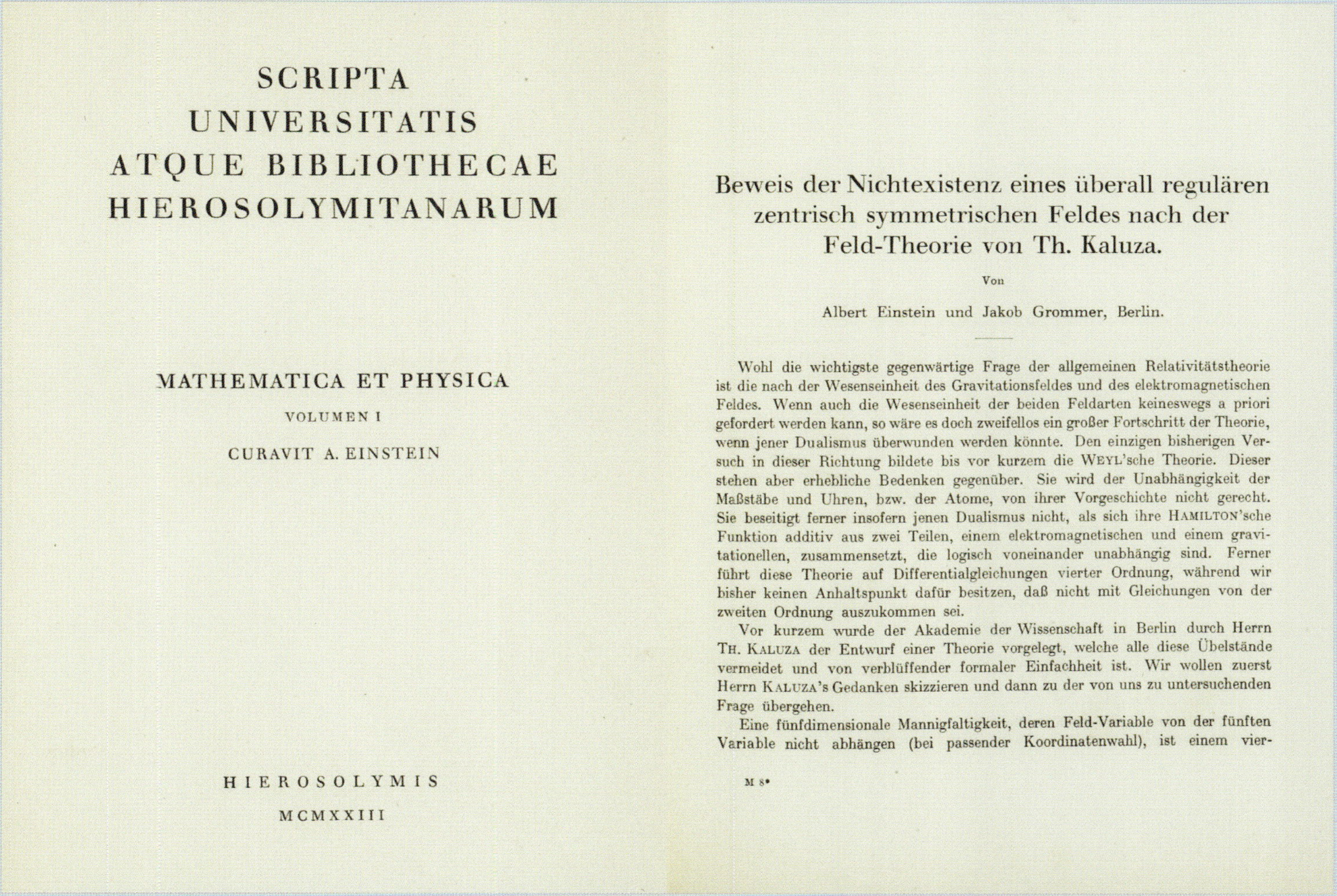

SCRIPTA
UNIVERSITATIS
ATQUE BIBLIOTHECAE
HIEROSOLYMITANARUM

MATHEMATICA ET PHYSICA
VOLUMEN I
CURAVIT A. EINSTEIN

HIEROSOLYMIS
MCMXXIII

Beweis der Nichtexistenz eines überall regulären zentrisch symmetrischen Feldes nach der Feld-Theorie von Th. Kaluza.

Von

Albert Einstein und Jakob Grommer, Berlin.

Wohl die wichtigste gegenwärtige Frage der allgemeinen Relativitätstheorie ist die nach der Wesenseinheit des Gravitationsfeldes und des elektromagnetischen Feldes. Wenn auch die Wesenseinheit der beiden Feldarten keineswegs a priori gefordert werden kann, so wäre es doch zweifellos ein großer Fortschritt der Theorie, wenn jener Dualismus überwunden werden könnte. Den einzigen bisherigen Versuch in dieser Richtung bildete bis vor kurzem die WEYL'sche Theorie. Dieser stehen aber erhebliche Bedenken gegenüber. Sie wird der Unabhängigkeit der Maßstäbe und Uhren, bzw. der Atome, von ihrer Vorgeschichte nicht gerecht. Sie beseitigt ferner insofern jenen Dualismus nicht, als sich ihre HAMILTON'sche Funktion additiv aus zwei Teilen, einem elektromagnetischen und einem gravitationellen, zusammensetzt, die logisch voneinander unabhängig sind. Ferner führt diese Theorie auf Differentialgleichungen vierter Ordnung, während wir bisher keinen Anhaltspunkt dafür besitzen, daß nicht mit Gleichungen von der zweiten Ordnung auszukommen sei.

Vor kurzem wurde der Akademie der Wissenschaft in Berlin durch Herrn TH. KALUZA der Entwurf einer Theorie vorgelegt, welche alle diese Übelstände vermeidet und von verblüffender formaler Einfachheit ist. Wir wollen zuerst Herrn KALUZA's Gedanken skizzieren und dann zu der von uns zu untersuchenden Frage übergehen.

Eine fünfdimensionale Mannigfaltigkeit, deren Feld-Variable von der fünften Variable nicht abhängen (bei passender Koordinatenwahl), ist einem vier-

M 8*

Für den ersten Band der «Scripta Universitatis atque Bibliothecae Hierosolymitanarum» zeichnete Einstein als Herausgeber und veröffentlichte darin eine Arbeit, die er mit seinem Assistenten Jakob Grommer gerade abgeschlossen hatte.

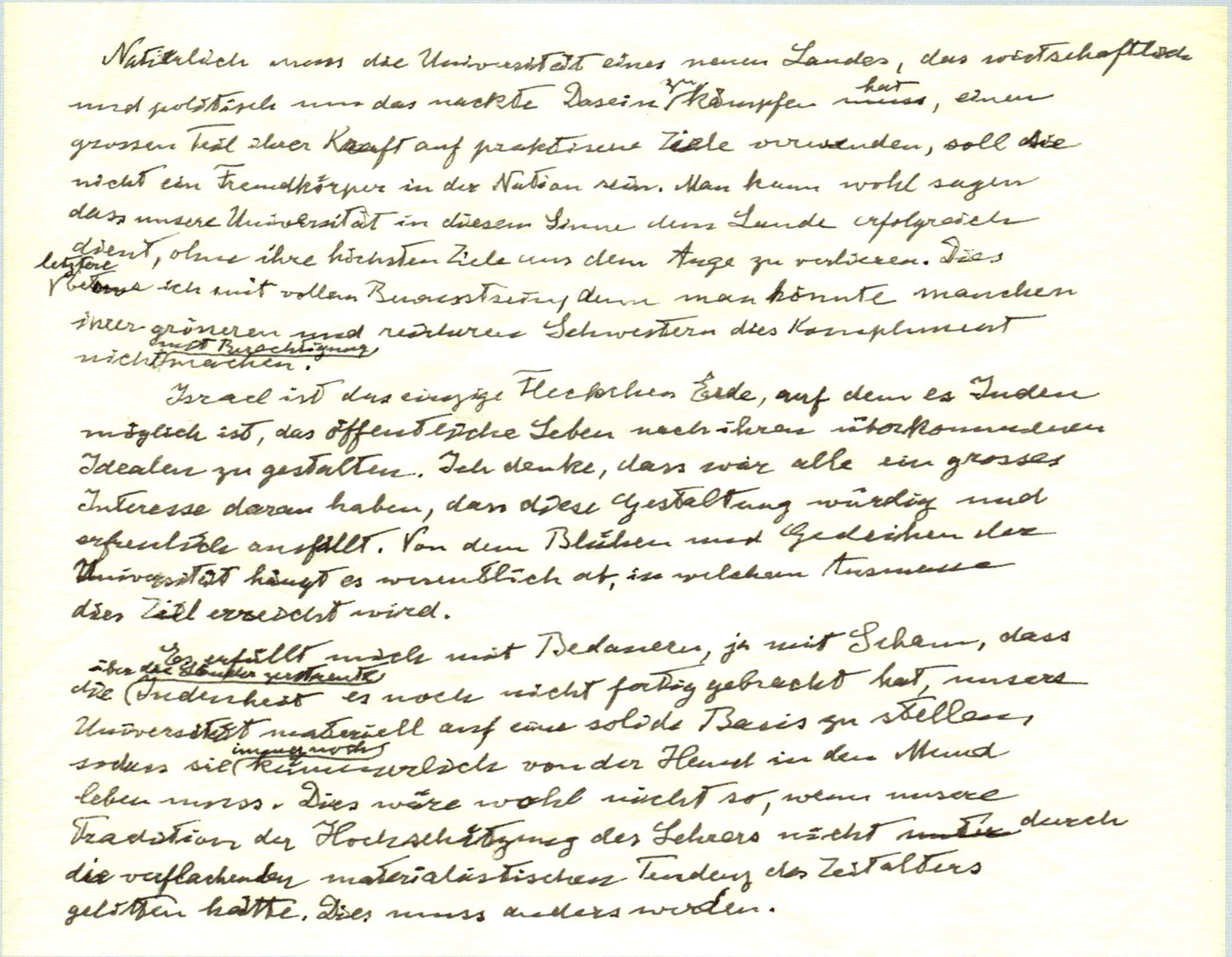

Natürlich muss die Universität eines neuen Landes, das wirtschaftlich
und politisch um das nackte Dasein zu kämpfen hat, einen
grossen Teil ihrer Kraft auf praktische Ziele verwenden, soll sie
nicht ein Fremdkörper in der Nation sein. Man kann wohl sagen
dass unsere Universität in diesem Sinne dem Lande erfolgreich
dient, ohne ihre höchsten Ziele aus dem Auge zu verlieren. Dies
betone ich mit vollem Bewusstsein, denn man könnte manchen
ihrer grösseren und reicheren Schwestern dies Kompliment
mit Berechtigung nicht machen.

Israel ist das einzige Fleckchen Erde, auf dem es Juden
möglich ist, das öffentliche Leben nach ihren überkommenen
Idealen zu gestalten. Ich denke, dass wir alle ein grosses
Interesse daran haben, dass diese Gestaltung würdig und
erfreulich ausfällt. Von dem Blühen und Gedeihen der
Universität hängt es wesentlich ab, in welchem Ausmasse
dies Ziel erreicht wird.

Es erfüllt mich mit Bedauern, ja mit Scham, dass
die Judenheit es noch nicht fertig gebracht hat, unsere
Universität materiell auf eine solide Basis zu stellen,
sodass sie immer noch kümmerlich von der Hand in den Mund
leben muss. Dies wäre wohl nicht so, wenn unsere
Tradition der Hochschätzung des Lehrers nicht durch
die verflachenden materialistischen Tendenz des Zeitalters
gelitten hätte. Dies muss anders werden.

↑ Entwurf für eine Botschaft an die Freunde der Hebräischen Universität Jerusalem, 19. September 1954.

«[…] Israel ist das einzige Fleckchen Erde, auf dem es Juden möglich ist, das öffentliche Leben nach ihren überkommenen Idealen zu gestalten. Ich denke, dass wir alle ein grosses Interesse daran haben, dass diese Gestaltung würdig und erfreulich ausfällt. Von dem Blühen und Gedeihen der Universität hängt es wesentlich ab, in welchem Ausmasse dies Ziel erreicht wird. […]»

← Im Jahr 1951 erhielt Einstein auch von der Hebräischen Universität einen Ehrendoktortitel. Leo Schwarz und High Salpeter von den American Friends of the Hebrew University überreichten die Urkunde.

← Albert Einstein und der israelische Botschafter in den USA, Eliahu Elath, im Mai 1950. Von 1962 bis 1968 war Elath der Präsident der Hebräischen Universität Jerusalem.

5

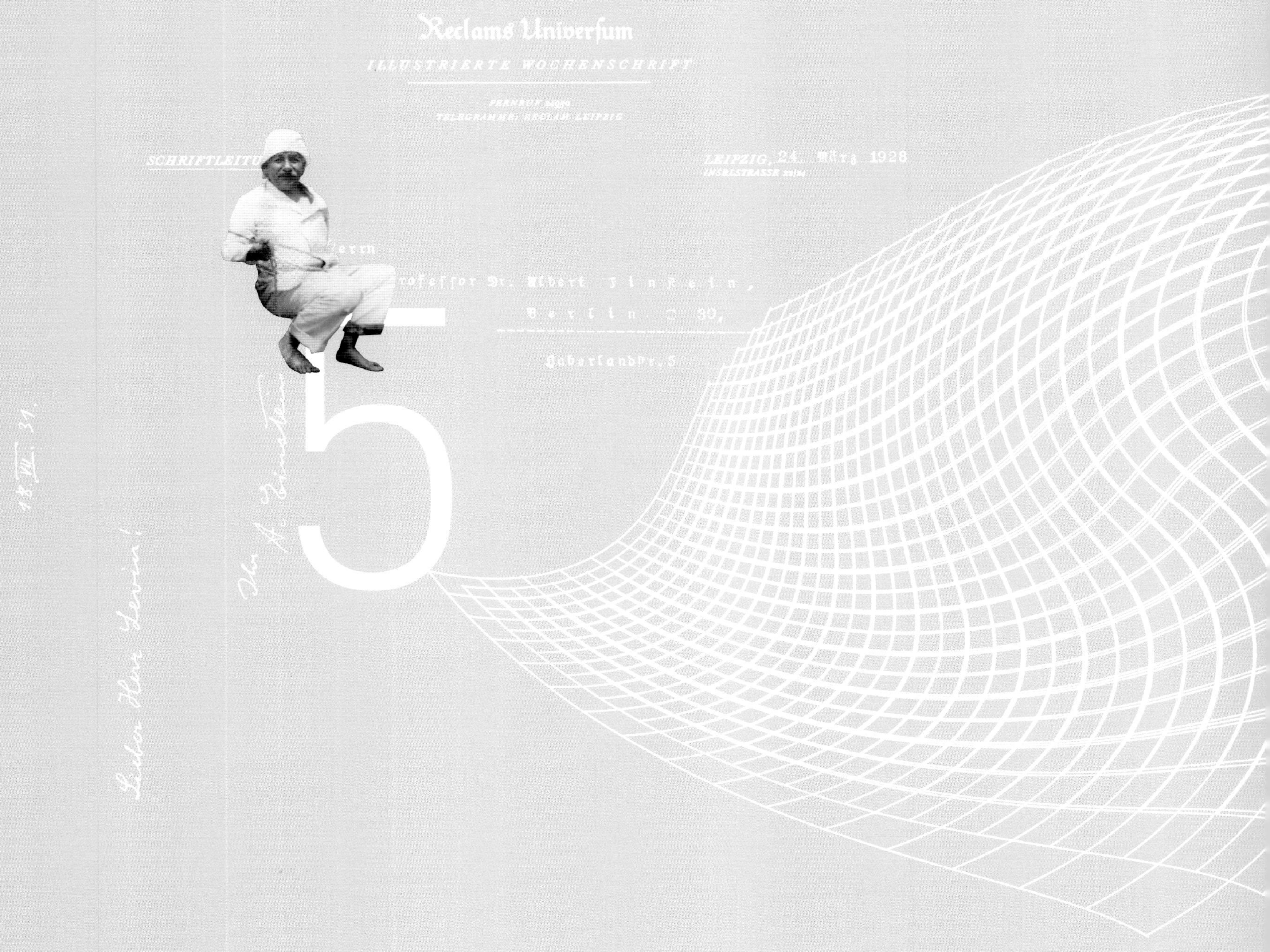
Reclams Universum
ILLUSTRIERTE WOCHENSCHRIFT
TELEGRAMME: RECLAM LEIPZIG
SCHRIFTLEITU
LEIPZIG, 24. März 1928
errn
rofessor Dr. Albert Einstein,
Berlin W 30,
Haberlandstr. 5
18. VII. 31.
Lieber Herr Levin!
Ihr A. Einstein

IN MUSSESTUNDEN

«Ich hab jetzt sogar einen Kompass, der im Dunkeln leuchtet, wie ein ganz ernsthafter Seefahrer. Es ist aber nicht so weit her mit meiner Kunst, und ich bin schon zufrieden, wenn ich jeweilen von der Sandbank wieder loskomme, auf der ich steckengeblieben bin (so ähnlich wie beim Beethoven-Quartett).»

An Königin Elisabeth von Belgien, 16. Februar 1935.

MUSIK

Entspannung und Ablenkung von seiner wissenschaftlichen Arbeit und den zahlreichen öffentlichen Aktivitäten fand Einstein in der Musik.

Zur Musik nahm Einstein Zuflucht, wenn er in einem physikalischen Problem steckengeblieben, aber auch wenn sein Gemüt in Aufruhr geraten war. Es kam vor, dass ihm die Lösung des Problems beim Improvisieren auf der Geige plötzlich klar vor Augen stand. Schon als Kind hatte er Geigenunterricht erhalten, wie es zur bürgerlichen Erziehung gehörte. So wie er hatten auch viele seiner Kollegen ein Instrument spielen gelernt, und man traf sich zu gemeinsamer Hausmusik ebenso regelmässig wie zum wissenschaftlichen Gedankenaustausch. Einstein musizierte mit Michele Besso und mit Paul Ehrenfests ganzer Familie, mit Max Planck und mit Max Born, mit einem musikalischen Wunderkind wie Boris Schwarz und mit den Klaviervirtuosen Arthur Schnabel und Andor Földes. Er musizierte mit Zufallsbekanntschaften während seiner Schiffsreisen, mit dem britischen Attorney-General in Palästina, Norman Bentwich, und mit der Königin von Belgien, deren Liebe zu Mozart er teilte. Ausserdem trat er mit berühmten und weniger berühmten Musikern bei Wohltätigkeitskonzerten auf.

Vor allem in seinen Briefen an die Söhne kam immer wieder deutlich zum Ausdruck, welch grosse Bedeutung Einstein der Musik in seinem Leben zumass und wie wichtig es ihm war, auch ihnen diese Freude am Musizieren zu vermitteln.

Musik, die ihm gefallen sollte, mass er mit gleichem Massstab wie mathematische Formeln: beide mussten rein, einfach und architektonisch klar sein. Zu seinen Lieblingskomponisten zählte er Bach und Mozart, aber auch die Komponisten der Barockzeit wie Vivaldi und Corelli. Als junger Mensch war er «beseligt» von der «grossen Innigkeit» der Haydn-Sonaten, die er später auch seinem 16-jährigen Sohn empfahl. An Schubert liebte er den «vollkommenen Gefühlsausdruck», so wie er überhaupt befand, Musik sei «fürs Gemüt und nicht für den Intellekt» da. Die Kompositionen Richard Wagners verabscheute er, und zur Musik zeitgenössischer Komponisten fand er keinen Zugang.

Über Einstein, den Geiger, kursierten viele Geschichten. Das trug ihm auch eine Reihe von Anfragen über physikalische Probleme des Instrumentenbaus ein, die er nach bestem Wissen beantwortete, nicht immer allerdings ganz fachgerecht.

Die Meinungen über die Qualität seines Spiels gehen weit auseinander. Er selbst spottete gerne über seine «Stümperei», die er «selten erhebend» fand, was aber sein Vergnügen am «Fiedeln» nicht beeinträchtigte. Wahrscheinlich war er ein guter Amateurmusiker mit einem intuitiven Verständnis für die Musik. Gegen Ende seines Lebens gefielen ihm die selbst erzeugten Töne immer weniger; schliesslich gab er das Geigen auf und phantasierte nur noch auf dem Klavier.

↑ Quartett in Einsteins erster Wohnung in Princeton, Library Place 2. Die Musiker sind: Arthur (Ossija) Giskin, Toscha Seidel, Bernard Ocko und Einstein. Dahinter: Mrs. Seidel, Elsa Einstein, Emil Hilb.

↑ Auch auf dem Weg in die Vereinigten Staaten fand Einstein Partner für das Zusammenspiel. Auf der «Belgenland», Januar 1931.

→ Einstein hatte sich im Laboratorium an der Hand verletzt und konnte einige Tage lang nicht Geige spielen. An Julia Niggli, 28. Juli 1899.

«Meine Geige muss ich jetzt natürlich liegen lassen. Die wird sich schön wundern, dass sie nie aus dem schwarzen Kasten genommen wird, sie glaubt vielleicht, sie hatte einen Stiefpapa bekommen. Ich vermisse sie sehr die alte Freundin, durch die ich mir alles sage & singe, was ich mir gar oft in dürren Gedanken auch nicht im mindesten zugestehe, sondern höchstens drüber lache, wenn ich's an anderen sehe…»

← Albert Einstein mit dem Cellisten Francesco von Mendelssohn und dem Pianisten Bruno Esser in seiner Wohnung in Berlin, Haberlandstrasse 5, Ende der 1920er Jahre.

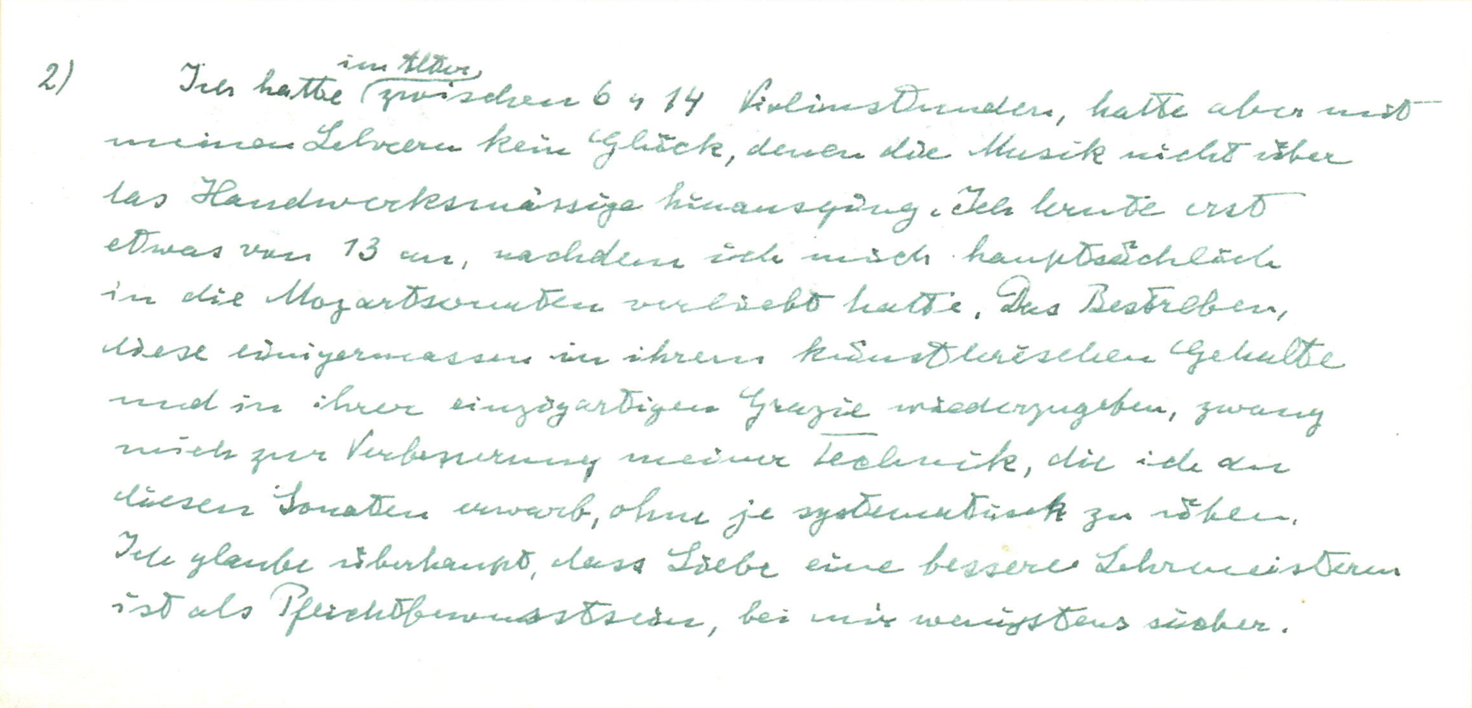

2) Ich hatte im Alter zwischen 6 u. 14 Violinstunden, hatte aber mit meinen Lehrern kein Glück, denen die Musik nicht über das Handwerksmässige hinausging. Ich lernte erst etwas von 13 an, nachdem ich mich hauptsächlich in die Mozartsonaten verliebt hatte. Das Bestreben, diese einigermassen in ihrem künstlerischen Gehalte und in ihrer einzigartigen Grazie wiederzugeben, zwang mich zur Verbesserung meiner Technik, die ich an diesen Sonaten erwarb, ohne je systematisch zu üben. Ich glaube überhaupt, dass Liebe eine bessere Lehrmeisterin ist als Pflichtbewusstsein, bei mir wenigstens sicher.

↑ Aus dem Entwurf zu einem Brief Einsteins an seinen Biografen Philipp Frank im Frühjahr 1940.

18. VII. 31.

Lieber Herr Levin!

Ich habe heute zwei Stunden auf Ihrer Geige phantasiert und bin völlig trunken und behext. Es ist, wie wenn ein Etwas spielte und man selbst nur den Takt dazu machte. Ich habe dasselbe Gefühl wie bei der Guarneri in Pasadena, dass ich dieses Instrumentes nicht würdig bin, dass ein wirklicher Künstler darauf spielen müsste. Ich betrachte die Geige auch wirklich nur als mir geliehen und warte, dass Sie eines Tages anders verfügen.

In aufrichtiger Bewunderung

Ihr

A. Einstein.

↑ Brief an Julius Levin, 18. Juli 1931. – Julius Levin, Arzt, Schriftsteller, Musiker und Geigenbauer in Berlin, hatte eine von Einsteins Geigen nach einer selbst entwickelten Methode «veredelt». Einstein war begeistert vom neuen Klang, den er als «den vortrefflichen altitalienischen Vorbildern im Ton durchaus ebenbürtig» empfand. Als Levin 1933 Deutschland mittellos verlassen musste, trat Einstein an verschiedene Autoritäten heran, um dem Flüchtling zu Geld für eine Geigenbau-Schule zu verhelfen. Es zeigte sich aber, dass Levins Veredelungs-Methode den Geigen mehr Schaden als Nutzen zugefügt hatte. Einstein und die belgische Königin unterstützten den verarmten Levin einige Zeit aus eigener Tasche. Er starb im Januar 1935.

← David Levine, 1983.

A. Einstein ← P. Ehren…

Leiden 12 XI 21

Sonaten und Partiten

für

Violine allein

von

Joh. Seb. Bach

herausgegeben von

Joseph Joachim und Andreas Moser

Heft I. II. je M. 3.—

zuzüglich Teuerungszuschlag

250%

ED. BOTE & G. BOCK
BERLIN W. 8
Gegründet 1838
Alleinvertrieb für Italien FRATELLI CURCI, Neapel.

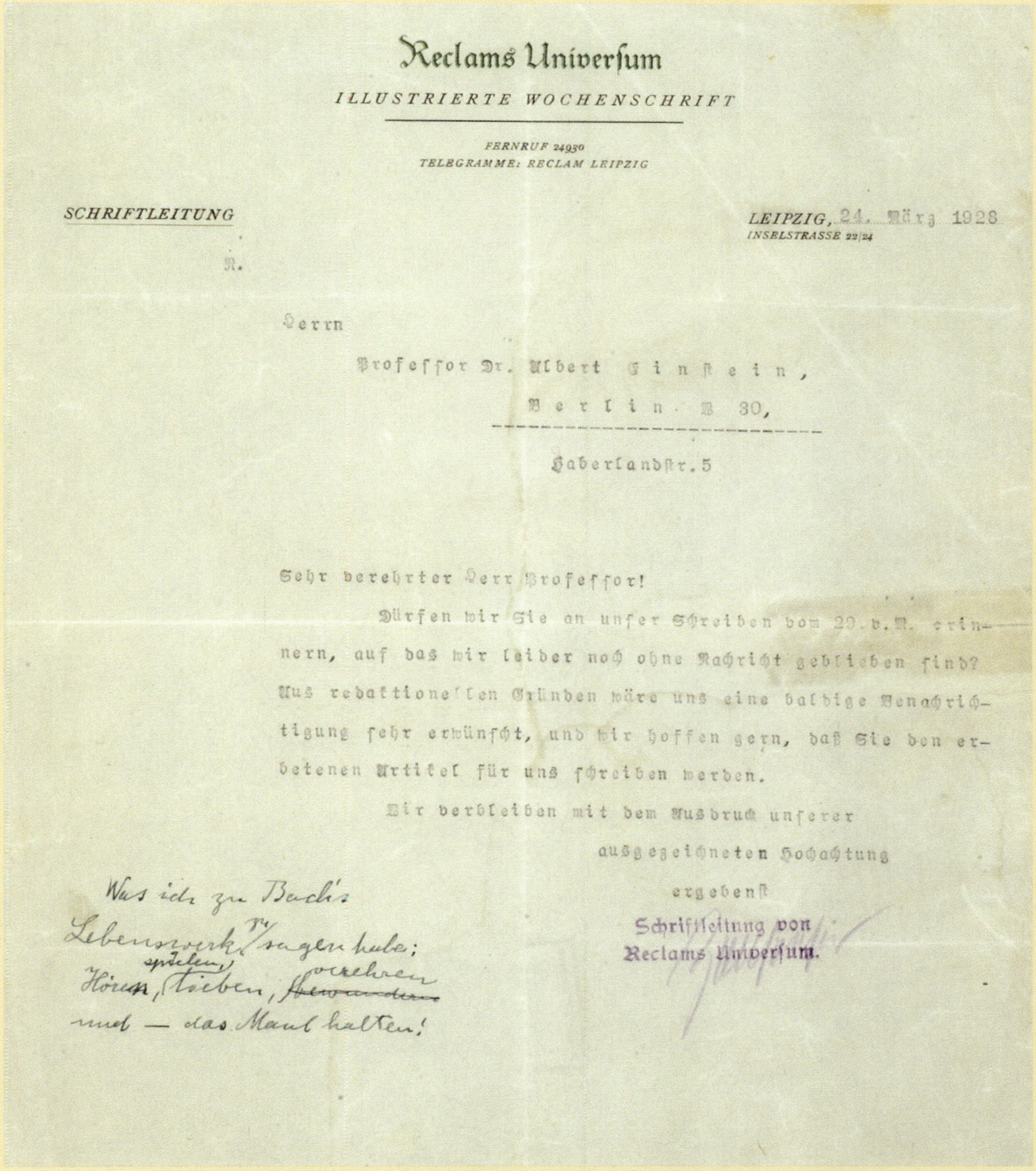

Reclams Universum

ILLUSTRIERTE WOCHENSCHRIFT

FERNRUF 24930
TELEGRAMME: RECLAM LEIPZIG

SCHRIFTLEITUNG

LEIPZIG, 24. März 1928
INSELSTRASSE 22/24

R.

Herrn

Professor Dr. Albert Einstein,

Berlin W 30,

Haberlandstr. 5

Sehr verehrter Herr Professor!

Dürfen wir Sie an unser Schreiben vom 29. v. M. erinnern, auf das wir leider noch ohne Nachricht geblieben sind? Aus redaktionellen Gründen wäre uns eine baldige Benachrichtigung sehr erwünscht, und wir hoffen gern, daß Sie den erbetenen Artikel für uns schreiben werden.

Wir verbleiben mit dem Ausdruck unserer

ausgezeichneten Hochachtung

ergebenst

Schriftleitung von
Reclams Universum.

Was ich zu Bach's Lebenswerk zu sagen habe: Hören, spielen, lieben, verehren ~~bewundern~~ und — das Maul halten!

↑ Anfrage der Illustrierten «Reclams Universum» zum Werk Johann Sebastian Bachs, 24. März 1928 – und Einsteins Antwort als Randnotiz.

← Einstein hatte den Klavierspieler Paul Ehrenfest für Bachs Musik erwärmt: «Er öffnet mir Bach», notierte Ehrenfest 1916 in seinem Tagebuch. Einstein, der nicht nach Noten Klavier spielen konnte, beneidete den Freund: «Du hast es gut, dass Du Bach spielen kannst und nicht warten musst, bis Dirs einer vorspielt.» Ehrenfest schenkte Einstein diese Sammlung von Bach-Sonaten, die Einstein – auf der Geige – vom Blatt spielen konnte.

← Albert Einstein am Klavier im Hotel Nara, in Nara, Japan, 17. Dezember 1922.

«Es freut mich, dass Du nun so reges Interesse für Musik hast. Pflege es gut, es gibt keinen besseren Begleiter in diesem Leben. Ich kann mir mein eigenes Leben ohne Musizieren überhaupt nicht denken und habe in allen schweren Stunden (und auch in frohen) so gut mit mir und der Welt fertig werden können, weil ich stets diese Zuflucht gehabt habe, die einen frei und unabhängig macht.»

← Aus einem Brief an den Enkel Bernhard, um 1945.

SEGELN

Einsteins Lieblingssport war das Segeln.
Es war auch der einzige Sport, den er ausübte.

Als Student in Zürich war Einstein ein begeisterter Segler geworden. In seinen Berliner Jahren konnte er sich ein eigenes kleines Boot leisten und nutzte es mit Freunden, Freundinnen und seinen Söhnen auf den vielen Seen der Umgebung. Wohlhabende Freunde schenkten ihm zu seinem 50. Geburtstag ein komfortableres Boot, den «Tümmler». Vier lange Sommer konnte er sich an seinem «dicken Segelschiff» freuen und neben dem Landleben in Caputh vor allem die Tage auf dem Wasser geniessen, bis die Nazis Boot und Haus konfiszierten.

Auch nach der Emigration hielt Einstein an seinem Sommervergnügen fest. Er hatte nun ein neues Boot, «Tinef» genannt, das, im Widerspruch zu seinem Namen, für Einstein ganz offensichtlich keinen «wertlosen Kram» darstellte. Auf ihm verbrachte er lange Segelferien, meist an der amerikanischen Ostküste.

Das Segeln erlaubte es Einstein, sich vollständig in seinen Gedanken zu verlieren, während der Wind ihn vorantrieb. Es war ihm gleichgültig, wie schnell er und ob andere schneller vorwärts kamen. Selbst wenn in einer Flaute das Boot nur vor sich hin dümpelte oder wenn es auf Grund lief, beeinträchtigte das Einsteins Freude am Segeln nicht. Vielmehr gab ihm die ruhige See die Möglichkeit, sein Notizbuch hervorzuziehen und Berechnungen zu notieren, die ihm durch den Kopf gegangen waren.

↑ Watch Hill, Rhode Island, 1934.

↑ In den 1940er Jahren.

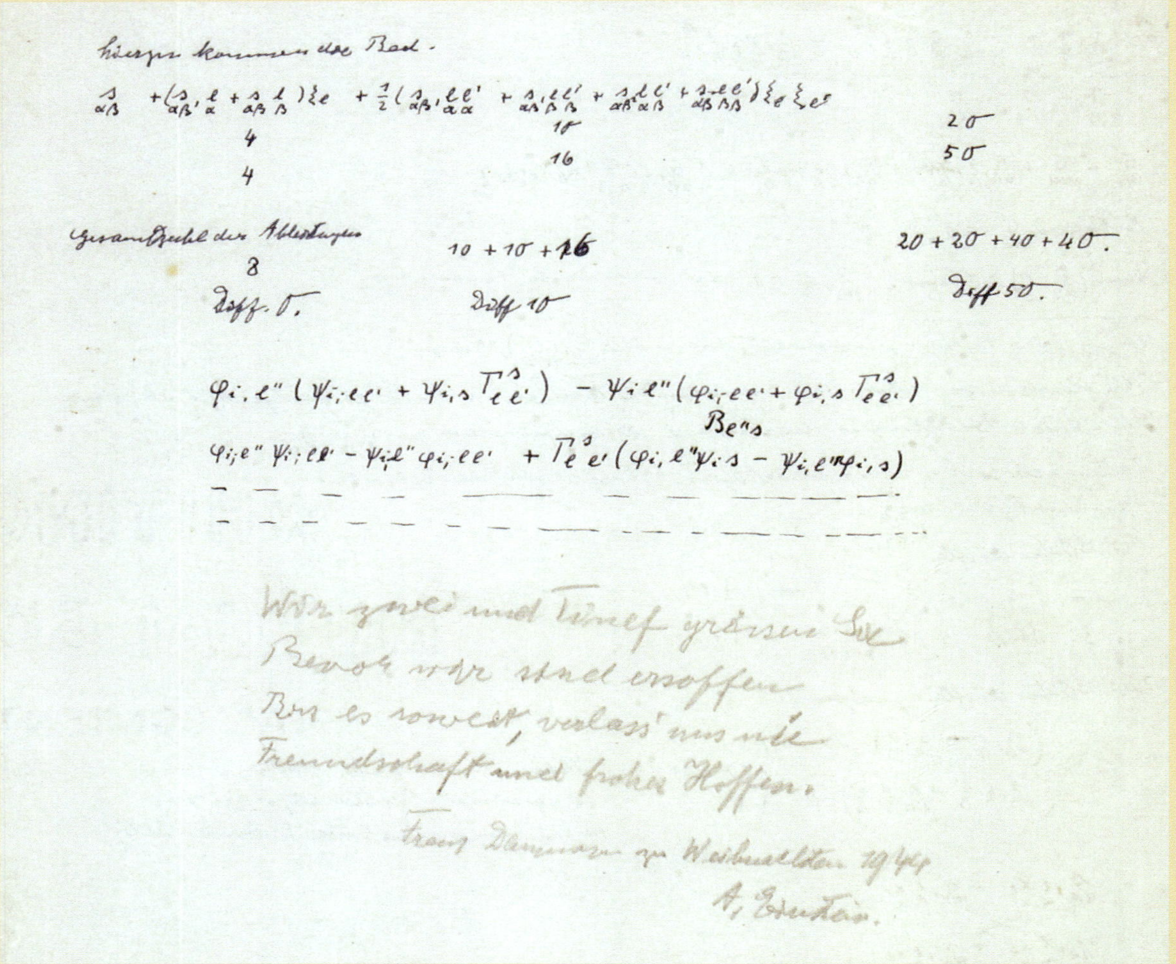

Wir zwei und Tümef grässer See
Bevor wir sind ersoffen
Bis es soweit, verlass' uns nie
Freundschaft und frohes Hoffen.

Frau Damman zu Weihnachten 1944
A. Einstein.

↑ Ein Vierzeiler von Einstein für Ruth Damman zu Weihnachten 1944, der Bezug nimmt auf einen Segelunfall im vorangegangenen Sommer. – Einstein konnte nicht schwimmen, weigerte sich aber standhaft, Rettungswesten auf seinem Boot mitzuführen. Der besungene Segelunfall war nicht der einzige. Es war aber vermutlich der, von dem die Mitsegler erzählten, Einstein habe im Wasser strampelnd seine Pfeife in die Höhe gehalten und tatsächlich sei sie und nur sie trocken geblieben.

→ Huntington, Long Island, 1937.

Old Lyme. 31. VIII. 1935

Liebe Schwester!

Alle beklagen sich über meine Schreibfaulheit und mit Recht. Meine Korrespondenz ist ganz unpersönlich und sehr ausgedehnt. Sie wird dadurch aufrechterhalten, dass Frl. Dukas mit einem Block kommt und mich zum Diktieren zwingt. Sonst aber erfreue ich mich hier auf dem Lande einer beneidenswerten Freiheit. Am Schönsten ist das Segeln in dem Connecticut river, der in Wahrheit eine lange Bucht mit höchst malerischen Ufern ist. Man kann sich so eine wilde und unverdorbene Natur in dem übervölkerten Europa kaum vorstellen. Bald aber ist der Sommer wieder vorbei und das raffinierte Princeton kommt wieder mit seiner Treibhaus-Gelehrsamkeit. Es hat aber auch

↑ Aus einem Brief von Einstein an seine Schwester Maja, 31. August 1935.

DEAR MR. EINSTEIN

6

BRIEFWECHSEL MIT KINDERN

«Lieber Herr Einstein, ich habe Ihr Bild in der Zeitung gesehen. Ich glaube, Sie sollten sich Ihre Haare schneiden lassen, dann könnten Sie besser aussehen.»

Aus dem Brief der 6-jährigen Ann G. Kocin, 1951.

BRIEFWECHSEL MIT DEN KINDERN DER WELT

Kinder waren fasziniert von Albert Einstein; viele schrieben ihm. Einstein freute sich ganz offensichtlich über diese Briefe und bewahrte viele von ihnen auf.

In ihren Briefen stellten die Kinder die unterschiedlichsten Fragen, einige gaben Einstein höchst praktische Ratschläge, andere sandten Zeichnungen, Fotos und kleine Geschenke. Einsteins sorgfältig formulierte Antworten machen deutlich, wie wichtig es ihm war, die Kinder in ihrer natürlichen Wissbegier zu bestärken; sie zeugen von seiner tiefen Zuneigung zu Kindern ebenso wie von seinem schrulligen Sinn für Humor.

Kindern, denen Einstein auf seinem Weg durch Princeton begegnete, rief er Grüsse zu, und selbst mit Babys plauderte er gerne. Die Kinder reagierten so verblüfft wie entzückt auf den aussergewöhnlichen alten Mann mit den ungebändigten weissen Haaren, der einen ausgebeulten Mantel und eine Wollmütze, aber, wie man deutlich sah, selbst im Winter keine Socken trug.

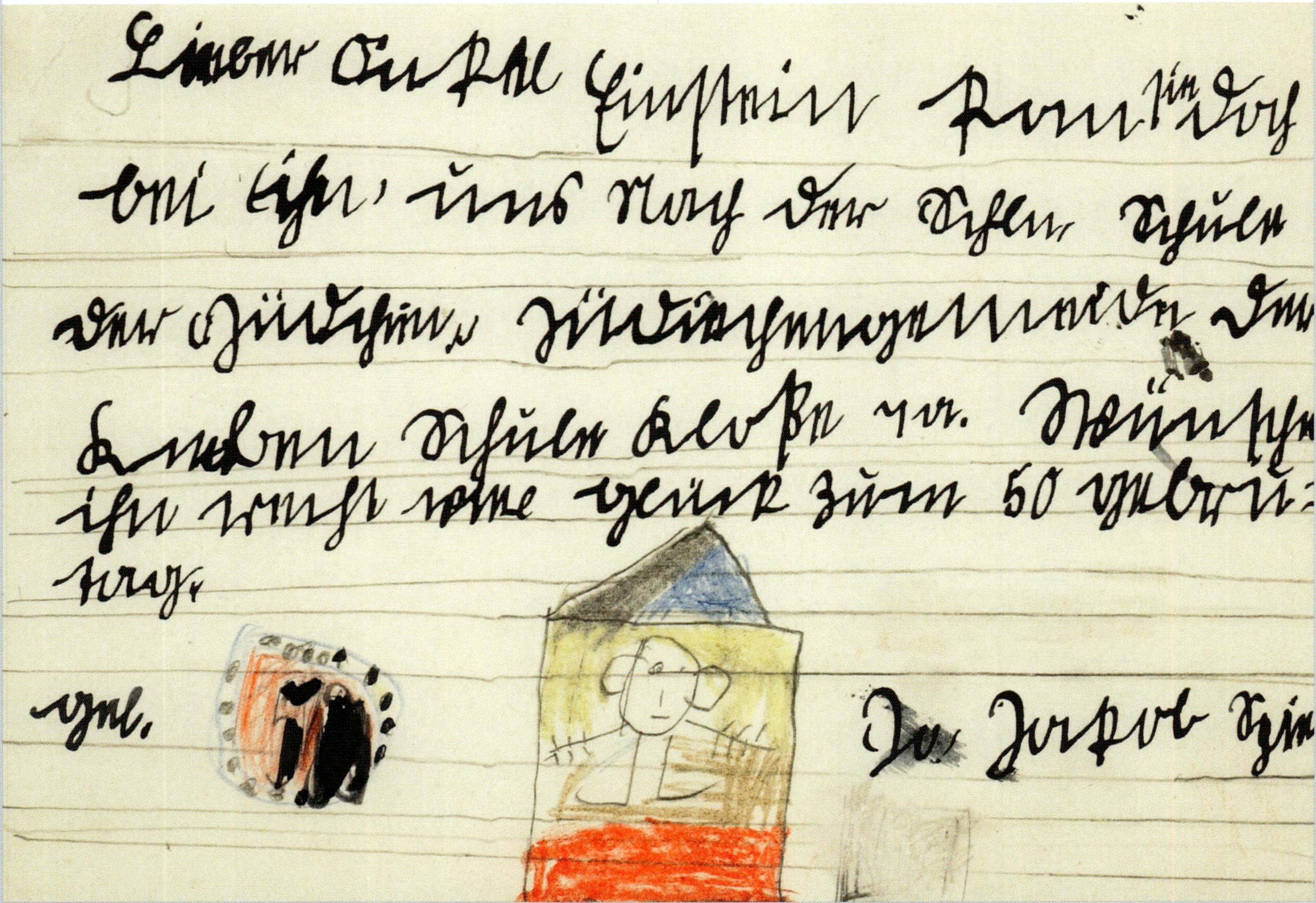

←↑ Zu Einsteins 50. Geburtstag im März 1929 schickten ihm Schüler der Jüdischen Grundschule in Berlin viele bunte Glückwünsche.

→ 1927 hatte der Berliner Reformpädagoge Siegfried Lehmann in Ben Shemen in Palästina ein Jugenddorf gegründet, das jüdische Kinder aus vielen Ländern aufnahm. Albert und Elsa Einstein unterstützten das Projekt. Das Foto zeigt astronomische Instrumente aus Einsteins Besitz, die er dem Jugenddorf überlassen hatte. Dezember 1928.

↑ Japanische Schulkinder von der Takatsumi-Grundschule, Osaka, sandten Einstein zum 70. Geburtstag im März 1949 diese Bilder.

↑ Zu Besuch bei Einstein:
drei unbekannte
kleine Mädchen.

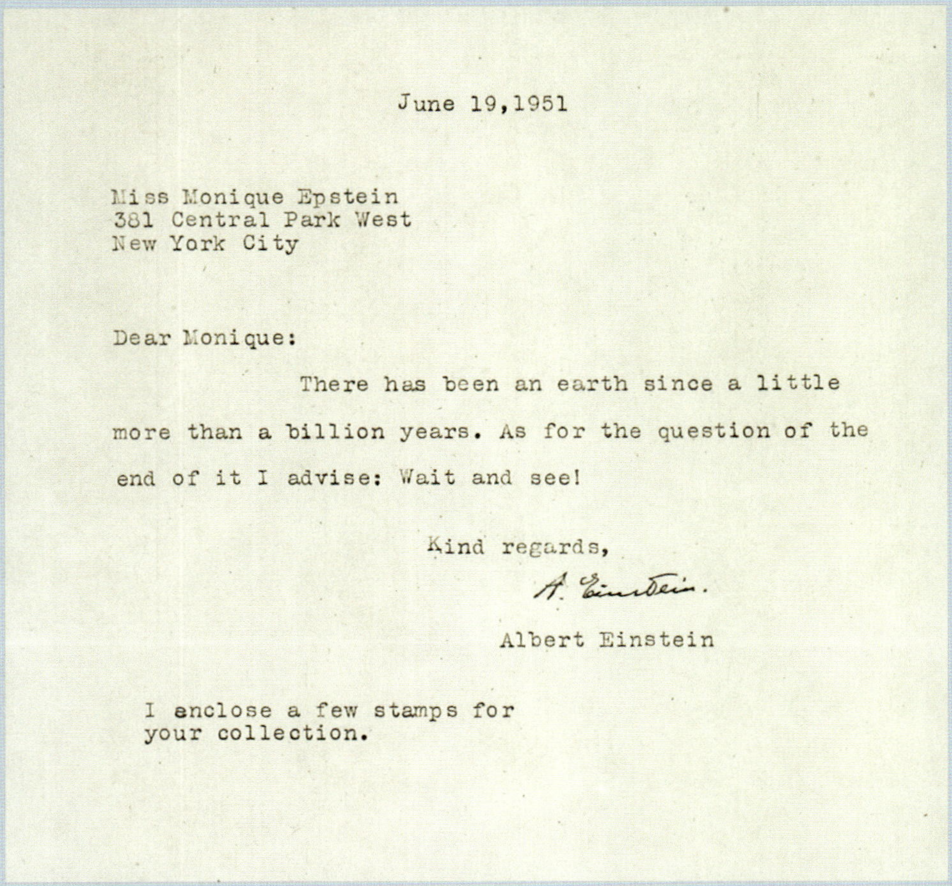

June 19,1951

Miss Monique Epstein
381 Central Park West
New York City

Dear Monique:

There has been an earth since a little more than a billion years. As for the question of the end of it I advise: Wait and see!

Kind regards,

A. Einstein.

Albert Einstein

I enclose a few stamps for your collection.

Monique, ein Flüchtlingskind aus Frankreich, war die Nichte einer Mitarbeiterin an der Princeton University und hatte Einstein persönlich kennen gelernt. Im Alter von acht Jahren schrieb sie ihm:

«Lieber Professor Einstein,
[…] können Sie mir sagen,
wie alt die Welt ist und was aus
ihr werden wird?
Monique
PS. Sie bekommen Briefe aus
der ganzen Welt und ich sammle
Briefmarken. Könnten Sie mir bitte
ein paar Briefmarken schicken?»

← Einstein antwortete:

«Liebe Monique,
eine Erde gibt es seit etwas mehr als
einer Milliarde Jahren. Was die Frage
ihres Endes angeht, so lautet mein Rat:
Warten wir's ab.
Herzliche Grüsse, Albert Einstein
Ich lege ein paar Briefmarken
für Deine Sammlung bei.»

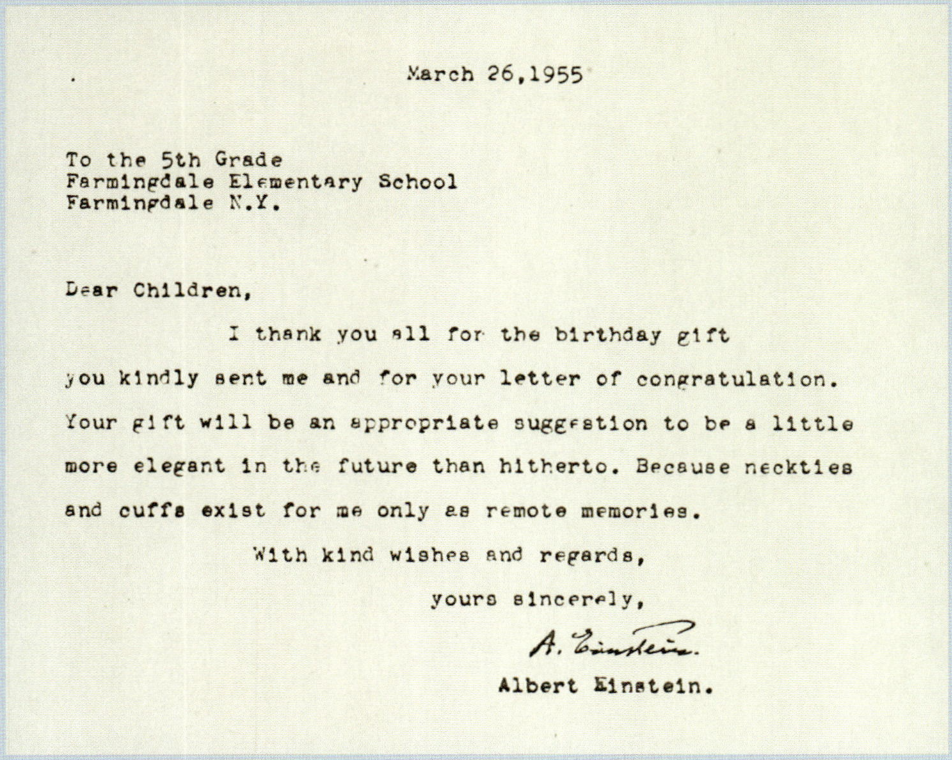

March 26,1955

To the 5th Grade
Farmingdale Elementary School
Farmingdale N.Y.

Dear Children,

I thank you all for the birthday gift you kindly sent me and for your letter of congratulation. Your gift will be an appropriate suggestion to be a little more elegant in the future than hitherto. Because neckties and cuffs exist for me only as remote memories.

With kind wishes and regards,

yours sincerely,

A. Einstein.

Albert Einstein.

«Liebe Kinder,
ich danke Euch allen dafür,
dass Ihr so nett wart, mir ein
Geburtstagsgeschenk zu schicken,
und für Euren Geburtstagsbrief.
Euer Geschenk ist eine passende
Anregung, in der Zukunft ein bisschen
mehr auf Eleganz zu achten als bisher.
Denn Krawatten und Manschetten
gibt es für mich nur noch in
der fernen Erinnerung…»

← An die 5. Klasse der Farmingdale Grundschule, New York, 26. März 1955.

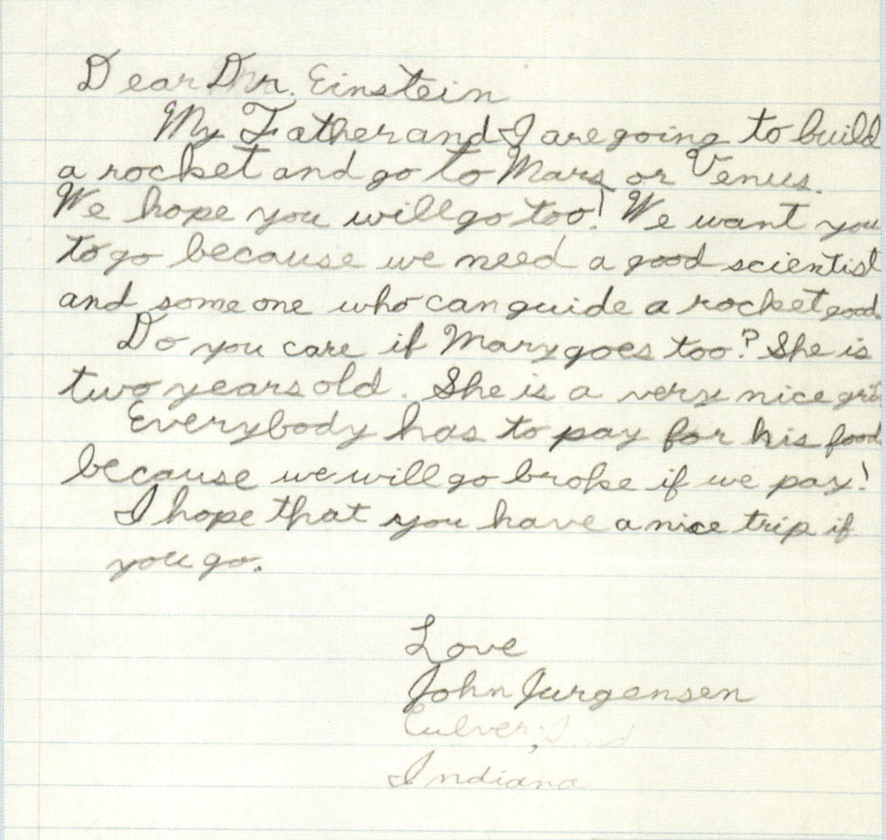

Dear Dr. Einstein
My Father and I are going to build
a rocket and go to Mars or Venus.
We hope you will go too! We want you
to go because we need a good scientist
and some one who can guide a rocket good.
Do you care if Mary goes too? She is
two years old. She is a very nice girl.
Everybody has to pay for his food
because we will go broke if we pay!
I hope that you have a nice trip if
you go.

Love
John Jurgensen
Culver, Ind
Indiana

«Lieber Dr. Einstein,
mein Vater und ich wollen eine Rakete bauen und zum Mars oder zur Venus fliegen. Wir hoffen, dass Sie mitkommen. Wir wollen, dass Sie mitmachen, weil wir einen guten Wissenschaftler brauchen und jemanden, der eine Rakete gut steuern kann.
Macht es Ihnen etwas aus, wenn Mary auch mitkommt?
Sie ist zwei Jahre alt. Sie ist ein sehr nettes Mädchen.
Jeder muss für seine Verpflegung selbst sorgen, weil wir pleite gehen, wenn wir alles bezahlen!
Ich hoffe, Sie haben eine gute Reise, wenn Sie mitkommen.
Herzlich John Jurgensen.»

↑ Brief von John Jurgensen aus dem Jahr 1952.

→ James William Pietsch, den Einstein hier auf dem Arm hält, war der Sohn von Nachbarn. Princeton, 13. Juli 1951.

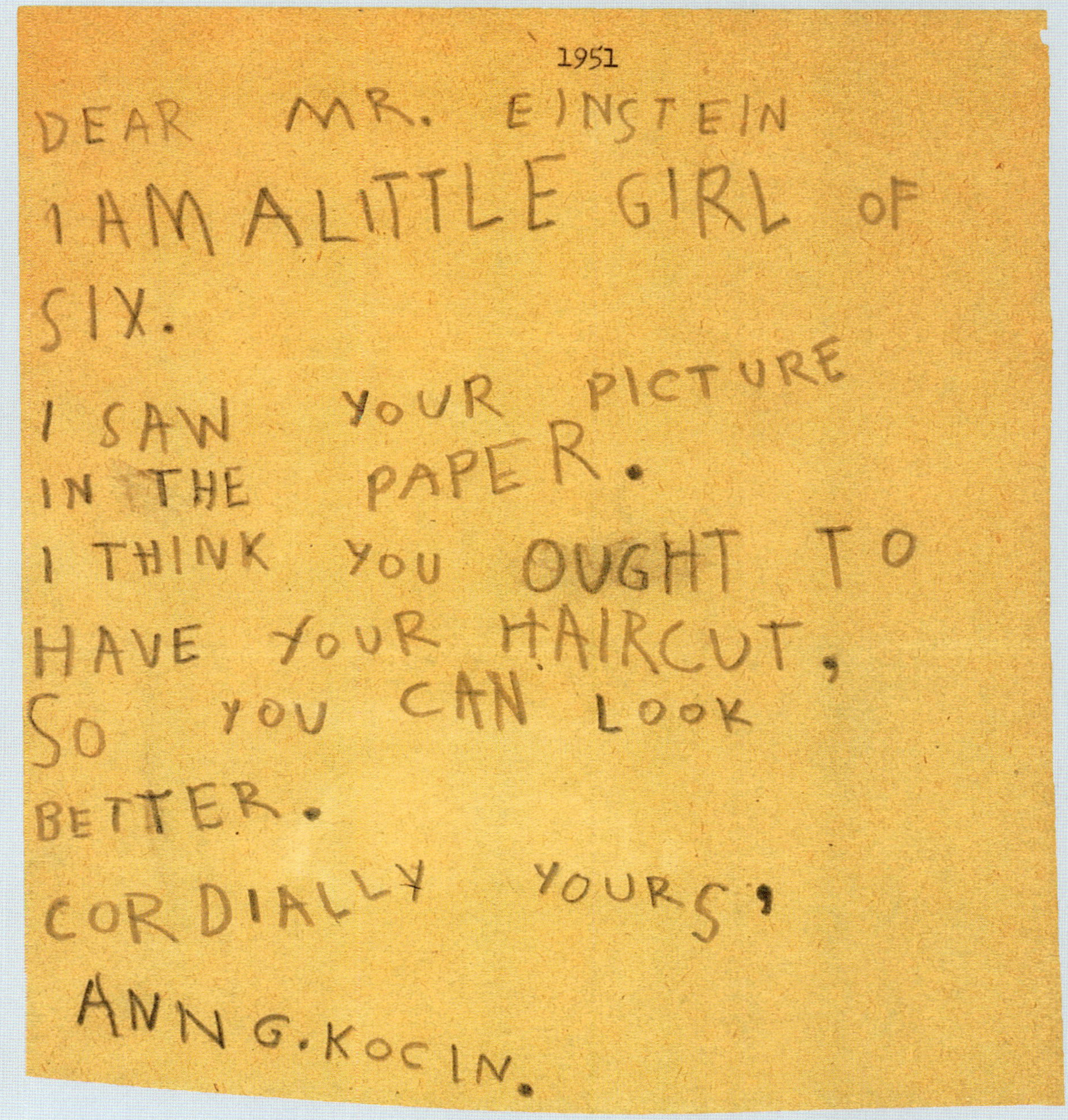
1951

DEAR MR. EINSTEIN

I AM A LITTLE GIRL OF SIX.

I SAW YOUR PICTURE IN THE PAPER.

I THINK YOU OUGHT TO HAVE YOUR HAIRCUT, SO YOU CAN LOOK BETTER.

CORDIALLY YOURS,

ANN G. KOCIN.

← Auf Einsteins Schoss sitzt John R. Steiding. Von seinen Eltern hatte Einstein in jenem Sommer ein Ferienhaus gemietet. Deep Creek Lake, Maryland, September 1946.

«Lieber Herr Einstein,
ich bin ein Mädchen und sechs Jahre alt.
Ich habe Ihr Bild in der Zeitung gesehen.
Ich glaube, Sie sollten sich Ihre Haare
schneiden lassen, dann könnten
Sie besser aussehen.
Herzliche Grüsse Ann G. Kocin»

↑ Ein höchst praktischer Vorschlag von Ann G. Kocin, 1951.

7

Professor Relativity Einstein
Princeton
N. Jersey
DEC 27
1940

DIE «KOMISCHE MAPPE»

«Lieber Herr Professor,
Ist es vernünftig anzunehmen,
dass jemand, wenn er auf dem Kopf
– oder vielmehr mit dem Kopf nach
unten – steht, sich verliebt und
andere verrückte Dinge tut?»

Aus einem Brief von Frank Wall, 1933.

DIE «KOMISCHE MAPPE»

Einsteins Ruhm und die vielen Legenden, die sich um ihn rankten, brachten eine höchst umfangreiche und mannigfaltige Korrespondenz mit sich. Er und seine Sekretärin Helen Dukas hatten ihr Vergnügen an seltsamen und wunderlichen Briefen und bewahrten sie in der «Komischen Mappe» auf.

In dieser Mappe kamen im Laufe der Jahre rund 700 Dokumente zusammen, darunter viele Briefcouverts mit ausgefallenen Adressangaben, die einen eigenen Platz erhielten. Antworten auf diese Briefe sind im Albert-Einstein-Archiv in Jerusalem allerdings eine Seltenheit.

Die «Komische Mappe» bewahrt neben Fanpost auch Heiratsanträge, ungewöhnliche Ratschläge und abstruse wissenschaftliche Theorien, aber auch Unerfreuliches wie die Schmähbriefe überwiegend antisemitischen und antikommunistischen Inhalts.

↓ In Saranac Lake, New York, 1936.

↓ Ankunft in London, Victoria Station, 1933.

→ Eine eigenwillige Interpretation von Einsteins Gravitationstheorie. Brief von Frank Wall, New York 1933.

«Lieber Herr Professor, leider kann ich das Folgende nicht gut genug auf Deutsch formulieren. Wenn ich richtig verstanden habe, bewegt sich die Erde so schnell, dass sie praktisch stillsteht, zumindest erscheint es uns so. Zu gewissen Zeiten sieht es aus, als stehe eine Person aufrecht, zu anderen Zeiten, wenn sie sich auf der unteren Seite befindet, steht sie auf dem Kopf und wird durch die Schwerkraft festgehalten, und manchmal steht sie in einem rechten Winkel von der Erde ab und manchmal in einem linken Winkel. Ist es vernünftig anzunehmen, dass jemand, wenn er auf dem Kopf – oder vielmehr mit dem Kopf nach unten – steht, sich verliebt und andere verrückte Dinge tut? Hochachtungsvoll Frank Wall»

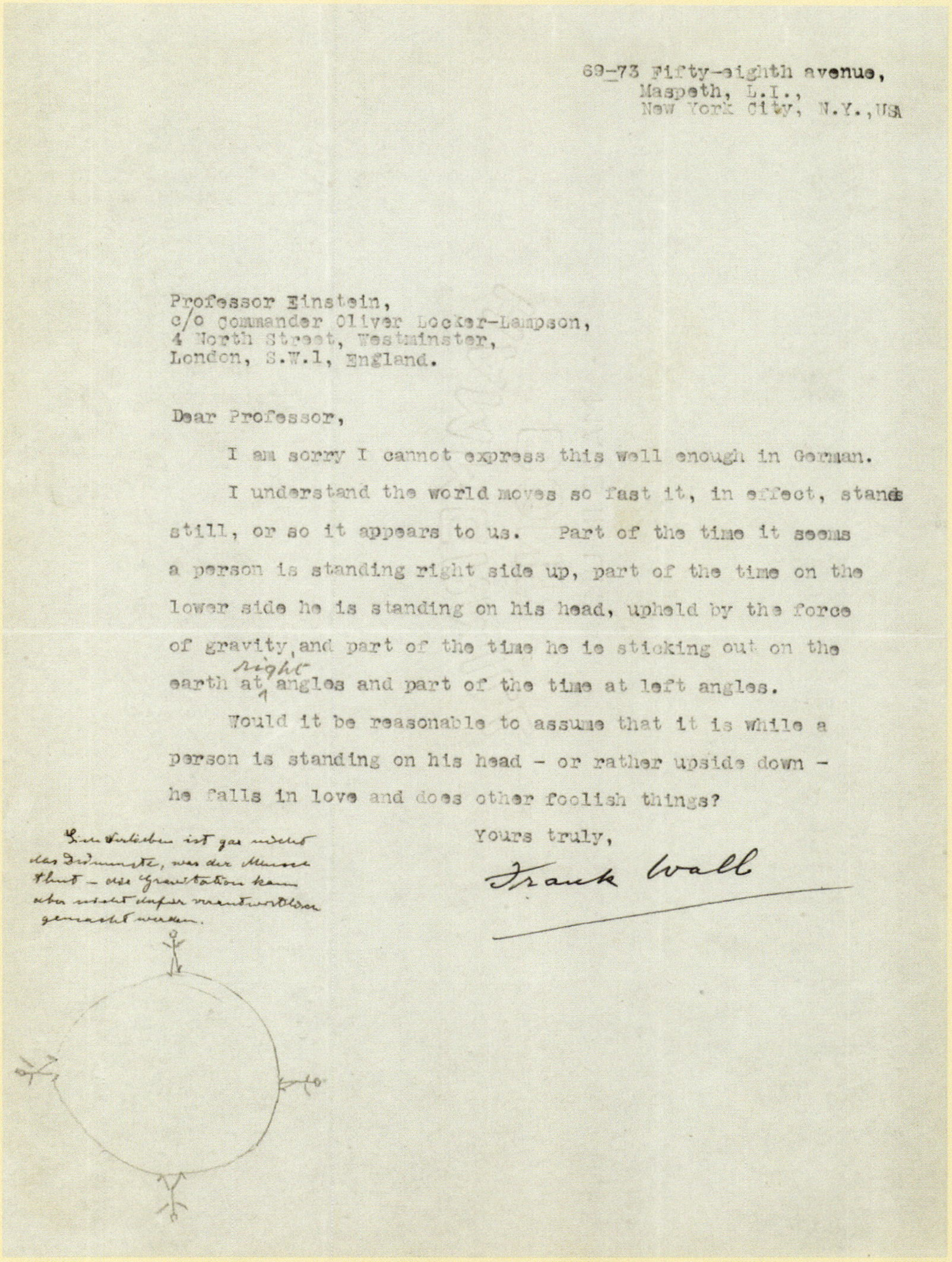

69-73 Fifty-eighth avenue,
Maspeth, L.I.,
New York City, N.Y., USA

Professor Einstein,
c/o Commander Oliver Locker-Lampson,
4 North Street, Westminster,
London, S.W.1, England.

Dear Professor,

I am sorry I cannot express this well enough in German.

I understand the world moves so fast it, in effect, stands still, or so it appears to us. Part of the time it seems a person is standing right side up, part of the time on the lower side he is standing on his head, upheld by the force of gravity, and part of the time he is sticking out on the earth at right angles and part of the time at left angles.

Would it be reasonable to assume that it is while a person is standing on his head – or rather upside down – he falls in love and does other foolish things?

Yours truly,

Frank Wall

↑ Einsteins Entwurf einer Antwort:

«Sich verlieben ist gar nicht das Dümmste, was der Mensch thut – die Gravitation kann aber nicht dafür verantwortlich gemacht werden.»

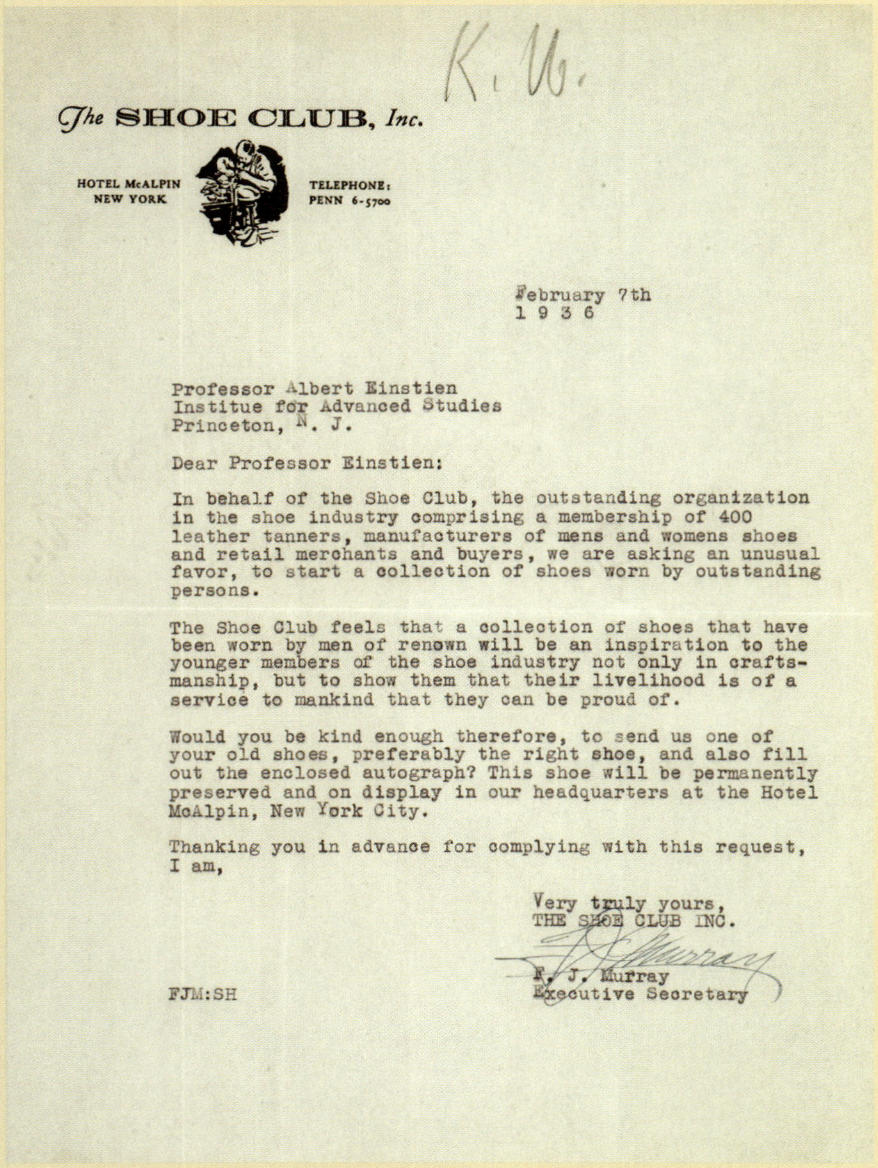

K. W.

The SHOE CLUB, Inc.

HOTEL McALPIN
NEW YORK

TELEPHONE:
PENN 6-5700

February 7th
1 9 3 6

Professor Albert Einstien
Institue for Advanced Studies
Princeton, N. J.

Dear Professor Einstien:

In behalf of the Shoe Club, the outstanding organization in the shoe industry comprising a membership of 400 leather tanners, manufacturers of mens and womens shoes and retail merchants and buyers, we are asking an unusual favor, to start a collection of shoes worn by outstanding persons.

The Shoe Club feels that a collection of shoes that have been worn by men of renown will be an inspiration to the younger members of the shoe industry not only in craftsmanship, but to show them that their livelihood is of a service to mankind that they can be proud of.

Would you be kind enough therefore, to send us one of your old shoes, preferably the right shoe, and also fill out the enclosed autograph? This shoe will be permanently preserved and on display in our headquarters at the Hotel McAlpin, New York City.

Thanking you in advance for complying with this request, I am,

Very truly yours,
THE SHOE CLUB INC.

F. J. Murray
Executive Secretary

FJM:SH

↑→ Der Shoe Club bittet um Einsteins rechten Schuh, New York, 7. Februar 1936.

«Sehr geehrter Herr Professor,
im Auftrag des Schuh-Clubs, der Hauptorganisation der Schuhindustrie, der 400 Lederfärber, Produzenten von Herren- und Damenschuhen, Einzelhändler und Käufer angehören, möchten wir eine ungewöhnliche Bitte an Sie stellen, da wir im Begriff sind, eine Sammlung von Schuhen anzulegen, die von herausragenden Persönlichkeiten getragen wurden.
Der Schuh-Club hat den Eindruck, dass eine Sammlung von Schuhen, die von bedeutenden Menschen getragen wurden, die jüngeren Mitglieder der Schuhindustrie inspirieren könnte, und zwar nicht nur in Bezug auf das Handwerk als solches, sondern auch, indem sie ihnen zeigt, dass ihre Arbeit der Menschheit dient und sie stolz darauf sein können.
Deshalb bitten wir Sie freundlichst darum, uns einen ihrer alten Schuhe zu senden, möglichst einen rechten, und das beigelegte Papier handschriftlich auszufüllen.
Der Schuh wird dauerhaft aufbewahrt und in unserem Hauptsitz im Hotel McAlpin, New York City, ausgestellt werden.
Wir danken Ihnen im Voraus für Ihr Entgegenkommen,
hochachtungsvoll...»

↑ Albert und Elsa Einstein in den Vitagraph
F lm-Studios, Hollywood, frühe 1930er Jahre.

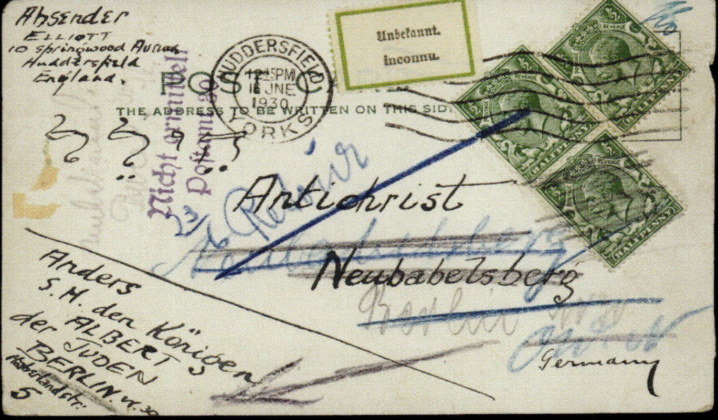

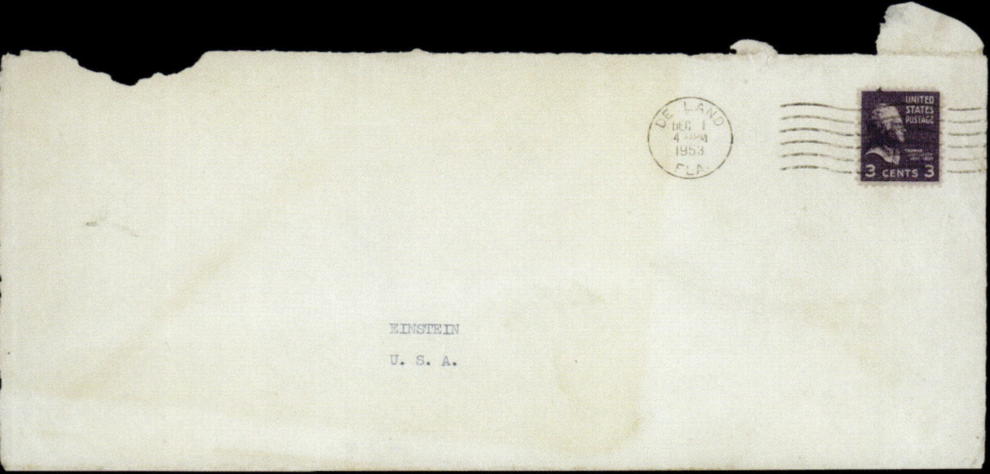

↑→ All diese Briefe erreichten Einstein in Princeton, Mercer Street 112.

UNITED STATES OF AMERICA
SECURITY EDUCATION
CONSERVATION HEALTH
FOR DEFENSE
RIDGEWOOD
DEC 27
4 30 PM
1940
Professor Relativisty Einstein
Princeton
N. Jersey

DURBAN
SUID-AFRIKA
SOUTH AFRICA
Prof. Albert Einstein
Master Tailor of clothes- for vacumm Space
Princetom University
Pricetom
New Jersey
United States of America

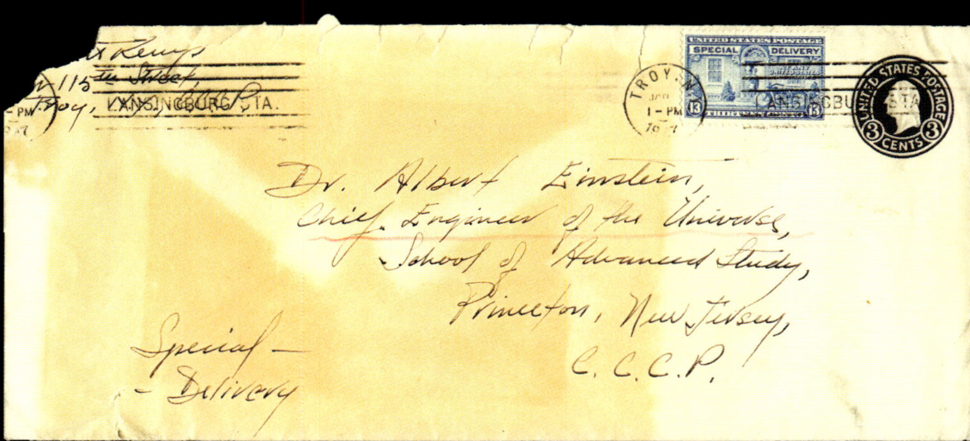
UNITED STATES POSTAGE
SPECIAL DELIVERY
TROY, N.Y.
1 - PM
LANSINGBURG STA.
3 CENTS 3
Dr. Albert Einstein,
Chief Engineer of the Universe,
School of Advanced Study,
Princeton, New Jersey,
C.C.C.P.
Special -
- Delivery

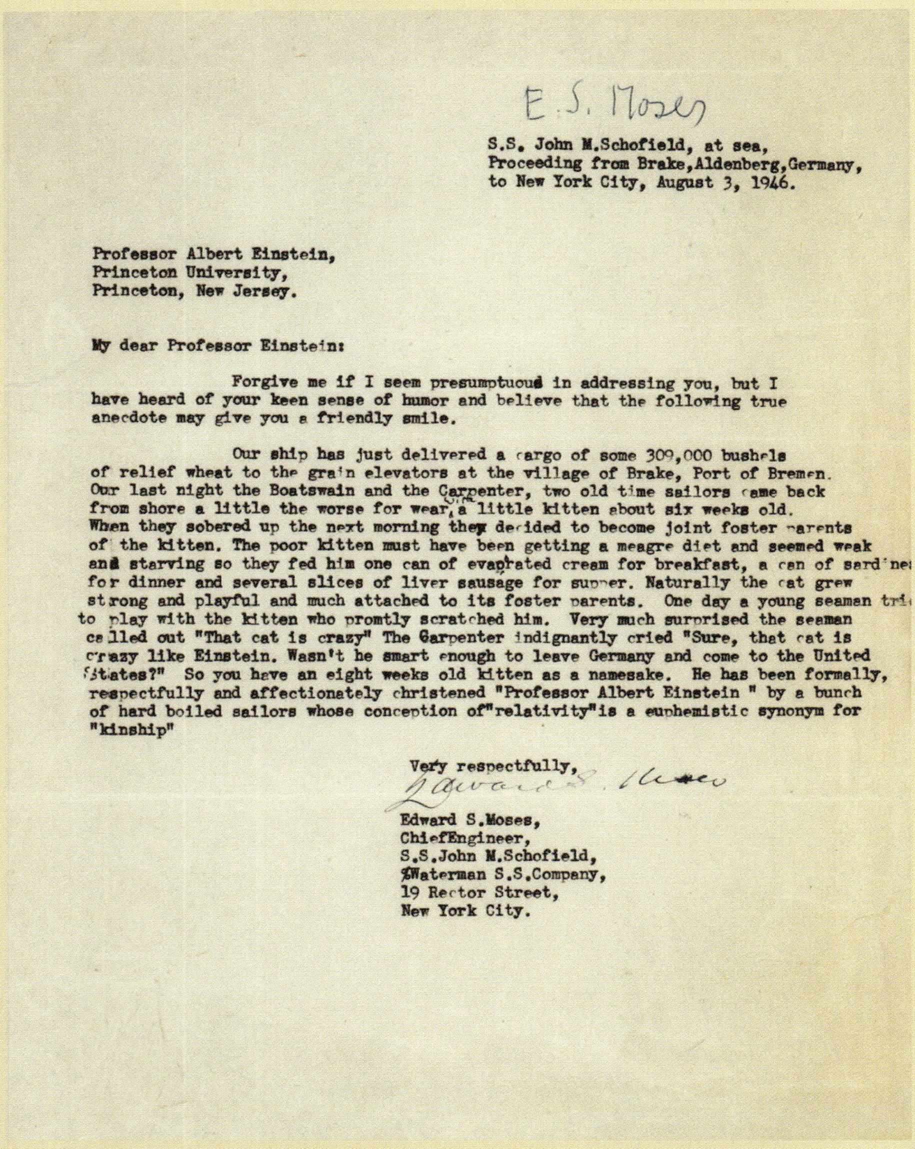

E.S. Moses

S.S. John M.Schofield, at sea,
Proceeding from Brake,Aldenberg,Germany,
to New York City, August 3, 1946.

Professor Albert Einstein,
Princeton University,
Princeton, New Jersey.

My dear Professor Einstein:

Forgive me if I seem presumptuous in addressing you, but I have heard of your keen sense of humor and believe that the following true anecdote may give you a friendly smile.

Our ship has just delivered a cargo of some 309,000 bushels of relief wheat to the grain elevators at the village of Brake, Port of Bremen. Our last night the Boatswain and the Carpenter, two old time sailors came back from shore a little the worse for wear, with a little kitten about six weeks old. When they sobered up the next morning they decided to become joint foster parents of the kitten. The poor kitten must have been getting a meagre diet and seemed weak and starving so they fed him one can of evaporated cream for breakfast, a can of sardines for dinner and several slices of liver sausage for supper. Naturally the cat grew strong and playful and much attached to its foster parents. One day a young seaman tried to play with the kitten who promtly scratched him. Very much surprised the seaman called out "That cat is crazy" The Carpenter indignantly cried "Sure, that cat is crazy like Einstein. Wasn't he smart enough to leave Germany and come to the United States?" So you have an eight weeks old kitten as a namesake. He has been formally, respectfully and affectionately christened "Professor Albert Einstein " by a bunch of hard boiled sailors whose conception of"relativity"is a euphemistic synonym for "kinship"

Very respectfully,
Edward S. Moses

Edward S.Moses,
ChiefEngineer,
S.S.John M.Schofield,
Waterman S.S.Company,
19 Rector Street,
New York City.

↑ Brief von Edward S. Moses, erster Maschinist auf der S.S. John M. Schofield, auf See, auf der Fahrt von Brake, Aldenberg [Oldenburg], Deutschland, nach New York City, 3. August 1946.

«Lieber Professor Einstein!
Bitte nehmen Sie es mir nicht übel, dass ich so verwegen bin, mich an Sie zu wenden, aber ich habe von Ihrem ausgeprägten Sinn für Humor gehört und denke, dass die folgende wahre kleine Geschichte Ihnen ein freundliches Lächeln entlocken wird.
Unser Schiff hat gerade eine Ladung von rund 309 000 Scheffel Weizen als Hungerhilfe in die Getreidesilos in Brake, Bremerhaven, geliefert. An unserem letzten Abend kamen der Bootsmann und der Schiffszimmermann, zwei alte Seebären, etwas mitgenommen vom Landgang zurück und hatten ein kleines, vielleicht sechs Wochen altes Kätzchen dabei. Als sie am nächsten Morgen wieder nüchtern waren, beschlossen sie, gemeinsam Pflegeeltern des Kätzchens zu werden. Das arme Kätzchen […] machte einen schwachen und ausgehungerten Eindruck. Also gaben sie ihm zum Frühstück eine Dose Kondensmilch, zum Mittagessen eine Dose Ölsardinen und zum Abendbrot ein paar Scheiben Leberwurst. Natürlich wurde die Katze dabei stark und munter und wich ihren Pflegeeltern nicht mehr von der Seite.
Als einmal ein junger Matrose mit dem Kätzchen spielen wollte, kratzte es ihn sofort. Völlig verblüfft rief der Matrose: «Diese Katze ist verrückt.» Der Schiffszimmermann wurde ärgerlich: «Klar, die Katze ist so verrückt wie Einstein. War der nicht klug genug, Deutschland zu verlassen und in die Staaten zu gehen?» Nun haben Sie also ein acht Wochen altes Kätzchen zum Namensvetter. Es wurde in aller Form, mit gebührendem Respekt und liebevoll auf den Namen «Professor Albert Einstein» getauft, und zwar von einem Haufen hart gesottener Seeleute, für die das Wort «Relativität» nur einen feineren Ausdruck für «Verwandtschaft» darstellt.
Hochachtungsvoll…»

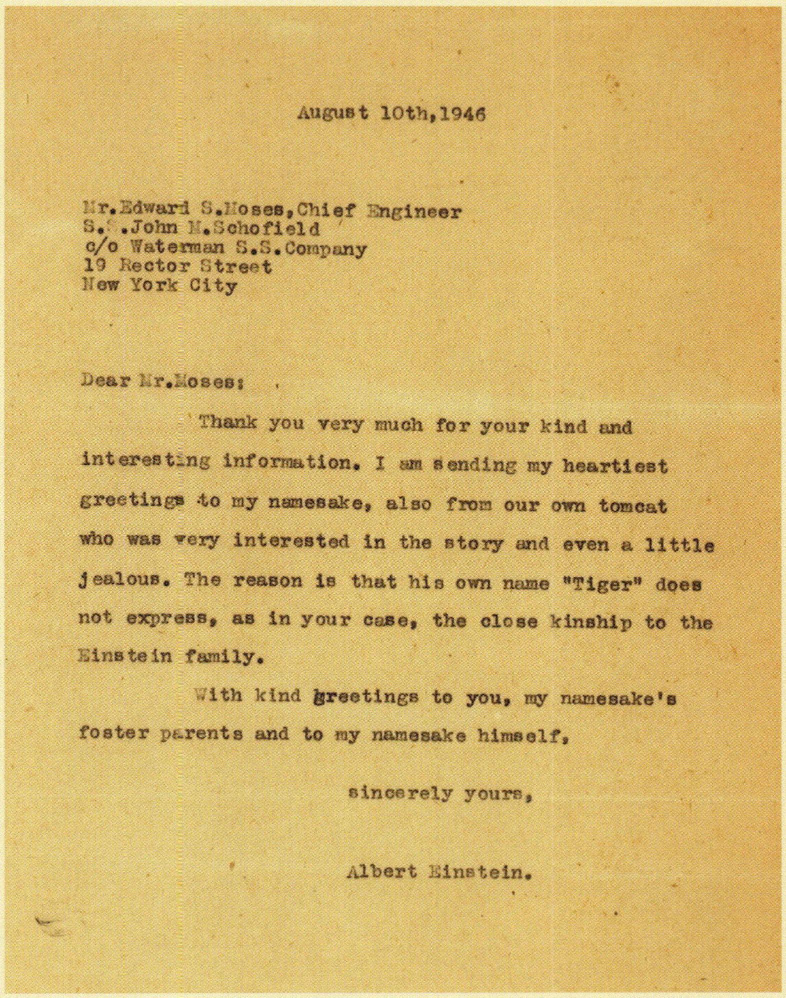

August 10th,1946

Mr.Edward S.Moses,Chief Engineer
S.S.John M.Schofield
c/o Waterman S.S.Company
19 Rector Street
New York City

Dear Mr.Moses:

Thank you very much for your kind and interesting information. I am sending my heartiest greetings to my namesake, also from our own tomcat who was very interested in the story and even a little jealous. The reason is that his own name "Tiger" does not express, as in your case, the close kinship to the Einstein family.

With kind greetings to you, my namesake's foster parents and to my namesake himself,

sincerely yours,

Albert Einstein.

«Lieber Herr Moses!
Ich danke Ihnen sehr für Ihre freundliche und interessante Mitteilung. Ich sende die herzlichsten Grüsse an meinen Namensvetter, auch von unserem Kater, der sich sehr für die Geschichte interessiert hat und sogar ein bisschen eifersüchtig wurde. Der Grund ist, dass sein eigener Name «Tiger» nicht, wie in Ihrem Fall, die nahe Verwandtschaft mit der Familie Einstein zum Ausdruck bringt.
Mit freundlichen Grüssen an Sie, an die Pflegeeltern meines Namensvetters und meinen Namensvetter selbst,
Ihr
Albert Einstein»

← Einsteins Antwort an den ersten Maschinisten der S.S. John M. Schofield, 10. August 1946.

→ Vor dem Haus von Ben Meyer, Santa Barbara, Kalifornien, 18. Februar 1933.

↑ Hopi House, Grand Canyon, 28. Februar 1931. – Hier verkaufte die Fred Harvey Company indianisches Kunsthandwerk. Indianer vom Stamm der Hopi, die dort beschäftigt waren, liessen sich mit Touristen fotografieren, wie hier mit Albert und Elsa Einstein. Diese Aufnahme wurde, meist mit unrichtiger Legende, in vielen Zeitungen abgebildet.

Hetzer Einstein nun in Europa auf dem Kriegspfad.

Professor Albert Einstein, der in Amerika ehrenhalber zum Indianerhäuptling ernannt wurde, befindet sich nun „in Europa auf dem Kriegspfade". Bei seiner Landung in Le Havre erklärte er, daß er nicht mehr nach Deutschland zurückkehre, solange die „faschistische Regierung" an der Macht sei.

→ 1933 nimmt ein Karikaturist auf einen der zweifelhaften Berichte Bezug, die zwei Jahre vorher auch in deutschen Zeitungen zu finden waren.

↑ Albert Einstein in seinem Garten in Princeton mit einer Delegation des American Continental Club, 1941.

...Der neue Ulmer Nazibürgermeister hatte am ersten Tag seiner Amtstätigkeit die Einsteinstrasse in Fichtestrasse umbenannt. Nach dem verlorenen Krieg wurde dies vom nun amtierenden Bürgermeister Scholl rückgängig gemacht. Einstein kommentiert die Amtshandlungen:

«Die drollige Geschichte mit den Strassennamen ist mir seinerzeit zur Kenntnis gekommen und hat mich nicht wenig amüsiert. Ich glaube, ein neutraler Name, z.B. Windfahnenstrasse wäre dem politischen Wesen der Deutschen besser angepasst und benötigte keine Umtaufen im Laufe der Zeiten.»

→ Aus zwei Briefen von Einstein vom 20. März und 25. August 1946. Zitiert in einem Brief von Leopold R. Hirsch an die Nachlassverwalter, 20. August 1960.

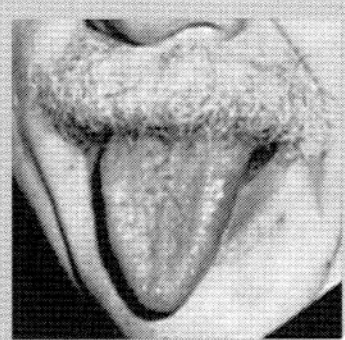

A. Einstein

8

EINSTEIN – DER MYTHOS

«Alles mögliche wird einem angedichtet, und der pfiffig erfundenen Legenden ist kein Ende.»

Aus einem Brief an Königinmutter Elisabeth von Belgien, 28. März 1954.

EINE LEGENDE ENTSTEHT

Albert Einstein ist eine legendenumwobene Figur, eine Ikone zur beliebigen Verwendung. Sein Name gilt als Synonym für Genie. Der Volksmund hat sich gar ein eigenes Relativitätsprinzip erschaffen: «Alles ist relativ.»

In der Alltagsmythologie tritt Einstein in widersprüchlichen Rollen auf: er ist Genie und Clown, Heiliger und Ketzer, weiser Alter und Kind, Zauberer und Philosoph. Der Mythos hat zwei Gesichter: Einstein gilt als derjenige, der sowohl die besten als auch die verhängnisvollsten Kräfte in Wissenschaft und menschlicher Natur entfesselt hat.

Weltweit berühmt wurde Einstein sozusagen über Nacht. Im November 1919 verkündeten in Amerika und England sensationell aufgemachte Zeitungsberichte, dass die Lichtkrümmung nachgewiesen werden konnte, die Einstein in seiner allgemeinen Relativitätstheorie postuliert hatte. Obwohl kaum ein Leser die Tragweite dieser Nachricht erfasst haben dürfte, weckten die Berichte in der Öffentlichkeit die Vorstellung, es seien nun alle Rätsel des Kosmos gelöst. Die deutsche Presse reagierte zunächst zwar zurückhaltender. Bald jedoch verfolgte sie jeden Schritt, den Einstein tat, und das Publikum blickte gebannt auf diesen seltsamen Zeitgenossen, der die herkömmlichen Vorstellungen von Zeit und Raum ausser Kraft gesetzt haben sollte und so merkwürdige und kontroverse Dinge äusserte.

Zu Einsteins Vorlesungen pflegten die Damen der Gesellschaft den Hörsaal zu stürmen – auch die, denen bis dahin wissenschaftliches Interesse nicht nachgesagt werden konnte. Wer einen Fotoapparat besass, suchte eine Gelegenheit, sich mit Einstein fotografieren zu lassen. Gruppen begeisterter Kinder empfingen ihn mit Blumengebinden; andernorts erwarteten ihn ehrfürchtig schweigende Menschenmassen, begierig danach, den verehrten Meister zu berühren. Unter den Juden erfreute sich Einstein besonderer Popularität. Man feierte ihn als Inbegriff jüdischen Intellekts und grössten Juden seiner Zeit. Einstein begegnete dieser «Beweihräucherung», indem er sich selbstironisch als «Jüdischer Heiliger» bezeichnete.

Das Bild war jedoch nicht ungetrübt. Vor allem aus den in Deutschland zunehmend einflussreicheren antisemitischen Kreisen schlug Einstein flammender Hass entgegen. Selbst unter den geachteten Kollegen fanden sich schon bald Vertreter einer «Deutschen Physik», die sich rassistische Argumente gegen Einsteins «jüdische Physik» zu Eigen machten und die Relativitätstheorie als «jüdischen Trick» diffamierten.

Verschiedene Faktoren trugen dazu bei, dass aus dem Gelehrten der Theoretischen Physik ein Massenphänomen werden konnte. Aber erst die gleichzeitige Entfaltung der Massenmedien machte es möglich, dass diese Faktoren in solcher Breite wirken konnten.

Einstein hatte allgemein anerkannte und drei Jahrhunderte lang als unumstösslich geltende Wahrheiten verworfen und an ihre Stelle mysteriöse, vermeintlich unverständliche Theorien gesetzt. Das verlieh ihm den Ruf eines Hexers, der eine Zauberformel entdeckt hat, den Schlüssel zum letzten Geheimnis des Universums.

Auch war die kriegsmüde Gesellschaft der 1920er Jahre auf der Suche nach einem neuen Heldentypus. Diese Rolle schien Einstein auf den Leib geschrieben: ein Antimilitarist, dem die Völkerverständigung ein zentrales Anliegen war, eine geistige Autorität, die mit ihrem bohemienhaften Auftreten eher an einen unterbezahlten Musiker erinnerte, ein Mitbürger, der freundlich und humorvoll, aber ungeniert Kritik selbst an den heiligsten Gütern der Nation zu üben wagte.

Die Suche nach einer neuen Orientierung in Zeit und Raum prägte die Epoche auch in einem weiteren kulturellen Zusammenhang. Vergleichbare revolutionäre Strömungen sind ebenso in den Künsten, in der Philosophie, in der Psychologie zu finden, und Einsteins Relativitätstheorie steht, in diesem Licht betrachtet, in einer Reihe mit Picassos kubistischer Malerei, James Joyces innerem Monolog, Schönbergs Zwölftonmusik, Bergsons Reflexionen über die reine Dauer und Freuds Traumdeutung.

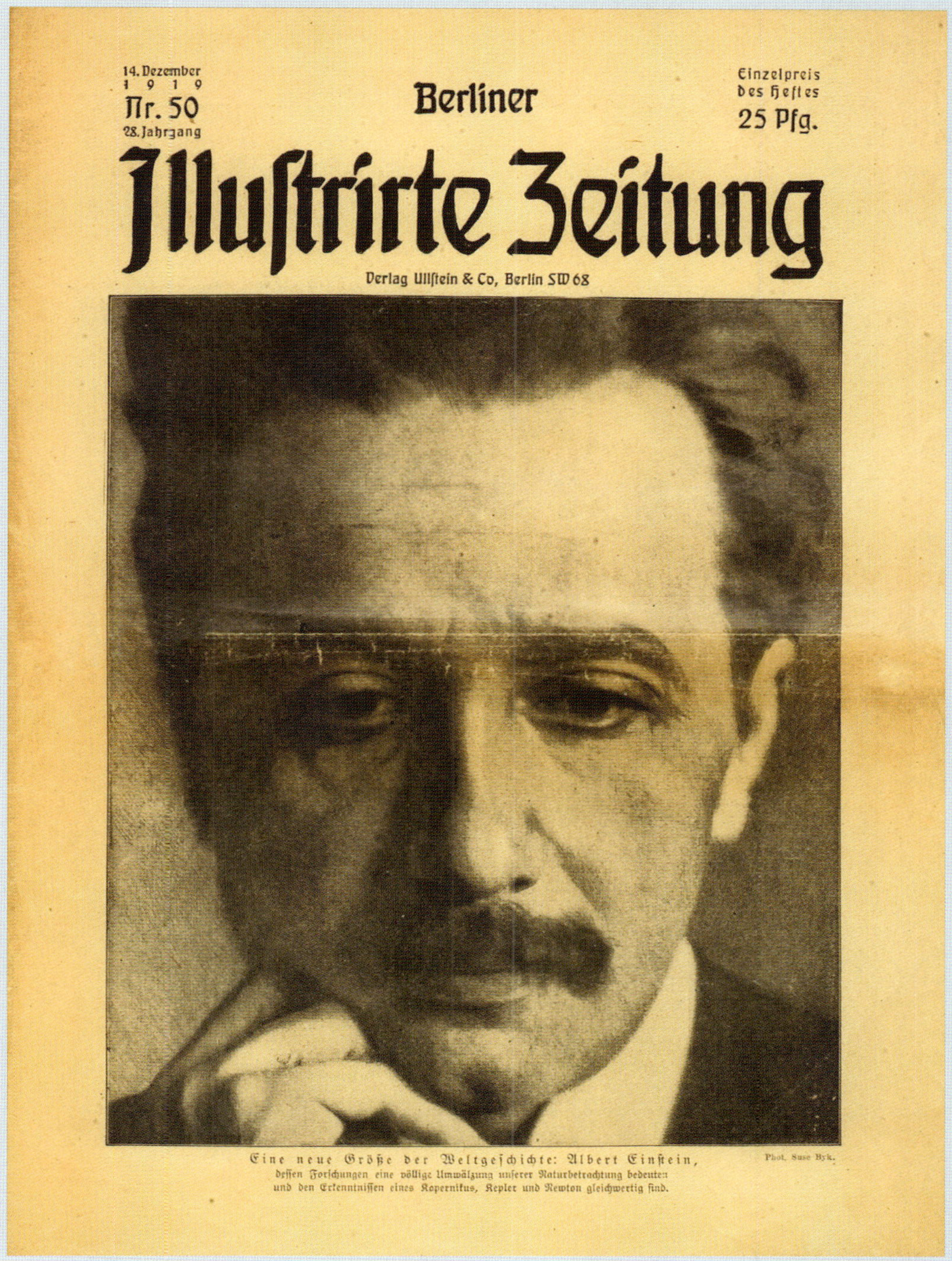

14. Dezember 1919
Nr. 50
28. Jahrgang

Berliner

Einzelpreis des Heftes 25 Pfg.

Illustrirte Zeitung

Verlag Ullstein & Co, Berlin SW 68

Phot. Suse Byk.

Eine neue Größe der Weltgeschichte: Albert Einstein, dessen Forschungen eine völlige Umwälzung unserer Naturbetrachtung bedeuten und den Erkenntnissen eines Kopernikus, Kepler und Newton gleichwertig sind.

← Die Geburt des Mythos: Am 14. Dezember 1919 erschien zum ersten Mal ein Porträt von Einstein auf der Titelseite einer deutschen Zeitschrift und stellte ihn als «neue Grösse der Weltgeschichte» vor.

→ Aus einem Brief an Marcel Grossmann, 12. September 1920.

«Diese Welt ist ein sonderbares Narrenhaus. Gegenwärtig debattiert jeder Kutscher und jeder Kellner, ob die Relativitätstheorie richtig sei.»

Haenisch

Der Minister
für Wissenschaft, Kunst und
Volksbildung

Nr.

Berlin W. 8, den 12.3.1920.

Herrn

Professor Dr. Albert Einstein,

Berlin W,

Haberlandstr. 5.

Hochverehrter Herr Professor!

Ich danke Ihnen herzlichst für Ihre freundliche Zuschrift, die mir angesichts der scharfen Angriffe von der rechten Seite her ganz besonders wohlgetan hat.

Vielleicht darf ich die Gelegenheit benutzen, in meiner Eigenschaft als Chef des preussischen Unterrichtswesens Ihnen meine aufrichtigsten Glückwünsche auszusprechen zu der grossen wissenschaftlichen Entdeckung, die Ihren Namen für immer in das Buch der deutschen Geistesgeschichte und der Geistesgeschichte der Welt eingetragen hat. Wenn ich als Laie mir auch selbstverständlich kein völlig zutreffendes Bild von der ganzen Tragweite Ihrer Entdeckung machen kann, so war doch kürzlich Herr Moszkowski so liebenswürdig, eine Stunde daran zu wenden, um mir wenigstens einen ungefähren Begriff von der ungeheuren Bedeutung Ihrer Entdeckung zu geben. Es würde mir eine besondere Freude sein, wenn Sie, hochverehrter Herr

↑→ Eine Einladung des preussischen Ministers für Wissenschaft, Kunst und Volksbildung, Konrad Hänisch, 12. März 1920.

Professor , mir demnächst einmal die Ehre Ihres Besuches geben wollten . Darf ich dafür -- falls Ihre Zeit es erlaubt -- nächsten Montag, den 15. vorschlagen , und zwar die Zeit zwischen 10 und $\frac{1}{2}$ 11 Uhr vormittags ?

Ich sehe Ihrer freundlichen Antwort gern entgegen und bin

mit dem Ausdruck ganz besonderer Hochachtung

Ihr

Haenisch

Minister

für Wissenschaft, Kunst und Volksbildung.

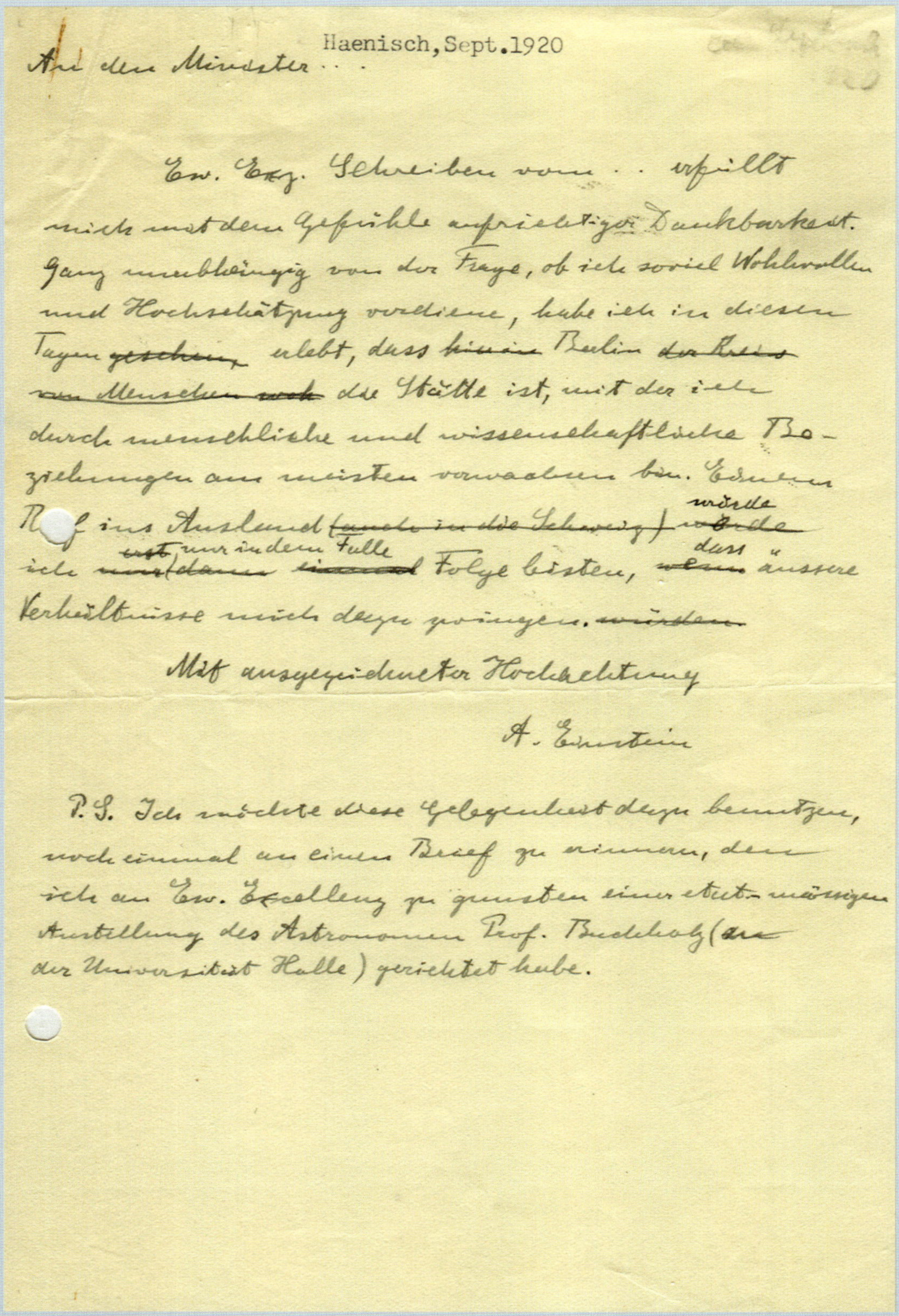

Haenisch, Sept. 1920

An den Minister . . .

Ew. Exz. Schreiben vom . . erfüllt mich mit dem Gefühle aufrichtiger Dankbarkeit. Ganz unabhängig von der Frage, ob ich soviel Wohlwollen und Hochschätzung verdiene, habe ich in diesen Tagen ~~gesehen~~ erlebt, dass ~~hier~~ Berlin ~~der Kreis von Menschen und~~ die Stätte ist, mit der ich durch menschliche und wissenschaftliche Beziehungen am meisten verwachsen bin. Einem Ruf ins Ausland ~~(auch in die Schweiz)~~ ~~würde~~ würde ich ~~ist~~ ~~nur~~ (~~dann~~ ~~einmal~~ nur in dem Falle Folge leisten, ~~wenn~~ dass äussere Verhältnisse mich dazu zwingen. ~~würden~~

Mit ausgezeichneter Hochachtung

A. Einstein

P. S. Ich möchte diese Gelegenheit dazu benutzen, noch einmal an einen Brief zu erinnern, den ich an Ew. Excellenz zu gunsten einer etat-mässigen Anstellung des Astronomen Prof. Buchholz (~~an~~ der Universität Halle) gerichtet habe.

↑ Entwurf für Einsteins Antwort auf einen weiteren Brief des Ministers Hänisch. Letzterer hatte seiner Befürchtung Ausdruck verliehen, Einstein könnte Berlin verlassen wollen, nachdem es zu heftigen Angriffen auf die Relativitätstheorie und ihren Autor gekommen war, September 1920.

↑ Albert Einstein und zwei Unbekannte, die, wie so viele, die Gelegenheit beim Schopf gepackt hatten, sich mit dem berühmten Mann ablichten zu lassen.

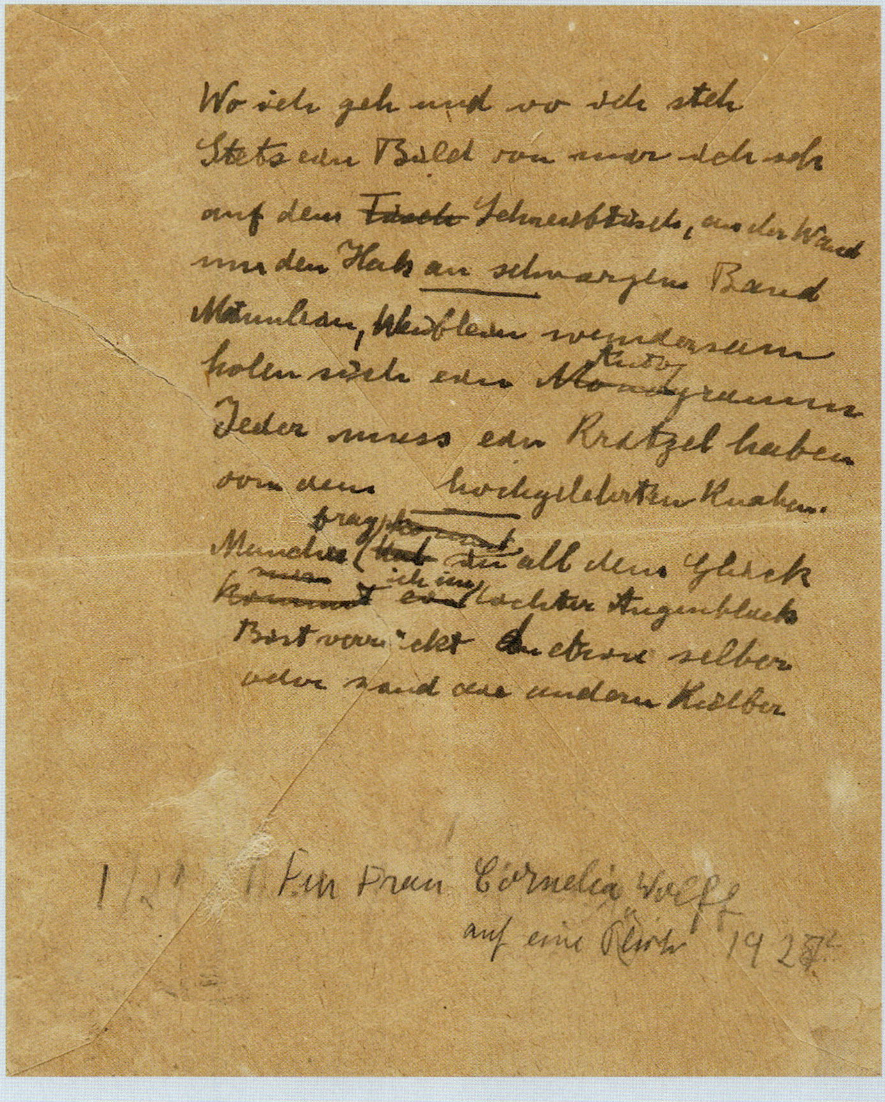

Wo ich geh und wo ich steh
Stets ein Bild von mir ich seh
auf dem Schreibtisch, an der Wand
um den Hals am schwarzen Band
Männlein, Weiblein wundersam
holen sich ein Autogramm
Jeder muss ein Kratzel haben
von dem hochgelehrten Knaben.
Manches frag ich in all dem Glück
ich im lichten Augenblick
Bist verrückt du etwa selber
oder sind die andern Kälber

1/21 Für Frau Cornelia Wolff
auf eine Photo 1920

→ Gedicht für Cornelia Wolff, die Einstein ein Foto gesandt und ihn gebeten hatte, seine Unterschrift darauf zu setzen, Januar 1920.

↑ Einstein, von Journalisten umringt, Pittsburgh, 28. Dezember 1934.

«Personenkultus ist in meinen Augen stets etwas Unberechtigtes. Wohl verteilt die Natur ihre Gaben reichlich verschieden unter ihre Kinder. Aber auch von den Wohlgeratenen gibt es gottlob viele, und ich bin fest davon überzeugt, dass die meisten davon ein stilles und unbemerktes Dasein führen. Es erscheint mir nicht gerecht, ja nicht einmal geschmackvoll, wenn von diesen einige wenige masslos bewundert werden, indem man ihnen übermenschliche Kräfte des Geistes und Charakters andichtet. Dies ist nun gerade mein Schicksal geworden, und es besteht ein grotesker Gegensatz zwischen dem, was mir die Menschen an Fähigkeit und Leistung zuschreiben, und dem, was ich wirklich bin und vermag. Das Bewusstsein von diesem sonderbaren Sachverhalt wäre nicht zu ertragen, wenn es nicht einen schönen Trost dabei gäbe: Es ist ein erfreuliches Zeichen für unsere als materialistisch gescholtene Zeit, dass sie aus Menschen Heroen gestaltet, deren Ziele ausschliesslich auf geistigem und moralischem Gebiet liegen. Dies beweist, dass Erkenntnis und Gerechtigkeit von einem grossen Teil der Menschen über Besitz und Macht gestellt werden.»

→ Aus «Einiges über meine Eindrücke in Amerika», 1931.

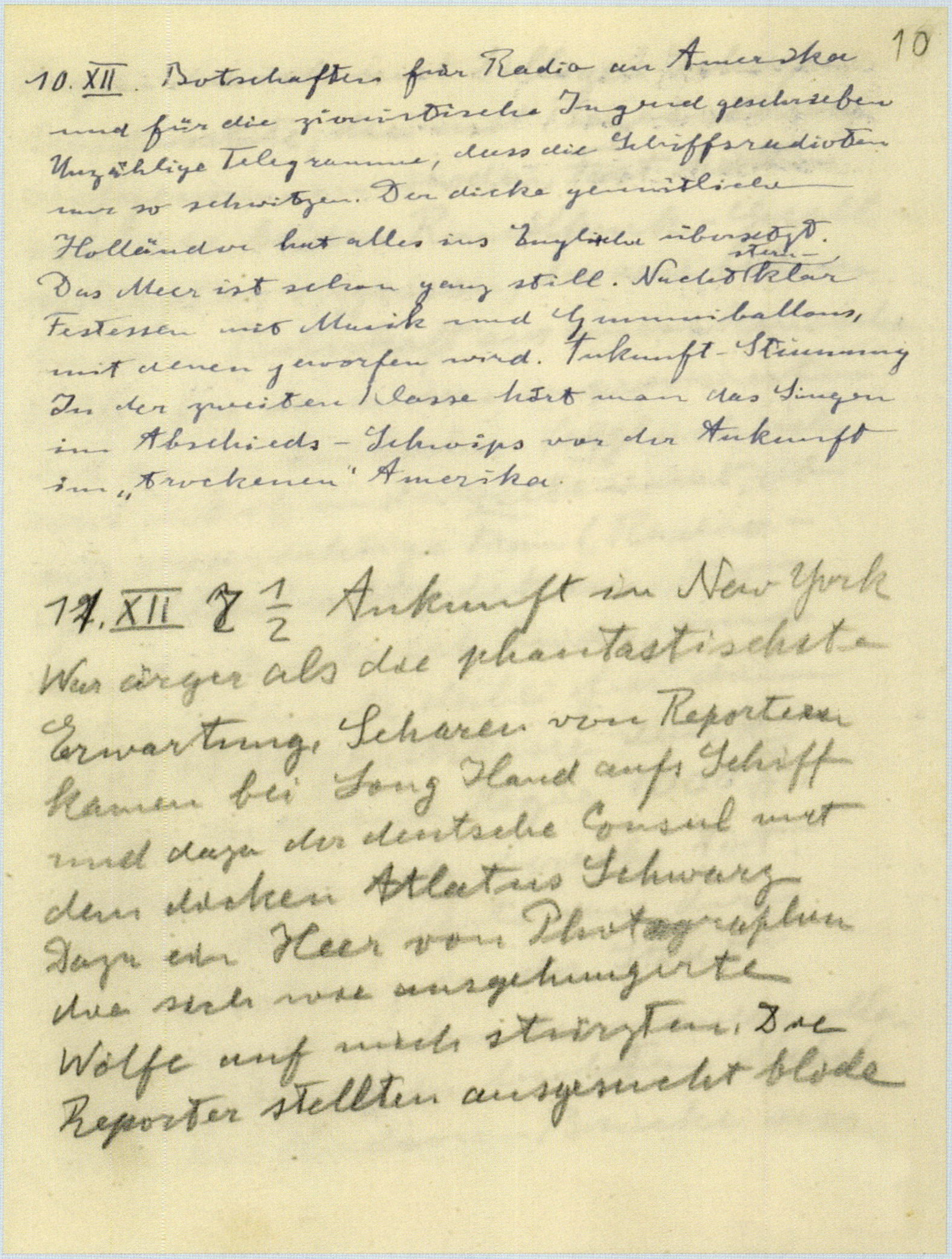
10. XII. Botschaften für Radio an Amerika
und für die zionistische Jugend geschrieben
Unzählige Telegramme, dass die Schiffsradioten
nur so schwitzen. Der dicke gemütliche
Holländer hat alles ins Englische übersetzt.
Das Meer ist schon ganz still. Nachts klar
Festessen mit Musik und Gummiballons,
mit denen geworfen wird. Ankunft-Stimmung
In der zweiten Klasse hört man das Singen
im Abschieds-Schnaps vor der Ankunft
im „trockenen" Amerika.

11. XII 7 1/2 Ankunft in New York
War ärger als die phantastischste
Erwartung. Scharen von Reportern
kamen bei Long Island aufs Schiff
und dazu der deutsche Consul mit
dem dicken Attaché Schwarz
Dazu ein Heer von Photographen
die sich wie ausgehungerte
Wölfe auf mich stürzten. Die
Reporter stellten ausgesucht blöde

«…Die Reporter stellten ausgesucht blöde Fragen, die ich mit billigen Scherzen beantwortete, die mit Begeisterung aufgenommen wurden.»

↑ Aus Einsteins Reisetagebuch, 10./11. Dezember 1930.

↑ Albert und Elsa Einstein mit Charlie Chaplin bei der Premiere des Films «Lichter der Grossstadt», Los Angeles, 30. Januar 1931. Die Zeitungen berichteten, dass angesichts der Menschenmassen, die ihnen zujubelten, Chaplin zu Einstein bemerkt habe:

«Mir spenden die Leute Beifall, weil mich alle verstehen, und Ihnen, weil niemand Sie versteht.»

→ Botschaft an die Nachwelt, 4. Mai 1936. – Einsteins Worte wurden auf Pergament geschrieben, das angeblich tausend Jahre lang halten sollte, in eine luftdichte Dose verpackt und zusammen mit weiteren Dingen in den Grundstein des Bibliotheksflügels am Haus des Verlegers M. J. Schuster versenkt.

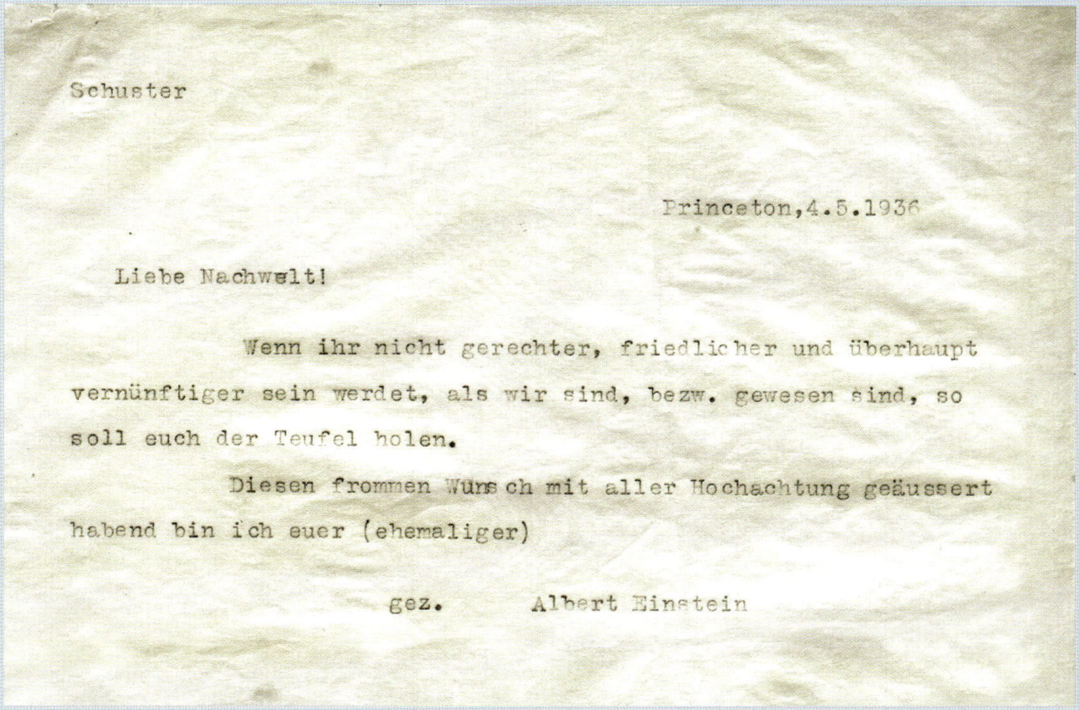

Schuster

Princeton, 4.5.1936

Liebe Nachwelt!

Wenn ihr nicht gerechter, friedlicher und überhaupt vernünftiger sein werdet, als wir sind, bezw. gewesen sind, so soll euch der Teufel holen.

Diesen frommen Wunsch mit aller Hochachtung geäussert habend bin ich euer (ehemaliger)

gez. Albert Einstein

→ Der englische Bildhauer Sir Jacob Epstein mit Einsteins Büste. Einstein hatte dem Künstler im September 1933 im englischen Cromer Modell gesessen, wo er sich einen Monat lang vor den Nazis verborgen hielt.

DER MYTHOS EINSTEIN IM ATOMZEITALTER

Mit dem Beginn des Atomzeitalters erlebte der Einstein-Mythos einen tief greifenden Wandel.

Viele Zeitgenossen betrachteten Einstein als den eigentlich Verantwortlichen für die drohende nukleare Katastrophe, als einen neuen Prometheus, der der Menschheit das atomare Feuer gebracht hatte. Das ist eine grobe Entstellung seiner wahren Rolle, aber sie entsprach dem Bedürfnis einer Öffentlichkeit, die sich vom wissenschaftlichen und technischen Fortschritt desillusioniert fühlte. In Einstein verkörpert sich das Dilemma des Wissenschaftlers, der mit neuen theoretischen Erkenntnissen einen bedeutenden Beitrag zum Verständnis der Naturgesetze leistet, aber keinen Einfluss darauf nehmen kann, welchen Gebrauch die Gesellschaft in der Praxis davon macht.

Während Einstein einerseits als Unheilstifter dämonisiert wurde, galt er anderen als eine Art Heiliger, als Büsser im Namen der Menschheit. Sein tiefgründiger Blick, sein weisser Schopf und die nackten Füsse in den Schuhen passten gut in das Bild des gütigen Weisen. Dass er nun öffentlich zu nuklearer Abrüstung aufrief und für den Erhalt der bürgerlichen Freiheitsrechte eintrat, trug ihm vor allem bei der amerikanischen Nachkriegsgeneration höchsten Respekt ein. Weltweit nahm man ihn aber eher als den überragenden Wissenschaftler wahr. In jüdischen Kreisen zollte man auch seinem gesellschaftspolitischen Engagement besondere Achtung; hier wurde er zum Symbol einer jüdischen Ethik und ihres sozialen Gewissens.

Die deutsche Gesellschaft, die gerade erst der Vertreibung und Vernichtung ihrer jüdischen Mitbürger zugesehen und zugestimmt hatte und der das Wort Jude noch immer als etwas Anrüchiges galt, hätte den Juden Einstein gerne wieder zu den Ihren gezählt, wenn auch vorsichtshalber zunächst in seiner Eigenschaft als wissenschaftliches Genie oder als gebürtiger Ulmer. Noch zu Einsteins Lebzeiten wurden Strassen wieder oder auch zum ersten Mal nach ihm benannt, Schulen erhielten seinen Namen und wissenschaftliche Institutionen warben um seine Mitgliedschaft, in der Hoffnung, der Glanz seines Namen werde auch den ihren in hellerem Licht strahlen lassen. Gegen solch eine Vereinnahmung durch das Volk, dem er den Mord an seinen jüdischen Brüdern und Schwestern in Europa nicht verzeihen konnte, wehrte er sich nach Kräften, doch ohne Erfolg.

Ein halbes Jahrhundert nach seinem Tod, im Zeitalter der Postmoderne und der Pop-Kultur, begegnen wir Einstein an führender Stelle in Zeitungsartikeln, Filmen, Theaterstücken, Opern, auf Briefmarken und in der Werbung; zum Abschluss des 20. Jahrhunderts hat die amerikanische Zeitschrift «TIME Magazine» ihn zur «Person of the Century» ernannt. Das Bild, das wir auf diese Weise von Einstein erhalten, ist jedoch ein weitgehend entpolitisiertes und höchst triviales: in einer Reihe mit Mickymaus und Marilyn Monroe steht Albert Einstein als eine der grossen Ikonen unserer Zeit.

→ Albert Einstein mit der Malerin und Bildhauerin Gina Plunguian, die nicht nur diese Büste von Einstein herstellte, sondern während Helen Dukas' Abwesenheit auch Sekretariatsdienste versah, Juli 1947.

↑ Albert Einstein mit Mrs. und Frank Aydelotte, dem ehemaligem Direktor des Institute of Advanced Study, an seinem 72. Geburtstag, dem 14. März 1951. – Der Fotograf hatte darum gebeten, ein Geburtstagsfoto vom Jubilar machen zu dürfen.

→ Aus einem Brief an Mervin Ruebush, der Einstein um die Erlaubnis gebeten hatte, mit seinem Namen für ein Mittel gegen Magenschmerzen zu werben, 22. Mai 1942.

«Ich habe meinen Namen nie für kommerzielle Zwecke hergegeben, nicht einmal in solchen Fällen, in denen eine Irreführung der Öffentlichkeit ausgeschlossen war, was bei Ihnen jedoch nicht der Fall wäre. Deshalb untersage ich Ihnen ausdrücklich, meinen Namen in irgendeiner Weise zu verwenden.»

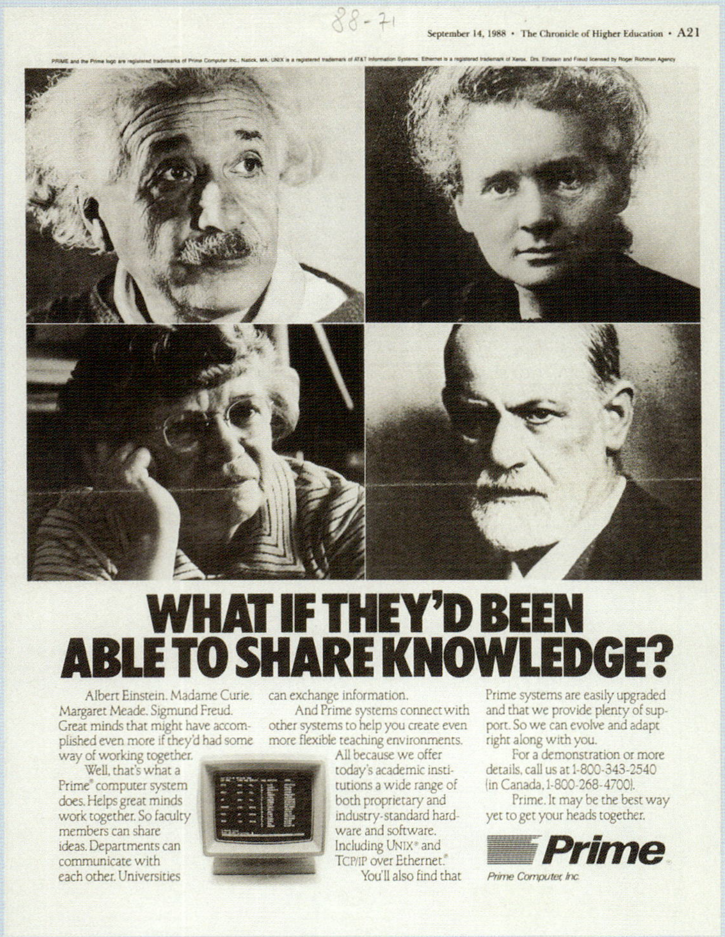

IT'S LIKE G.Q.
WITH A HIGHER I.Q.
Esquire
THE ONLY INTELLIGENT
MEN'S MAGAZINE.

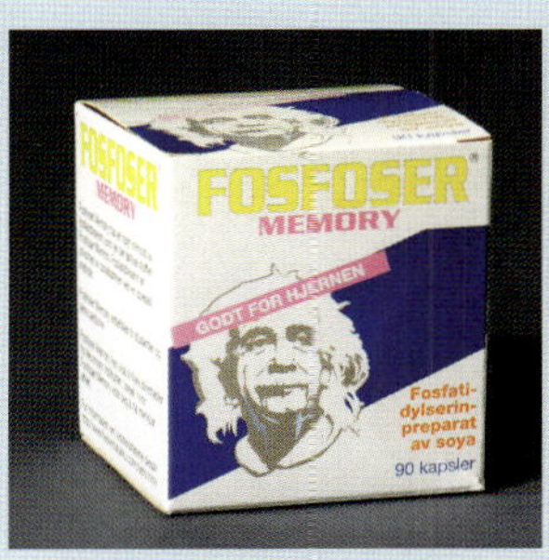
FOSFOSER
MEMORY
GOTT FÖR HJÄRNAN
Fosfati-dyleerin-preparat av soya
90 kapslar

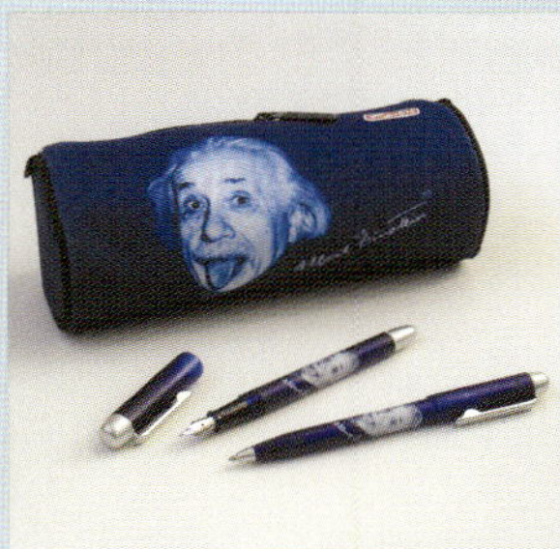

DRY SACK
MEDIUM DRY SHERRY
ALBERT EINSTEIN
DO ONE THING AND DO IT WELL
DRY SACK
SHERRY
Produced and Bottled by
WILLIAMS & HUMBERT
JEREZ and LONDON
Dry Sack
Our undivided attention for 101 years.

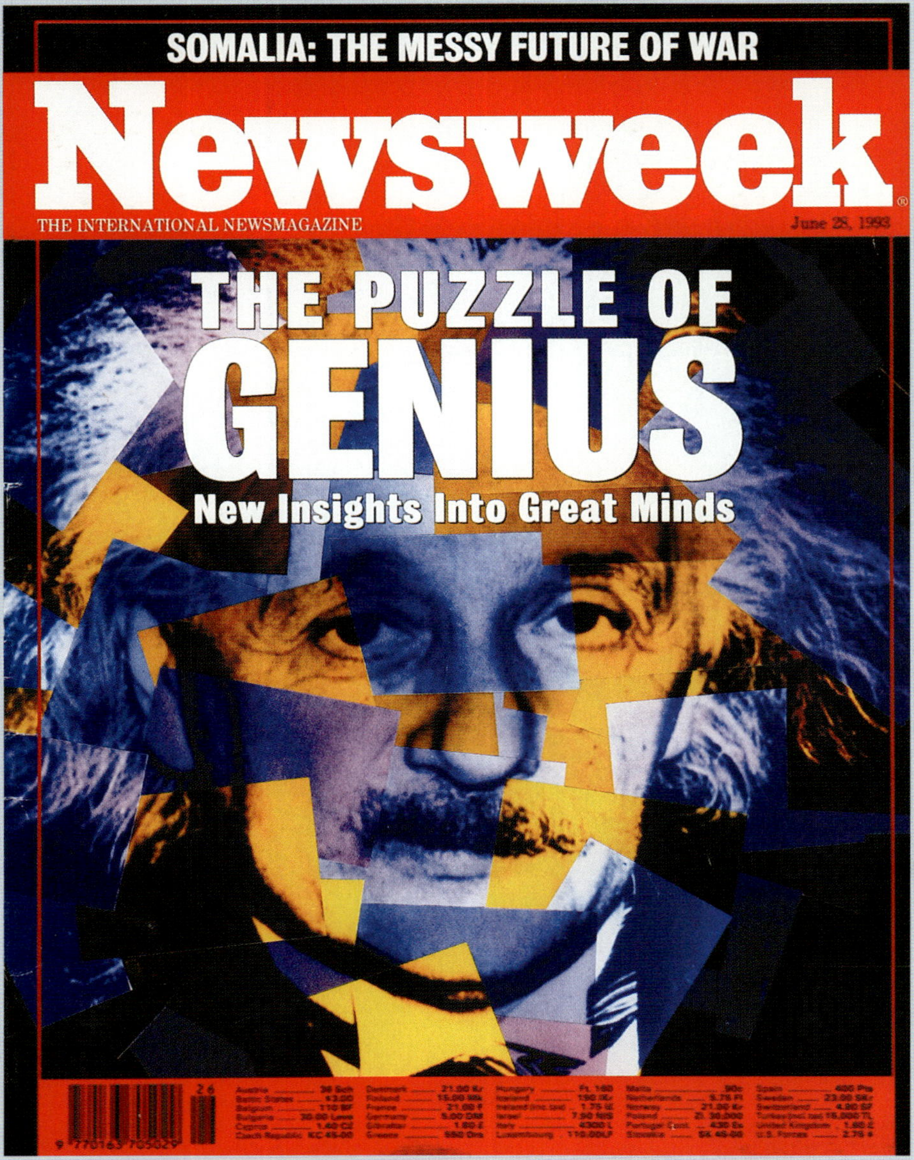

↑ Heiliger oder Teufel? Einsteins Gesicht als Halloween-Maske im «New York Times Magazine» vom 31. Oktober 1993.

→ Noch immer fasziniert das Rätsel um Einsteins Gehirn Journalisten und Publikum. Liegt sein Genie darin verborgen und kann man es messen? Nach einer langen Odyssee durch die Vereinigten Staaten ist der grössere Teil davon nun in das Hospital in Princeton zurückgekehrt, in dem Einstein starb.

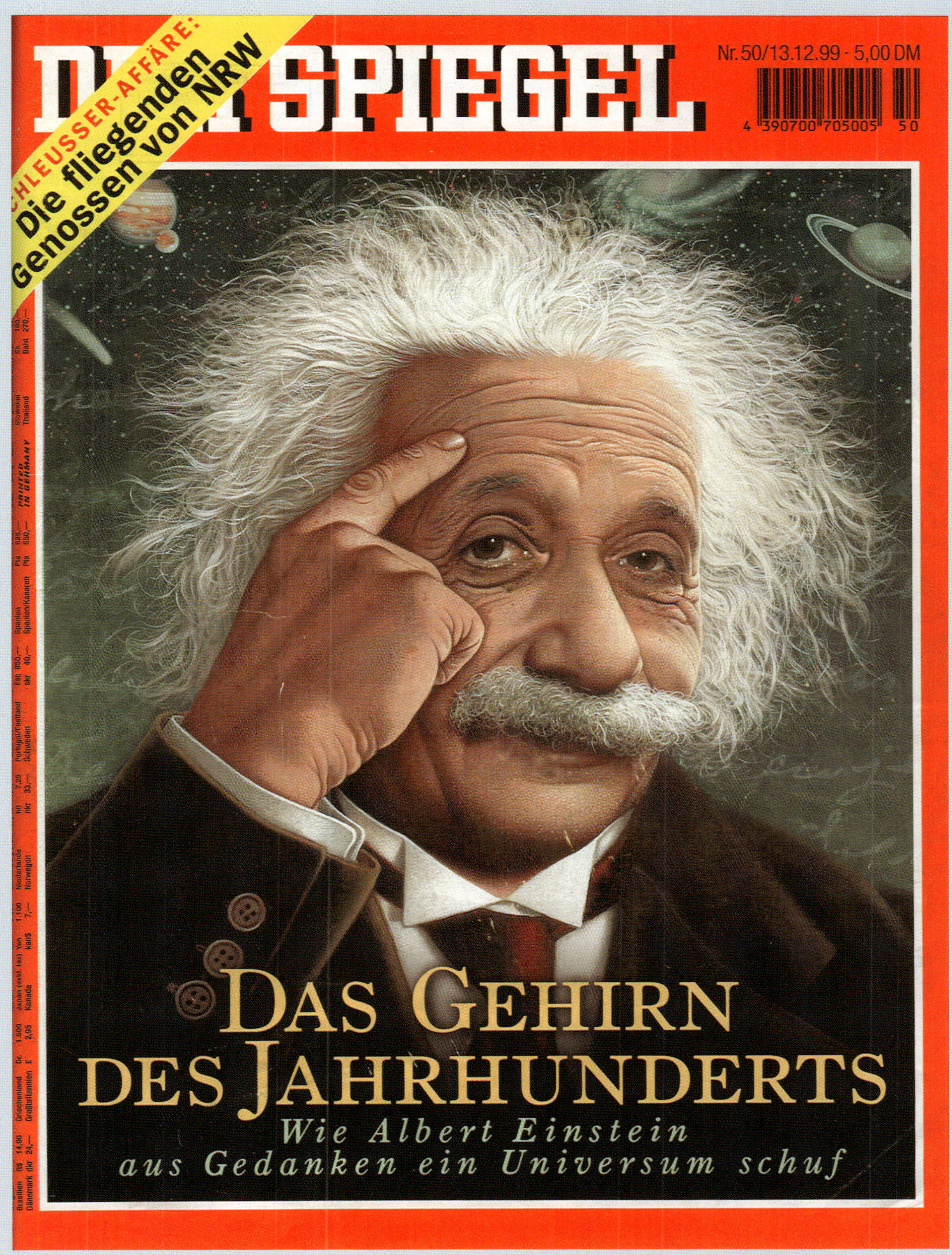
SPIEGEL
Nr. 50/13.12.99 · 5,00 DM
4 390700 705005 50
CHLEUSSER-AFFÄRE:
Die fliegenden
Genossen von NRW
DAS GEHIRN
DES JAHRHUNDERTS
Wie Albert Einstein
aus Gedanken ein Universum schuf

↑ Princeton, in den 1950er Jahren.

«Man ist in einer beständigen Spannung, bis man endgültig absegelt. Es bleibt mir aber der Trost, dass das Hauptsächliche, was ich gemacht habe, zu dem selbstverständlichen Bestande unserer Wissenschaft geworden ist.»

← Aus einem Brief von Einstein an seine Schwester Maja, 31. August 1935.

ANHANG

DAS ALBERT-EINSTEIN-ARCHIV IN JERUSALEM

DIE GESCHICHTE DES ARCHIVS

Albert Einstein gehörte nicht zu den Menschen, die jedes Stückchen Papier aufbewahrten. Die Überlieferung seines schriftlichen Nachlasses ist dem Einsatz und der Umsicht Anderer zu verdanken. Heute hat das Archiv seinen Platz in der Jüdischen National- und Universitätsbibliothek in Jerusalem.

Vor dem Jahr 1919 scheint Einstein seine Schriften und seine Korrespondenz weder systematisch geordnet noch aufbewahrt zu haben. Erst als sich seine Korrespondenz mit seinem sensationellen Aufstieg zu einer «neuen Grösse der Weltgeschichte» nach Ende 1919 vervielfachte, stellte er zu seiner Unterstützung die Stieftochter Ilse als Sekretärin ein. Ihr gelang es, eine erste Ordnung in die Papiere zu bringen.

Im April 1928 begann Einsteins neue Sekretärin Helen Dukas, die eingehende Post ebenso wie Kopien ausgehender Briefe systematisch abzulegen; allerdings wurden auch jetzt noch nicht von allen verschickten Briefen Kopien zurückbehalten. Die aufbewahrten Papiere konnte Einsteins Schwiegersohn, Rudolf Kayser, bald nachdem die Nazis die Macht übernommen hatten, mit Hilfe der französischen Botschaft aus Berlin herausbringen und damit retten. Sie wurden im Diplomatengepäck an Einsteins neue Adresse in Princeton gesandt. Nur die Unterlagen, die bei Einsteins Abreise 1932 in seinem Sommerhaus in Caputh bei Potsdam geblieben waren, mussten, um nicht Dritte zu gefährden, bis auf wenige Ausnahmen vernichtet werden, damit sie nicht in die Hände der Nazis fallen konnten.

In seinem Testament bestimmte Einstein 1950 seine Sekretärin Helen Dukas und seinen engen Vertrauten Otto Nathan zu seinen Nachlassverwaltern und Otto Nathan darüber hinaus zum Testamentsvollstrecker. Nach Einsteins Tod widmeten sich Dukas und Nathan ein Vierteljahrhundert lang in bewundernswerter Weise der Aufgabe, Ordnung in den schriftlichen Nachlass zu bringen und ihn vor allem zu ergänzen. Dank ihrer Bemühungen wuchs das Archiv auf die dreifache Grösse an.

In den 1960er Jahren richteten Helen Dukas und Gerald Holton ein neues Ordnungssystem ein, das die Papiere für Forscher besser zugänglich machen sollte. Zugleich konnte es als Grundlage für die geplante Veröffentlichung der Einstein-Werkausgabe dienen, ein Gemeinschaftsprojekt von Hebräischer Universität Jerusalem und Princeton University Press. Um die Redaktionsarbeit zu erleichtern, lagerte man die Papiere aus Einsteins Haus ins Institute for Advanced Study um, wo Helen Dukas die letzten fünfzehn Jahre ihres Lebens fast täglich am Archiv arbeitete.

1982 übertrugen die Nachlassverwalter die Rechte an Einsteins Nachlass der Hebräischen Universität Jerusalem. Mit der Unterstützung des damaligen Präsidenten der Universität, Avraham Harman, und von Professor Milton Handler von den Amerikanischen Freunden der Hebräischen Universität konnten die Papiere nach Jerusalem überführt werden. Hier fanden sie ihren endgültigen Platz in der Jüdischen National- und Universitätsbibliothek.

Weiteres Archivmaterial, das in Einsteins ehemaligem Wohnhaus verblieben war, wie seine Sammlung von Sonderdrucken, seine Fotos, Medaillen und Urkunden, Musiknoten, Schallplatten und seine Bibliothek, wurde in den darauf folgenden Jahren nach Jerusalem gebracht. 1988 stiftete der Dibner Fund (Connecticut) eine Kuratorenstelle für das Albert-Einstein-Archiv. Kurator wurde im Jahr darauf Ze'ev Rosenkranz, der das Archiv bis ins Jahr 2003 betreute.

DIE BEDEUTUNG DES ARCHIVS

Das Albert-Einstein-Archiv ist ein aussergewöhnlicher Kulturbesitz von unschätzbarem Wert für die Allgemeinheit und besonders für den Staat Israel und das jüdische Volk. Die Dokumentensammlung zeigt das schöpferische Genie Einstein ebenso als Geistesgrösse wie als Privatperson.

Das Archiv enthält die weltweit grösste Sammlung von Einsteins Originalmanuskripten und schliesst seine ausgedehnte Korrespondenz mit den einflussreichsten Physikern und Intellektuellen des 20. Jahrhunderts ein. Ein grosser Bestand an Literatur und weiterem Material zu Einstein wird fortlaufend ergänzt.

Das Albert-Einstein-Archiv stellt eine ausserordentlich wertvolle historische Quellensammlung dar. Es gilt als eine der bedeutendsten Quellen für die Geschichte der modernen Physik. Kaum weniger Bedeutung hat es als Fundort für Dokumente zur Geschichte des Pazifismus, des Sozialismus und des Zionismus, ebenso wie zur deutschen, jüdischen, europäischen und amerikanischen Geistesgeschichte, der politischen und der Sozialgeschichte des 20. Jahrhunderts.

Es war Einsteins ausdrücklicher Wunsch, dass man ihm keine Weihestätte errichten und kein Denkmal setzen möge. Mit der Erhaltung seines schriftlichen Nachlasses, in dem sich seine Ideen und seine Persönlichkeit in authentischer Weise widerspiegeln, bewahrt die Hebräische Universität sein Vermächtnis sicherlich auf eine angemessenere Weise.

LITERATURVERZEICHNIS

GEDRUCKTE QUELLEN

The Collected Papers of Albert Einstein, Vol. 1–9 (Einsteins Schriften und Korrespondenz in der Originalsprache (deutsch), einleitende Kapitel, Fussnoten und Begleitmaterial in englischer Sprache)

Vol. 1: *The Early Years (1879–1902),* hrsg. von John Stachel et al., Princeton 1987.

Vol. 2: *The Swiss Years: Writings (1900–1909),* hrsg. von John Stachel et al., Princeton 1989.

Vol. 3: *The Swiss Years: Writings (1909–1911),* hrsg. von Martin J. Klein et al., Princeton 1993.

Vol. 4: *The Swiss Years: Writings (1912–1914),* hrsg. von Martin J. Klein et al., Princeton 1995.

Vol. 5: *The Swiss Years: Correspondence (1902–1914),* hrsg. von Martin J. Klein et al., Princeton 1993.

Vol. 6: *The Berlin Years: Writings (1914–1917),* hrsg. von A. J. Kox et al., Princeton 1996.

Vol. 7: *The Berlin Years: Writings (1918–1921),* hrsg. von Michel Janssen et al., Princeton 2001.

Vol. 8: *The Berlin Years: Correspondence (1914–1918),* hrsg. von Robert Schulmann et al., Princeton 1998.

Vol. 9: *The Berlin Years: Correspondence (1919–1921),* hrsg. von D. Buchwald et al., Princeton 2004.

Einstein, Albert: *Über die spezielle und allgemeine Relativitätstheorie* (1917), Berlin 2001.

Einstein, Albert: *Grundzüge der Relativitätstheorie* (1921), Berlin 2002.

Einstein, Albert: *About Zionism,* London 1930.

Einstein, Albert / Freud, Sigmund: *Warum Krieg?* (1933), Zürich 1996.

Einstein, Albert / Infeld, Leopold: *Die Evolution der Physik* (1938), Hamburg 1995.

Einstein, Albert: *Mein Weltbild* (1934–1953), Berlin 1998.

Einstein, Albert: *Aus meinen späten Jahren* (1954), Berlin 1990.

Einstein, Albert: *Autobiographisches,* hrsg. von Paul A. Schilpp, La Salle (Illinois) 1979.

Einstein, Albert: *Akademie-Vorträge 1914–1932,* Berlin 1979.

Einstein, Albert: *Über den Frieden,* hrsg. von Otto Nathan und Heinz Norden, Bern 1975.

Einstein, Albert: *Lettres à Maurice Solovine,* hrsg. von Maurice Solovine, Paris 1956.

Einstein, Albert / Besso, Michele: *Correspondance 1903–1955,* hrsg. von Pierre Speziali, Paris 1972.

Einstein, Albert: *Briefe,* hrsg. von Helen Dukas und Banesh Hoffmann (1979), Zürich 2001.

Einstein, Albert / Sommerfeld, Arnold: *Briefwechsel,* hrsg. von Armin Hermann, München 1968.

Einstein, Albert / Born, Max und Hedwig: *Briefwechsel 1916–1955* (1969), München 1998.

Einstein, Albert: *Einstein sagt,* hrsg. von Alice Calaprice, München 1999.

Einstein, Albert: *Verehrte An- und Abwesende,* Audio-CD, Köln 2003.

Einstein, Albert / Marić, Milena: *Am Sonntag küss' ich Dich mündlich,* hrsg. von Jürgen Renn, München 1998.

Einstein, Albert: *Einsteins «annus mirabilis»,* hrsg. von John Stachel, Hamburg 2001.

LITERATURAUSWAHL

Aichelburg, Peter C. / Sexl, Roman U. (Hrsg.): *Albert Einstein: Sein Einfluss auf Physik, Philosophie und Politik,* Braunschweig 1979.

Balibar, Françoise: *Einstein* (Abenteuer Geschichte, Bd. 49), Ravensburg 1995.

Bernstein, Jeremy: *Albert Einstein,* München 1982.

Bernstein, Jeremy: *Albert Einstein. Raum, Zeit und Kosmos,* München 1988.

Bodanis, David: *Bis Einstein kam,* Frankfurt 2003.

Born, Max et al.: *Die Relativitätstheorie Einsteins* (1920), Berlin 2003.

Born, Max / Infeld, Leopold: *Erinnerungen an Einstein,* Berlin 1969.

Bucky, Peter A.: *Der private Albert Einstein,* Düsseldorf 1993.

Clark, Ronald W.: *Albert Einstein. Biographie,* München 1994.

Einstein. Biographie (Spektrum der Wissenschaft, Sonderheft 4/1999), Heidelberg 2002.

Flückiger, Max: *Albert Einstein in Bern,* Bern 1974.

Fölsing, Albrecht: *Albert Einstein. Eine Biographie,* Frankfurt 1999.

Frank, Philipp: *Einstein. Sein Leben und seine Zeit* (1947), Wiesbaden 1983.

French, Anthony P. (Hrsg.): *Albert Einstein. Wirkung und Nachwirkung,* Wiesbaden 1985.

Fritsch, Harald: *Die verbogene Raum-Zeit,* München 1997.

Galison, Peter: *Einsteins Uhren, Poincarés Karten,* Frankfurt 2003.

Goenner, Hubert: *Einsteins Relativitätstheorien,* München 2002.

Grüning, Michael: *Ein Haus für Albert Einstein,* München 1992.

Grundmann, Siegfried: *Einsteins Akte,* Berlin 2001.

Held, Carsten: *Die Bohr-Einstein-Debatte,* Paderborn 1998.

Hermann, Armin: *Einstein,* München 1996.

Herneck, Friedrich: *Einstein und sein Weltbild,* Berlin 1976.

Herneck, Friedrich: *Einstein privat. Herta W. erinnert sich...,* Berlin 1990.

Highfield, Roger / Carter, Paul: *Die geheimen Leben des Albert Einstein,* Berlin 1995.

Hoffmann, Banesh / Dukas, Helen: *Albert Einstein. Schöpfer und Rebell* (1972), Frankfurt 1982.

Hoffmann, Banesh: *Einsteins Ideen* (1983), Heidelberg 1997.

Holton, Gerald: *Einstein. Die Geschichte und andere Leidenschaften,* Wiesbaden 1997.

Holton, Gerald, Yehuda Elkana (Hrsg.): *Albert Einstein – Historical and Cultural Perspectives. The Centennial Symposium in Jerusalem,* Princeton 1982.

Infeld, Leopold: *Leben mit Einstein,* Zürich 1969.

Jammer, Max: *Einstein und die Religion,* Konstanz 1995.

Jerome, Fred: *The Einstein File. J. Edgar Hoover's Secret War Against the World's Most Famous Scientist,* New York 2002.

Jordan, Pascual: *Albert Einstein. Sein Lebenswerk und die Zukunft der Physik,* Frauenfeld 1992.

Kirsten, Christa / Treder, Hans-Jürgen (Hrsg.): *Albert Einstein in Berlin 1913–1933. Darstellung und Dokumente,* 2 Bde., Berlin 1979.

Levenson, Thomas: *Einstein in Berlin,* New York 2003.

Melcher, Horst: *Albert Einstein wider Vorurteile und Denkgewohnheiten,* Wiesbaden 1982.

Pais, Abraham: *Ich vertraue auf Intuition,* Heidelberg 1998.

Pais, Abraham: *Raffiniert ist der Herrgott,* Heidelberg 2000.

Rudolf Kayser: *Albert Einstein. A Biographical Portrait,* New York 1930.

Rosenthal-Schneider, Ilse: *Begegnungen mit Einstein, von Laue und Planck,* Wiesbaden 1988.

Sayen, Jamie: *Einstein in America,* New York 1985.

Schilpp, Paul Arthur (Hrsg.): *Albert Einstein als Philosoph und Naturforscher* (1949), Braunschweig 1983.

Schmidt-Schönbeck, Charlotte: *Albert Einstein und Philipp Lenard,* Berlin 2000.

Schwinger, Julian: *Einsteins Erbe – die Einheit von Raum und Zeit,* Heidelberg 1987.

Seelig, Carl: *Albert Einstein. Leben und Werk eines Genies unserer Zeit,* Zürich 1960.

Seelig, Carl (Hrsg.): *Helle Zeit – dunkle Zeit* (1956), Zürich 1986.

Stachel, John: *Einstein from «B» to «Z»,* Basel 2000.

Stern, Fritz: *Einstein's German World,* Princeton 1999.

Strauch, Dietmar: *Einstein in Caputh,* Berlin 2001.

Sugimoto, Kenji: *Albert Einstein. Die kommentierte Bilddokumentation,* Gräfelfing 1987.

White, Michael / Gribbin, John: *Einstein. A Life in Science,* London 1993.

ABBILDUNGSNACHWEIS

Wir danken folgenden Personen für die freundliche Überlassung von Bildmaterial:

Efrat Karmon (S. 144), Eliahu Elath (S. 168 unten), Kenji Sugimoto (S. 17 links oben, 178), Familie Lichtwitz (S. 17 rechts oben).

Textquellen, wo nicht anders vermerkt: Albert-Einstein-Archiv

Aarau, Staatsarchiv: S. 48, 49

Acme Photo: S. 154

Berlin, Berlin-Brandenburgische Akademie der Wissenschaften: S. 101

Bern, Historisches Museum: S. 56, 57, 219 links unten (Fotos: Stefan Rebsamen), Mitte unten (Fotos: Francesco Hässig)

Bern, Schweizerische Landesbibliothek: S. 15 rechts unten, 28 links, 63, 64, 66

Bern, Staatsarchiv: S. 50 (Universitätsgebäude)

Bern, Vermessungsamt der Stadt Bern: S. 51

Boston, Robert Klein Gallery, Lucien Aigner Trust: S. 96 links oben, 98, 131 (Fotos: Lucien Aigner)

College Park MD, American Institute of Physics, Emilio Segrè Visual Archives: S. 88, 89 unten (Fotos: Paul Ehrenfest), 160 (Foto: Alan W. Richards)

Hamburg, Spiegel Verlag: S. 221

Jerusalem, Albert-Einstein-Archiv: S. 1–4 (Fotos: Trudi Dallos), 5, 14, 15 links, 16 rechts unten (Foto: Ferdinand Schmutzer), 17 links oben, rechts, 18 links oben (Foto: Martin Harris), links unten (Foto: Hermann Landshoff), rechts, 24, 25 oben, 26 unten, 27, 28 rechts, 30–32, 33 (Foto: El Tovar Studios), 34, 35, 36 (Foto: Martin D'Arcy), 37, 38 links, rechts (Foto: Abraham Mandelstam), 39–41, 46, 47, 54, 55, 58 (Foto: Lucien Chavan), 65, 67, 69–72, 73 (Foto: Jan F. Langhans), 74, 75, 78, 79, 80, 81 links (Foto: Setsuro Tamaru), 81 rechts, 82–85, 86 rechts, 87, 92, 93, 95, 96 rechts oben (Foto: Hermann Landshoff), 96 unten, 97, 99 (Fotos: Alan W. Richards), 102–104, 109–114, 116, 118–124, 126 unten, 127–130, 132, 133, 136, 137, 139–147, 149, 151–153, 155–158, 159 (Foto: Emil Hauser), 161–163, 165–167, 168 (Fotos: Edward H. Zwerin), 169, 174–177, 179, 180 oben, 181, 184–191, 194 links, 195, 196, 198–200, 201 oben, 202 (Foto: El Tovar Studios), 203 (Fotos: Trudi Dallos), 207–210, 211 unten, 212, 213, 214 (Foto: Emil Hilb), 215 oben, 216, 218, 219 oben, rechts unten, 220 rechts unten (Foto: David Hutson), 222

Jerusalem, Ecole Biblique: S. 148 (Foto: Père Carrière)

Jerusalem, Zionistisches Zentralarchiv: S. 150, 164

Kopenhagen, Niels-Bohr-Archiv: S. 89 oben

London, London Express: S. 194 rechts

London, Paterson Marsh Ltd.: S. 117

Look Magazine: S. 197

München, Ullstein Verlag: S. 86 links

München, Werner-Heisenberg-Archiv: S. 91

Museum of Modern Japanese Literature: S. 178 (Foto: Hiroshi Hamamoto)

New Hampshire, Lotte Jacobi Archives, Instructional Services, Dimond Library, University of New Hampshire: S. 94, 180 (Fotos: Lotte Jacobi)

New York, Associated Press: S. 215

New York, Leo Baeck Institute: S. 29, 53, 172, 201, 211

New York, New York Times Pictures : S. 173

New York, Newsweek: S. 220 links

New York, The New York Times Magazine: S. 220 rechts oben

Peace Photo: S. 126 oben

Seattle, Corbis-Bettmann : S. 138

Sheasley, Berenice: S. 19 (Foto: Alan W. Richards)

Ulm, Stadtarchiv: S. 22, 23, 25 unten, 26 oben

Washington D.C., Library of Congress: S. 115

Washington D.C., United Press International: S. 125, 217 (Foto: Arthur Sasse)

Wien, Zentralbibliothek für Physik: S. 90

Zürich, Eidgenössische Technische Hochschule, Bibliothek: S. 52, 59–62

Zürich, Staatsarchiv: S. 76, 77